GOUVERNEMENT GÉNÉRAL DE L'ALGÉRIE

LES

Eaux minérales

de l'Algérie

Par M. HANRIOT

PROFESSEUR AGRÉGÉ A LA FACULTÉ DE MÉDECINE
MEMBRE DE L'ACADÉMIE DE MÉDECINE

PARIS

H. DUNOD & E. PINAT, ÉDITEURS

47 et 49, Quai des Grands-Augustins

1911

Les Eaux minérales de l'Algérie

LES

Eaux minérales de l'Algérie

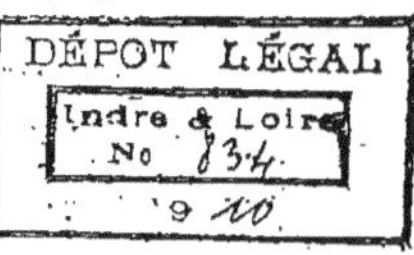

Par M. HANRIOT

PROFESSEUR AGRÉGÉ A LA FACULTÉ DE MÉDECINE
MEMBRE DE L'ACADÉMIE DE MÉDECINE

PARIS

H. DUNOD & E. PINAT, ÉDITEURS

47 et 49, Quai des Grands-Augustins

1911

INTRODUCTION

L'Algérie est extrêmement riche en eaux minérales de toute nature : dans la partie montagneuse, c'est à chaque pas que l'on rencontre des sources thermales jaillissant spontanément à la surface du sol. Elles constituent une ressource précieuse pour l'indigène et surtout pour l'Européen encore insuffisamment acclimaté, leur permettant de lutter victorieusement contre l'action débilitante des chaleurs de l'été.

Elles ont dû être employées depuis les temps les plus reculés ; mais les vestiges les plus anciens que nous ayions de leur utilisation remontent à l'époque punique. Ce sont trois petites stèles, à sculptures naïves que l'on a trouvées à H. Meskoutine, et qui montrent qu'à cette époque il existait déjà un établissement balnéaire en cet endroit.

Lorsque les Romains s'emparèrent de l'Afrique du nord, ces puissants colonisateurs construisirent des thermes dont les restes sont encore parfois grandioses ; tels sont ceux de la fontaine chaude de Kenchela, et l'on peut dire que, partout où l'on rencontre une source thermale, on trouve les restes de piscines romaines, et souvent à côté les vestiges d'une ville dont l'emplacement avait été déterminé par la proximité de l'établissement thermal.

A la chute de l'Empire romain, les thermes cessèrent d'être entretenus ; puis, lors de l'invasion arabe, ils furent en grande partie

démolis, et leurs matériaux dispersés servirent à édifier les constructions environnantes. Il est, en effet, singulier de constater combien les
Arabes, qui ont pour l'eau chaude un culte religieux, ont peu de respect
pour les établissements thermaux, et se contentent, pour prendre
leurs bains, de l'installation la plus rudimentaire. Nous ne pourrions

Fig. 1. — H. Meskoutine : Piscines romaines.

citer une seule piscine qui ait été construite ou réparée sous la do-
mination des Turcs.

Lors de la conquête de l'Algérie par les Français, il ne subsistait plus
des thermes romains que quelques piscines délabrées, et quand les
médecins militaires voulurent utiliser les eaux thermales pour traiter
les suites de blessures ou pour réconforter les malades anémiés par le
climat, la fièvre ou les fatigues de la guerre, ils demandèrent au génie
de remettre en état les piscines romaines. Elles furent nettoyées,
entourées d'une baraque en planches, et l'on organisa autour un véri-

table camp où le personnel et les malades logeaient sous la tente.

Les résultats obtenus avec ces moyens de fortune furent tels que, quelques années plus tard, l'autorité militaire se décida à édifier de véritables établissements dont quelques-uns subsistent encore : le premier en date fut celui de H. Meskoutine.

Fig. 2. — H. Meskoutine : Premier établissement.

Parmi les médecins militaires qui ont mis en évidence les bienfaits de l'hydrologie algérienne, il convient de rappeler les noms de Roturcau et de Bertherand qui ne cessèrent de rechercher et de signaler les stations nouvelles.

En 1851 parut la loi qui établissait en Algérie le droit de propriété. Elle attribuait à l'État les sources de toute nature, lui laissant le droit de les affermer ou de les concéder à des particuliers.

Les premières tentatives d'établissements thermaux privés ne furent pas heureuses. Le personnel civil était rare en Algérie, dont l'adminisration était alors exclusivement militaire ; les quelques colons qui étaient venus s'y installer avaient fort à faire à surveiller leur culture ou leur commerce et ne pouvaient songer à se rendre aux eaux : les difficultés des communications et l'insécurité du pays rendaient presque impossibles des déplacements un peu lointains.

En quelques endroits, on engloutit des sommes considérables dans des constructions relativement luxueuses, espérant attirer l'Européen qui se dérobait, et l'insuccès de ces tentatives maladroites arrêta pour longtemps le développement d'établissements qui eussent pu prospérer s'ils eussent eu des débuts modestes.

Les indigènes seuls continuaient, souvent en grande affluence, à fréquenter les anciennes piscines romaines dont les bâtiments tombaient en ruines. En un certain nombre d'endroits, les sources s'étaient déviées ou même taries, faute de l'entretien le plus élémentaire des captages ou des conduites qui amenaient l'eau aux piscines.

Cependant l'Algérie s'était enrichie et pacifiée ; sa population s'était accrue, les communications s'étaient développées : le moment était venu de mettre en valeur les richesses thermominérales qui y abondent. Dans ces conditions, le *Comité d'études médicales de l'Algérie*, sur la proposition de son président, M. Trolard, se proposa de les inventorier et d'attirer sur elles l'attention du public médical. Il s'adressa à l'Administration, qui nomma une *Commission des eaux thermales et minérales de l'Algérie*, composée de MM. *Trolard*, directeur de l'Institut Pasteur d'Alger, *président ; Jacob*, ingénieur en chef des mines ; *Blaise* et *Malosse*, professeurs à l'École de médecine ; *Moreau* et *Trabut*, médecins de l'hôpital civil.

La Commission décida qu'un questionnaire serait rédigé par ses soins et adressé à toutes les communes de l'Algérie, et qu'ensuite elle se baserait sur les renseignements fournis par ce questionnaire pour envoyer des délégations examiner sur place les gisements d'eaux minérales qui lui paraîtraient mériter son attention.

Après dépouillement du questionnaire, la Commission jugea qu'il y avait lieu d'envoyer des délégations aux eaux du Ksennah, du Guergour, de Takitount, d'Akbou, dans le département de Constantine, et à la source de Saint-Leu, dans celui d'Oran. Bien d'autres sources eussent mérité d'être visitées, mais cela eut demandé beaucoup trop de temps et nécessité des dépenses relativement élevées que la Commission n'a pas cru devoir engager. Au surplus, avec les renseignements fournis par les communes, il était possible de remplir le programme que s'était tracé le Comité d'études, c'est-à-dire la mise au point de la question des eaux minérales.

Soixante-quatre communes ont retourné le questionnaire avec des réponses affirmatives ; les sources qui y sont signalées s'élèvent au nombre de 93, chiffre bien éloigné des 174 sources minérales qu'indique le relevé du service des mines. Cet écart s'explique d'abord par la négligence de quelques communes qui, malgré les rappels, n'ont pas retourné le questionnaire. C'est ainsi qu'un certain nombre de sources importantes ont été inscrites d'office, telles que les Bains de la Reine, Hammam Sidi M'Cid, Salah bey, Sidi Rachid. Il s'explique aussi par ce fait que des maires et des administrateurs peuvent ignorer l'existence de petites sources perdues pour ainsi dire dans le grand territoire de leur commune ; il peut enfin s'expliquer soit par un double emploi sur le registre des mines, soit par la disparition de certaines sources, comme nous avons pu le constater nous-mêmes.

Il n'y a pas lieu toutefois d'attacher une trop grande importance à l'écart en question, car il ressort de l'examen de la notice des mines que toutes les sources non signalées par les communes paraissent généralement sans valeur sérieuse.

La Commission put alors établir un premier classement au point de vue chimique, puis divisa chaque classe en trois catégories, suivant que les sources étaient déjà exploitées à l'heure actuelle, ou bien qu'elles paraissaient susceptibles d'utilisation, soit pour les Européens, soit pour les indigènes.

Enfin la Commission réunit tous les renseignements qu'elle avait pu se procurer en un *Rapport au Gouverneur général sur les eaux thermominérales de l'Algérie*, qui constitue le premier document d'ensemble que l'on possède sur la question, et qui donne avec une précision des plus remarquables des indications sur les meilleures conditions d'utilisation des eaux.

La Commission formulait enfin le vœu que le Gouvernement général confiât à un hydrologue la mission d'étudier sur place les sources minérales, de les analyser et d'en préparer l'utilisation.

C'est cette mission que M. le gouverneur Jonnart voulut bien me confier, et pendant trois années, je parcourus chaque printemps une partie de l'Algérie, voyant par moi-même les sources, les installations, prélevant les échantillons, examinant les malades et recueillant sur place tous les renseignements possibles. De retour en France, j'analysais ces eaux et possédais ainsi tous les documents me permettant d'apprécier leur valeur. J'ai été aidé dans cette tâche par MM. Fonade, Peytel et A. Hanriot qui m'ont accompagné dans mes tournées, et M. Malosse, professeur à l'École d'Alger; Meillère, membre de l'Académie de médecine; Peytel, Dufresne et Raoult, qui m'ont aidé dans les analyses. M. Roger Glénard, envoyé en mission en Algérie par l'Académie de médecine, m'a rapporté un certain nombre de photographies qui, avec celles que M. Peytel avait prises au cours de nos voyages, ont principalement servi à illustrer cet ouvrage. Je leur adresse à tous mes remerciements.

Ces sources avaient été pour la plupart déjà décrites, et les eaux d'un grand nombre avaient été analysées. Je n'ai certes pas la prétention que mes descriptions ou analyses soient meilleures que celles de mes devanciers, mais elles ont toutefois ce mérite, d'émaner toutes d'une même personne.

Les descriptions se rapportent à une même époque, les analyses ont été effectuées avec la même méthode, en sorte qu'il y a forcément plus d'homogénéité dans un tel travail d'ensemble que dans le rapprochement de monographies faites à des époques différentes par des personnes dont chacune n'a visité qu'une seule source, qu'elle décrit le plus souvent avec une emphase qui ne peut s'expliquer que par un tribut de reconnaissance du malade envers l'eau bienfaitrice.

Mais ce n'est pas tout que de cataloguer, que de décrire les sources, il fallait encore les utiliser. Un certain nombre de communes mixtes ont des ressources importantes qu'elles doivent employer pour des établissements à l'usage des indigènes. Les stations thermales rentrent dans cette catégorie, et certaines communes ont consacré des sommes importantes à des établissements balnéaires. Elles ont été aidées le plus souvent par une subvention accordée par le Gouvernement général. J'ai eu soin d'indiquer dans mes rapports quelles étaient, à mon sens, les sources minérales à même de rendre le plus de services, quel genre d'installation leur convenait, et j'ai eu la joie de voir, pour un certain nombre d'entre elles, des établissements confortables s'élever en pleine campagne, des piscines ou des baignoires remplacer les simples trous creusés en terre pour recevoir l'eau minérale.

Les indigènes se sont en général montrés reconnaissants des sacrifices que l'on a faits pour l'amélioration de leurs hammams, mais ces installations ont plus qu'un intérêt local ; elles peuvent, par une hygiène mieux comprise, enrayer le développement des épidémies qui ont trop souvent pour point de départ les rassemblements d'indigènes autour des hammams.

Il ne suffit donc pas que l'Administration crée ces établissements ; elle a le devoir de les surveiller, d'assurer la salubrité et la bonne utilisation des eaux ; c'est dire que ces établissements doivent être sous le contrôle d'un médecin.

Les considérations qui précèdent montrent que c'est surtout la création d'établissements pour les indigènes, payés sur les ressources qui leur sont spécialement affectées, que j'ai entendu viser dans cet ouvrage, mais je n'ai eu garde d'oublier l'élément européen, qui est également appelé à bénéficier de ces installations.

Le fonctionnaire et même le colon algériens sont souvent peu favorables à la création d'établissements balnéaires en Algérie ; ils préfèrent la cure thermale en France qui les ramène dans la mère-patrie, les rapproche de leur famille et leur permet d'échapper aux rigueurs de l'été africain.

Quelque respectables que soient ces motifs, nous devons prévoir l'époque prochaine où, les liens s'étant relâchés avec les membres de la famille restés en France, les colons nés en Algérie assureront aux établissements thermaux une clientèle suivie qui affermira leur prospérité.

Ce sera la seconde étape des stations minérales africaines.

Enfin il est une dernière clientèle qui peut et doit un jour fréquenter ces établissements ; c'est cette clientèle cosmopolite qui a fait le succès de la côte d'Azur et fait actuellement celui de l'Égypte.

Pour elle, la cure thermale n'est qu'un prétexte ; elle désire avant tout éviter les rigueurs de la saison d'hiver et recherche les distractions dans le déplacement.

J'étudierai dans un chapitre spécial quels sont les points qui lui conviendraient particulièrement, et les raisons pour lesquelles cette catégorie d'hiverneurs a jusqu'à présent trop délaissé l'Algérie.

Législation

Les Arabes n'étaient pas constructeurs ; ils se sont contentés d'utiliser les thermes romains, sans les améliorer et sans en édifier de nouveaux en sorte qu'au moment de la conquête personne ne pouvait se dire

Fig. 3. — Kenchela : Piscines romaines.

propriétaire des établissements thermaux, dont l'usage était accessible à tous sans rétribution.

Le droit musulman est muet sur ce point ; il semble que les sources fussent banales, n'appartenant ni à un individu, ni à une collectivité.

Une fois la conquête terminée, la loi du 16 juin 1851, qui établit la propriété en Algérie, attribua les sources à l'État. Voici le texte des paragraphes relatifs à ce sujet :

« ARTICLE PREMIER. — Le domaine national comprend le domaine public et le domaine de l'État.

« ART. 2. — Le domaine public se compose... des lacs salés, des cours d'eau de toutes sortes et des sources.

« Néanmoins sont reconnus et maintenus tels qu'ils existent, les droits privés de propriété, d'usufruit ou d'usage légalement acquis, antérieurement à la promulgation de la présente loi, sur les lacs salés, les cours d'eau et les sources, et les tribunaux ordinaires restent seuls juges des contestations qui peuvent s'élever sur ces droits.

« ART. 3. — L'exploitation et la jouissance des canaux, lacs et sources pourront être concédées par l'État, dans les cas, suivant les formes et aux conditions qui seront déterminées par un règlement d'administration publique. »

Le texte est précis : les sources sont la propriété de l'État, sauf le cas de droits antérieurs dont les intéressés auraient à faire la preuve. Or cinquante-neuf ans se sont passés sans qu'il se soit élevé une seule réclamation contre cette loi en ce qui concerne les sources minérales. Celles-ci sont donc définitivement dans le domaine public.

Il y a toutefois deux réserves à faire. La loi de 1851 ne visait et ne pouvait viser que les sources existant à cette époque. Il s'ensuit que celles qui ont été forées depuis 1851 échappent à cette loi et restent la propriété de celui qui les a mises à jour.

Le fait est incontesté pour les puits d'eau douce de l'Oued Rir ; il n'est pas plus douteux pour les sources minérales. A l'heure qu'il est, il n'en existe que deux : la source forée de H. Sellama et le puits Gamerre à Mouzaïaville.

Mais il est un deuxième point sur lequel il est bon d'attirer l'attention. Sous le régime arabe, les sources thermales étaient banales sans

que personne ait le droit de s'en dire propriétaire ; la meilleure preuve
c'est que personne n'en a réclamé la propriété comme la loi de 1851
l'y eût autorisé. Mais le droit d'usage banal, existant avant la loi pré-
citée, n'a pu être touché par elle, et doit être respecté ; il convient donc,
chaque fois que l'État afferme une source, qu'il réserve une piscine et

Fig. 4. — H. Sellama : Forage du puits.

une buvette gratuites ouvertes à tous. C'est du reste ce qui a été fait
dans la plupart des concessions qui ont été attribuées.

L'État peut affermer ces eaux ; il le fait tantôt aux communes, tantôt
aux particuliers ; le plus souvent la redevance est minime. Dans ce moment, où il s'agit de mettre en valeur les eaux thermales et de les faire
connaître, d'y construire des établissements, il y a lieu de ne demander
aux tenanciers qu'une redevance insignifiante, et d'exiger d'eux, en
guise de fermage, l'exécution de constructions ou de travaux d'amélioration qui devront faire retour à l'État à la fin de la concession.

Cette clause doit être explicitement spécifiée dans les contrats, car la loi de 1851 qui attribue la propriété des sources à l'État est muette sur celle des bâtiments qui servent à l'exploitation des eaux. Il me paraît en outre indispensable que l'État se réserve le droit de surveillance sur l'exploitation des eaux et sur les constructions ; enfin, étant donné le développement certain que prendront les stations algériennes, je crois qu'il est bon de n'en donner le fermage que pour des périodes assez courtes, au bout desquelles le fermage deviendra une ressource importante pour l'État ou pour les communes.

La loi de 1851 n'a pas indiqué le régime qui serait adopté pour l'exploitation des eaux minérales. Cette lacune a été comblée par le décret du 21 décembre 1864, ainsi conçu :

« ARTICLE PREMIER. — La loi du 14 juillet 1856, sur la conservation et l'aménagement des sources d'eaux minérales, les décrets du 8 septembre 1856, 28 janvier 1860, concernant les règlements d'administration publique exigés par les articles 18 et 19 de ladite loi, ainsi que celles des dispositions de l'ordonnance du 18 juin 1823 auxquelles il n'est pas dérogé par le décret précité du 28 janvier 1860, sont rendus exécutoires en Algérie, et y seront, à cet effet, publiés et promulgués à la suite du présent décret.

« ART. 2. — Conformément à l'article 3 de la loi du 16 juin 1851, l'exploitation et la jouissance des sources d'eaux minérales qui font partie du domaine public, pourront être aliénées temporairement suivant les formes édictées par l'article 10 du décret du 10 décembre 1860 et aux conditions qui seront déterminées par les cahiers des charges spéciaux à chaque exploitation. »

De l'ordonnance royale de 1823, nous ne retiendrons que les articles 1 et 2 :

« ARTICLE PREMIER. — Toute entreprise, ayant pour effet de livrer ou d'administrer au public des eaux minérales naturelles ou artificielles, demeure soumise à une autorisation préalable et à l'inspection d'hommes de l'art, ainsi qu'il sera réglé ci-après.

« Sont seuls exceptés de ces conditions les débits desdites eaux qui ont lieu dans les pharmacies.

« ART. 2. — Les autorisations exigées par l'article précédent continueront à être délivrées par notre ministre secrétaire d'État à l'Intérieur, sur l'avis des autorités locales, accompagné, pour les eaux minérales naturelles, de leur analyse, et, pour les eaux minérales artificielles, des formules de leur préparation.

« Elles ne pourront être révoquées qu'en cas de résistance aux règles prescrites par la présente ordonnance, ou d'abus qui seraient de nature à compromettre la santé publique. »

Ainsi, le texte est formel ; toute exploitation d'eau minérale doit être soumise à une autorisation, qui est délivrée après avis de l'Académie de médecine.

Or, bien peu d'eaux algériennes se sont mises en règle avec l'ordonnance de 1823. Voici leurs noms et la date de l'autorisation :

Bains de la reine (Oran)	21 sept. 1842
Hamman Meskoutine (sources nombreuses) (Constantine)	12 déc. 1862
H. Bou Hadjar (O.)	24 janv. 1879
H. Sidi Haït (Bou Hadjar) (O.)	24 janv. 1879
Oued Okris	16 mai 1879
H. R'hira (treize sources) (A.)	24 avr. 1880
H. R'hira (n° 4) (A.)	24 avr. 1880
H. R'hira Allan (A.)	1892
H. Mzarra (A.)	5 févr. 1890
Marabout de Sidi Siliman (A.)	30 mars 1885
Piscine Européenne (A.)	30 mars 1885
Hamman ben Salem (C.)	18 avr. 1888
Aïn Bessem (A.)	20 mai 1890
Aïn Mentila (O.)	1891
H. Salahin (C.)	1892
Les vieux bains (Bou Hadjar) (O.)	1893

Vingt sources seulement ont donc été régulièrement autorisées. Il est regrettable que toutes celles qui ont un établissement, principalement celles qui expédient l'eau en bouteilles, ne sollicitent pas l'autorisation, d'autant plus que la plupart sont dans les conditions voulues pour l'obtenir.

Le décret de 1864 prévoit, en outre, l'extension à l'Algérie de la loi de 1856. Nous en reproduisons ci-après les articles les plus importants :

« ARTICLE PREMIER. — Les sources d'eaux minérales peuvent être déclarées d'intérêt public, après enquête, par un décret impérial délibéré en conseil d'État.

« ART. 2. —- Un périmètre de protection peut être assigné par un décret rendu dans les formes établies en l'article précédent à une source déclarée d'intérêt public.

« Ce périmètre peut être modifié si de nouvelles circonstances en font reconnaître la nécessité.

« ART. 3. — Aucun sondage, aucun travail souterrain ne peuvent être pratiqués dans le périmètre de protection d'une source minérale déclarée d'intérêt public, sans autorisation préalable.

« A l'égard des fouilles, tranchées, pour extraction de matériaux ou pour un autre objet, fondations de maisons, caves ou autres travaux à ciel ouvert, le décret qui fixe le périmètre de protection peut exceptionnellement imposer aux propriétaires l'obligation de faire, au moins un mois à l'avance, une déclaration au préfet, qui en délivre récépissé.

« ART. 4. — Les travaux énoncés dans l'article précédent et entrepris, soit en vertu d'une autorisation régulière, soit après une déclaration préalable, peuvent, sur la demande du propriétaire de la source, être interdits par le préfet si leur résultat constaté est d'altérer ou de diminuer la source. Le propriétaire du terrain est préalablement entendu.

« L'arrêté du préfet est exécutoire par provision, sauf recours au conseil de préfecture et au conseil d'État par la voie contentieuse.

« ART. 5. — Lorsque à raison de sondages ou de travaux souterrains entrepris en dehors du périmètre, et jugés de nature à altérer ou diminuer une source minérale déclarée d'intérêt public, l'extension du périmètre paraît nécessaire, le préfet peut, sur la demande du propriétaire de la source, ordonner provisoirement la suspension des travaux.

« Les travaux peuvent être repris, si, dans un délai de six mois, il n'a pas été statué sur l'extension du périmètre.

« ART. 6. — Les dispositions de l'article précédent s'appliquent à une source minérale déclarée d'intérêt public, à laquelle aucun périmètre n'a été assigné.

« ART. 7. — Dans l'intérieur du périmètre de protection, le propriétaire d'une source déclarée d'intérêt public a le droit de faire dans le terrain d'autrui, à l'exception des maisons d'habitation et des cours attenantes, tous les travaux de captage et d'aménagement nécessaires pour la conservation, la conduite et la distribution de cette source, lorsque ces travaux ont été autorisés par un arrêté du ministre de l'Agriculture, du Commerce et des Travaux publics. Le propriétaire du terrain est entendu dans l'instruction.

« ART. 8. — Le propriétaire d'une source minérale déclarée d'intérêt public peut exécuter, sur son terrain, tous les travaux de captage et d'aménagement nécessaires pour la conservation, la conduite et la distribution de cette source, un mois après la communication faite de ses projets au préfet.

« En cas d'opposition par le préfet, le propriétaire ne peut commencer ou continuer ses travaux qu'après autorisation du ministre de l'Agriculture, du Commerce et des Travaux publics.

« A défaut de décision dans le délai de trois mois, le propriétaire peut exécuter les travaux.

« Art. 9. — L'occupation d'un terrain compris dans le périmètre de protection pour l'exécution des travaux prévus par l'article 7 ne peut avoir lieu qu'en vertu d'un arrêté du préfet qui en fixe la durée.

« Lorsque l'occupation d'un terrain compris dans le périmètre de protection prive le propriétaire de la jouissance du revenu au delà du temps d'une année, ou lorsque, après les travaux, le terrain n'est plus propre à l'usage auquel il était destiné, le propriétaire dudit terrain peut exiger du propriétaire de la source l'acquisition du terrain occupé ou dénaturé. Dans ce cas, l'indemnité est réglée suivant les formes prescrites par la loi du 3 mai 1841. Dans aucun cas, l'expropriation ne peut être provoquée par le propriétaire de la source.

« Art. 10. — Les dommages dus par suite de suspension, interdiction ou destruction de travaux dans les cas prévus aux articles 4, 5 et 6, ainsi que ceux dus à raison de travaux exécutés en vertu des articles 7, 8 et 9 sont à la charge du propriétaire de la source. L'indemnité est réglée à l'amiable ou par les tribunaux.

« Dans les cas prévus par les articles 4, 5 et 6, l'indemnité due par le propriétaire de la source ne peut excéder le montant des pertes matérielles qu'a éprouvées le propriétaire du terrain et le prix des travaux devenus inutiles, augmentés de la somme nécessaire pour le rétablissement des lieux dans leur état primitif.

« Art. 11. — Les décisions concernant l'exécution ou la destruction des travaux sur le terrain d'autrui ne peuvent être exécutées qu'après le dépôt d'un cautionnement dont l'importance est fixée par le tribunal, et qui sert de garantie au paiement de l'indemnité dans les cas énumérés en l'article précédent.

« L'État, pour les sources dont il est propriétaire, est dispensé du cautionnement.

« Art. 12. — Si une source minérale déclarée d'intérêt public est exploitée d'une manière qui en compromette la conservation ou si l'exploitation ne satisfait pas aux besoins de la santé publique, un décret impérial, délibéré en Conseil d'État, peut autoriser l'expropriation de la source et de ses dépendances nécessaires à l'exploitation, dans les formes réglées par la loi du 3 mai 1841. »

On voit par ce qui précède les avantages considérables que la loi réserve aux sources déclarées d'utilité publique. Or, autant cette déclaration est difficile à obtenir lorsque des sources voisines se sont fait jour auprès de la principale, autant à l'heure actuelle il serait facile d'obtenir cette déclaration qui ne léserait personne ; et il y aurait lieu, pour les sources les plus importantes, celles dont l'importance thérapeutique est manifeste, d'obtenir dès maintenant la déclaration d'intérêt public qui peut sauvegarder leur avenir.

A qui revient l'initiative de la démarche ? La circulaire du 22 septembre 1856 le précise en ces termes :

« Pour les sources dont l'État est propriétaire, c'est à vous (le préfet) qu'il appartient de provoquer l'accomplissement des formalités réglées par le décret ; je ne puis que vous prier, s'il s'en trouve quelqu'une dans votre département, de vous concerter d'urgence avec M. l'ingénieur en chef des mines pour préparer sans aucun délai les pièces sur lesquelles l'enquête doit s'ouvrir. »

Ces sages prescriptions sont restées lettre morte en Algérie ; il est encore temps de les suivre, et il ne faut pas attendre que des sources forées, devenues propriétés particulières, ne viennent mettre en mauvaise posture les sources domaniales et ne doivent être rachetées à grands frais.

La loi de 1864 prévoit encore l'extension à l'Algérie du décret du 28 janvier 1860. Trois articles sont à retenir :

« Art. 16. — Dans tous les cas où les besoins du service l'exigent, des règlements arrêtés par le préfet, les propriétaires, régisseurs ou fermiers préalablement entendus, déterminent les mesures qui ont pour objets :

3

« La salubrité des cabinets, bains, douches, piscines, et en généra
de tous les locaux affectés à l'administration des eaux.

. . . .

« ART. 17. — Ces règlements restent affichés dans l'intérieur d
l'établissement et sont obligatoires pour les personnes qui le fréquentent
aussi bien que pour les propriétaires, régisseurs ou fermiers et pour le
employés du service.

« Les inspecteurs ont le droit de requérir, sauf recours au préfet, l
renvoi des employés qui refuseraient de se conformer aux règlements

« ART. 21. — Les propriétaires, régisseurs ou fermiers sont tenu
de donner le libre accès des établissements et des sources à tous le
fonctionnaires délégués par le ministre ; ils leur fournissent les renseignements nécessaires à l'accomplissement de la mission qui leur es
confiée. »

Ainsi l'État conserve le droit de surveillance non seulement sur le
sources, mais sur tous les locaux affectés à l'Administration des eaux ;
il peut donc en assurer l'hygiène, et ici encore il est déplorable que ce
droit soit resté lettre morte. L'avenir des stations thermales algériennes
dépend de la façon dont elles seront tenues et administrées.

Origines des eaux minérales

Les Arabes, comme nous l'avons dit plus haut, considèrent les pratiques thermales comme étant d'ordre religieux au moins autant que d'ordre médical : ils associent les sacrifices aux bains, brûlent des cierges en l'honneur du marabout vénéré sous la protection duquel est placée la source.

A côté de la plupart d'entre elles, se trouve l'arbre sacré, un figuier dans le nord, un bêtoum dans le sud, auquel on suspend les talismans qui ont été donnés dans ce but par les Taleb ; à leur défaut, on y accroche quelques lambeaux d'étoffe qui donnent à cet arbre un aspect bariolé bien singulier.

C'est que, pour les Arabes, les eaux minérales ont une origine sainte que rappelle la légende suivante :

Le roi Salomon, ayant l'intention d'effectuer de grands voyages, avait envoyé à l'avance des génies pour préparer des bains où lui et sa suite puissent se reposer des fatigues de la route. Dans sa sagesse, il avait choisi ces génies aveugles, sourds et muets, afin qu'ils ne puissent voir ou entendre, ni surtout redire ce qui se passait dans ces bains merveilleux. Le roi Salomon étant mort, personne n'a pu leur apprendre la mort de leur maître, et les génies continuent toujours à chauffer les bains, comme Salomon leur avait prescrit ; c'est pour cette raison que nous voyons un grand nombre de sources thermales porter le nom de Salomon (Selimane).

Presque chaque source a sa légende particulière. Souvent la source est censée être apparue là où est enterré un marabout réputé dont elle porte le nom, ou bien encore là où il a effectué quelque miracle.

Fig. 5. — Berrouaghia : L'arbre sacré.

Les géologues ne se sont pas contentés de ces explications sur leur origine, ils ont recherché les relations qui existent entre les sources minérales et la structure des terrains qu'elles traversent.

En ce qui concerne l'Algérie, nous sommes encore assez mal renseignés sur la disposition des fractures ayant servi d'évents pour la montée au jour de ces eaux souterraines. Voyons cependant, aidés de l'étude des grands mouvements du sol et de celle des gîtes métallifères, si l'on peut trouver dans la distribution des eaux minérales en Algérie, la confirmation des lois générales qui la régissent dans les autres régions [1].

Tout d'abord, nous devons distinguer, d'après leur température, les

Fig. 6. — II. Meskoutine : La cascade d'eau bouillante.

eaux minérales en deux grandes catégories : les eaux chaudes et les eaux froides.

Sans vouloir entrer dans des considérations étendues sur l'origine volcanique des eaux thermales [2], nous devons reconnaître que les eaux

1. De Launay, *Recherche, captage, aménagement et origine des sources thermominérales.* Paris, 1899.
2. A. Gautier, « la Genèse des eaux thermales et ses rapports avec le volcanisme » (*Annales des Mines*, mars 1906, p. 316 et 374).

froides ont une origine superficielle et les eaux chaudes une origine profonde.

A ce propos, nous ne devons pas oublier que la température du sol en Algérie étant souvent, d'après de Launay, de près de 10° supérieure à celle de nos climats, des eaux descendues à une même profondeur doivent offrir dans ce pays une température de 10° plus élevée qu'en France.

La remarque de de Launay est juste en elle-même, mais le chiffre de 10° est beaucoup trop élevé. Nous trouvons un grand nombre d'eaux froides algériennes qui ont des températures allant de 15 à 18°; leurs similaires auraient en France des températures de 11 à 12°. Il faut donc réduire de près de moitié le chiffre proposé par de Launay, et nous considérerons comme eaux froides celles dont la température ne dépasse pas 20°.

On rencontre un certain nombre d'eaux froides, chargées d'acide carbonique et pour lesquelles on est tenté d'admettre une origine profonde ; il peut, en effet, s'agir d'eau thermale riche en acide carbonique et dont la température aurait été abaissée par mélange avec une nappe d'eau froide superficielle ou par toute autre cause, mais on peut également ment admettre la saturation d'une couche d'eau froide par du gaz carbonique provenant de la profondeur.

La minéralisation de ces eaux froides s'explique alors par dissolution des substances solubles incluses dans le sol, par les eaux telluriques chargées ou non de gaz carbonique, en sorte que, leur origine est liée à la nature même du terrain superficiel. Or en Algérie, ce sont le sel gemme et le gypse qui dominent ; aussi rencontrerons-nous souvent des eaux chlorurées et sulfatées.

Nombreuses sont, en effet, les localités où l'on trouve une eau, froide ou chaude, chlorurée sodique en relation directe avec un dépôt salin exploité industriellement.

Telles sont, pour n'en citer que quelques-unes, les eaux d'*Aïn Nouis-*

sy, de *H. Sellama*, d'*A. Ouarka*, dans la province d'Oran, de *M'ta Melah*, de *Charef*, dans celle d'Alger et celles des environs des salines de *Bordj bou Arréridj* et de *Milah*, dans le département de Constantine.

Ces amas de sels paraissent, en Algérie du moins, être d'origine marine. Le fait est indiscutable pour certains dépôts, tels que ceux des *bains de la Reine* ou des salines des Sebkahs ; on peut dire que tous les terrains algériens sont plus ou moins salés, et nous verrons le chlorure de sodium exister aussi bien dans presque toutes les eaux minérales que dans la plupart des eaux douces.

Le sulfate de calcium ne serait pas venu tel que à l'état de gypse ou d'anhydride, mais à l'état d'eau ou de boues gypsifiantes, c'est-à-dire d'eaux soit acides soit salines, qui, réagissant sur des calcaires, les ont transformées en sulfate de chaux.

Ces dépôts apparaissent, en effet (contrairement aux dépôts de gypse sédimentaire), sous forme de dykes, de lentilles, dans lesquels le gypse forme une masse blanche compacte assez homogène, constituée non pas généralement par du gypse pur, mais par son mélange intime avec du calcaire et chargé dans beaucoup d'endroits de substances diverses, notamment de minéraux cristallisés, quartz, pyrite, tourmaline, etc. Ce gypse est souvent traversé par des filons ou des dykes de roche verte ophitique [1].

Le meilleur exemple de ces dépôts est donné par les salines de Dublineau, à côté duquel se trouvait une source salée, l'Oued el Hammam, aujourd'hui inutilisée. De même, les eaux froides sulfatées de *H. R'hira* sont en rapport avec les importantes carrières de gypse du Zaccar Chergui.

Les eaux thermales, dont l'étude est beaucoup plus intéressante, viennent au contraire de la profondeur et remontent à la surface, à la faveur de solutions de continuité des terrains que l'on désigne sous le

1. Pomel, *Description stratigraphique générale de l'Algérie*. Alger, 1889.

nom de *failles*. Les eaux peuvent prendre naissance par distillation de roches telles que les granits, ou bien provenir du réchauffement d'eaux superficielles descendues profondément.

Leur minéralisation peut se faire profondément, mais elle peut aussi avoir lieu dans les couches superficielles, soit à l'aller, soit au retour de ces eaux ; leur origine se rapproche alors de celle des eaux froides ; aussi voyons-nous fréquemment dans une même localité des eaux froides et des eaux chaudes ayant des compositions analogues (H. R'hira, H. bou Hadjar). Les unes sont des eaux chaudes profondes, les autres des eaux froides superficielles, qui ont toutes traversé une même couche minéralisatrice.

Ces cassures, qui permettent aux eaux souterraines d'arriver au jour, ont été, par places, injectées antérieurement par des roches éruptives ou par des filons métallifères déposés par voie hydrominérale ; enfin les relations des phénomènes volcaniques avec de pareilles fractures sont aussi très manifestes.

Pour déterminer l'origine des eaux thermales algériennes, il nous faut donc, après avoir jeté un premier coup d'œil d'ensemble sur l'histoire géologique de l'Algérie, signaler les phénomènes volcaniques dont elle a été le théâtre, ensuite examiner le mode de répartition des roches éruptives et des gîtes métallifères, qui nous renseignera sur la position et la direction des principales failles de la région.

J'ajouterai que la réciproque peut aussi être vraie, car l'émergence des eaux minérales et leur nature chimique sont susceptibles de donner aux études géologiques des renseignements précieux, bien que trop négligés, sur cette position des failles. A bien des reprises, des prospecteurs de mines de zinc m'ont demandé de leur indiquer les sources thermales que j'avais trouvées, principalement les sulfureuses et dont la position les guidait dans leurs recherches de minerais de zinc ou de manganèse.

Une traversée de l'Algérie perpendiculaire à la côte permet d'y reconnaître du nord au sud la subdivision suivante en régions naturelles bien différenciées qui sont sensiblement identiques sous les différents méridiens, les principaux reliefs du terrain étant parallèles à la côte. Ce sont : le Tell ; le petit Atlas ; les hauts plateaux ; le grand Atlas ; le Sahara.

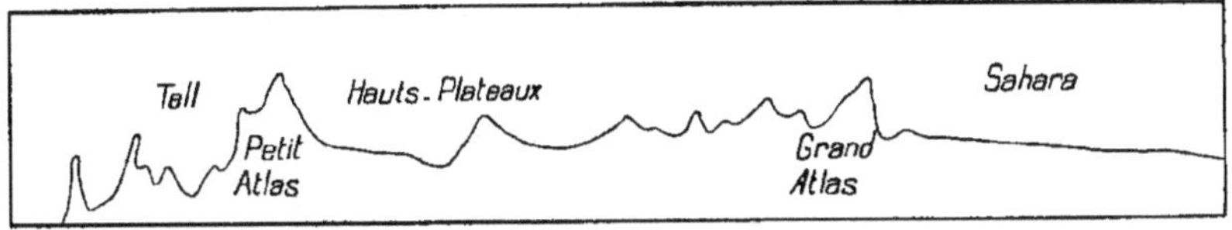

Fig. 7. — Traversée de l'Algérie.

On voit par cette figure comment il peut exister dans les hauts plateaux des lagunes salées sans écoulement vers la mer et provenant du lessivage des bancs de sel gemme inclus dans le sous-sol.

Du côté du Sahara, les eaux vont se perdre dans le désert. Par le même mécanisme, nous voyons s'y former des dépôts de matières salines empruntées aux hauts plateaux.

Au point de vue géologique, l'Algérie doit être reliée au continent européen, tandis que l'immense partie inférieure de l'Afrique formait un continent à part. La séparation de l'Algérie et de l'Europe s'est faite après l'effondrement de la Thyrrhénaïde par deux cassures profondes au-dessus et au-dessous de la série des îles : Sicile, Sardaigne, Corse, Baléares, qui forment les témoins de l'ancienne disposition.

On sait que, dans l'histoire de la formation du continent européen, on admet depuis Suess [1] la formation successive des chaînes principales suivantes de plus en plus méridionales à mesure que le temps s'est écoulé : chaînes huronienne, calédonienne, hercynienne, alpestre, chacun de ces plissements successifs paraissant avoir cheminé du sud au nord jusqu'à la chaîne précédente qu'il a redisloquée en s'y écrasant.

1. Suess, *la Face de la Terre*; t. I, 3ᵉ partie, p. 138 et 184 de la traduction française.

Reliée à l'Europe, l'Algérie a subi le contre-coup des plissements alpins.

Si l'on considère la carte des zones influencées par les derniers plissements terrestres (alpins), on voit que leur tracé se rapproche de celui des phénomènes volcaniques les plus importants ainsi que de celui des

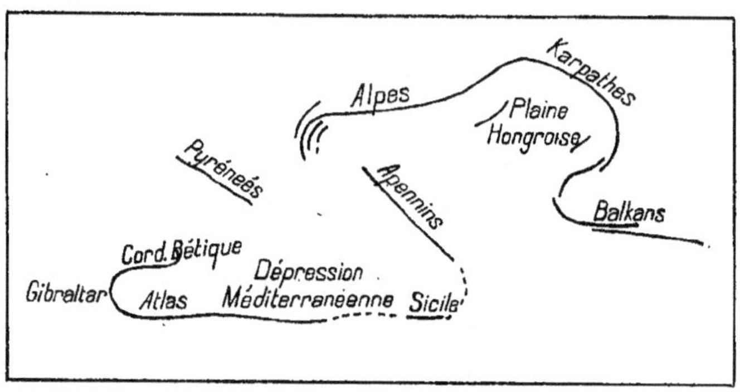

FIG. 8. — Schéma des plissements alpins.

principaux groupements hydrominéraux, si bien que de Launay a pu établir la loi suivante :

« Les sources thermales sont, comme les volcans auxquels les rattache un lien d'origine net, en relation avec les phénomènes de dislocation les plus récents de l'écorce terrestre (plissements et effondrements) et localisées dans les zones assez restreintes de la terre où ces derniers se sont fait sentir. »

L'Algérie offre une remarquable confirmation de cette loi, puisque sur son sol, on trouve : des traces de dislocation récente ; des traces de phénomènes éruptifs ; de nombreuses eaux thermominérales.

Ce n'est pas seulement à ces lois très générales que la disposition des eaux minérales de l'Algérie offre une remarquable confirmation, mais aussi aux lois plus spéciales qui régissent la distribution des eaux thermales au niveau de ces zones de plissements.

Les plissements alpins présentent un régime différent sur l'un et l'autre versant : l'un est abrupt, siège de nombreux centres d'éruption et d'eaux minérales à minéralisation volcanique, en rapport avec les fractures d'effondrement. Là se trouvent, comme dernières traces de l'activité interne, les dégagements d'acide carbonique en première ligne : l'hydrogène sulfuré, l'acide sulfureux amenés sous forme de fumerolles avec de l'arsenic, de l'acide borique. L'autre versant, aux pentes adoucies, présente des eaux faiblement minéralisées en général, sauf dans le cas où elles rencontrent des gîtes salifères ou gypseux.

En Algérie, les deux versants de l'Atlas sont bien conformes à cette loi. Le versant aux pentes adoucies est le versant sud ; celui du nord est abrupt, siège de nombreux résidus éruptifs et d'eaux minérales à minéralisation volcanique.

Les pointements éruptifs jalonnent toute la côte : une bordure de roches granitiques récentes commence sur la côte un peu à l'ouest de Bône au sud de la Sardaigne, à laquelle cette zone trachytique semble se raccorder ; elle comprend les granites récents de l'île de la Galite, du cap de Fer, de Philippeville, les basaltes de Didjelli à Bougie, de la dépression de la Mitidja au sud d'Alger ; puis les pointements trachytiques et basaltiques qui vont d'Oran à la frontière du Maroc ; basaltes de la Tafna, d'Aïn Temouchent, superposés à du quaternaire, trachytes et phonolites des îles Zaffarines, à l'ouest de Nemours.

D'autre part, c'est le long de la côte que se trouvent cantonnées les eaux carbonatées de l'Algérie.

Aïn Sennour, à	60	kilomètres
Aïn Hamza	28	—
Aïn Bouira	50	—
Ben Haroun,	40	—
Aïn Garca	20	—
Aïn Messala	20	—
Bou Hanifia	50	—
Bou Hadjar	30	—

Les phénomènes éruptifs ne sont pas la seule cause qui amène le jaillissement des eaux thermominérales ; il faut étudier à côté d'eux les failles qui viennent entrecouper les terrains sédimentaires.

Les failles nous sont connues par les gisements des filons métallifères et le jaillissement des eaux minérales.

Les uns et les autres sont généralement contigus, les premiers étant les reliquats d'anciennes sources ayant fini par obstruer leur cheminée à force d'y déposer des substances minérales ou s'étant interrompu dans leur travail pour des raisons variables[1].

En Algérie, le rapprochement entre les eaux minérales et les gîtes métallifères serait d'un grand intérêt ; on pourrait en citer de très nombreux exemples :

Les eaux chaudes de *Nazereg* jaillissent non loin des mines de galène de Saïda.

Les eaux sulfureuses d'*Aïn Mekeberta* voisinent avec les mines de soufre des environs de Mazouna (Kel el Djir) *Hammam Sélimane* est en rapport avec les fameuses calamines de l'Ouarsenis.

Les mines du pic de Mouzaïa sont accompagnées d'eaux minérales : sulfureuses (*Aïn Baroud*), carbonatées (*Aïn Messala, Aïn Garca*).

Les mines du Nador donnent naissance aux sources de *N'bails Nador*.

On pourrait multiplier ces exemples ; ils montrent le grand intérêt qu'il y a pour les géologues à tenir compte de l'emplacement et de la composition des sources thermales, pour y trouver une indication sur le sens des failles importantes d'une région et la composition profonde du terrain.

Certaines eaux, ayant comblé leur cheminée primitive se créent un passage dans son voisinage et recommencent à déposer des gîtes minéraux. Celles de *H. Meskoutine*, de *H. bou Hadjar*, etc., ont donné naissance à des dépôts abondants que nous voyons encore se former

---

1. Daubrée, *les Eaux souterraines aux époques anciennes*, 1887.

sous nos yeux. Elles mettent en évidence les lignes de dislocation terrestres assez récentes pour n'avoir encore été ni incrustées, ni obstruées,
ni refermées d'une façon quelconque.

Il serait donc important aussi bien pour le géologue que pour l'hydro-

Fig. 9. — Dépôts calcaires formés par l'eau thermale.

logue, que les cartes géologiques indiquent avec précision la position,
la nature et la température des sources minérales. La science pure,
comme la prospection des eaux thermales et des gisements miniers, ne
saurait qu'y gagner.

Analyse

Les premières analyses d'eaux minérales algériennes sont dues aux pharmaciens militaires et remontent aux premiers temps de la conquête ; elles portent sur les stations qui étaient dès cette époque utilisées par les Européens, telles que celles de H. Meskoutine, H. R'hira, H. Bou Hadjar, etc. Depuis, beaucoup de chimistes ou de pharmaciens ont étudié diverses sources, et enfin le service des mines en a analysé systématiquement un grand nombre, principalement dans la province de Constantine.

Nous rapportons dans cet ouvrage toutes les analyses antérieures que nous avons pu nous procurer, mais en outre, nous avons nous-même analysé les eaux de presque toutes les sources minérales qui nous ont été signalées.

Ces diverses analyses, faites à des époques très différentes, nous renseignent sur les variations qu'a pu subir l'eau : le plus souvent elles sont faibles ; cependant, pour quelques sources, nous avons noté des différences importantes, qui peuvent tenir à deux causes distinctes : les variations peuvent avoir existé dans la composition réelle des sources, ou bien les écarts constatés peuvent tenir à des différences dans les procédés d'analyse employés.

La première de ces deux causes est la plus importante, et nous avons eu l'occasion de constater nous-mêmes des changements dans la composition des eaux, survenus dans un intervalle de quelques mois, dus à une période de pluie ou de sécheresse.

Il importe, en effet, de remarquer que la plupart des sources ne sont pas captées et que les eaux superficielles peuvent se mélanger librement avec l'eau minérale. La plupart présentent plusieurs émergences souvent distantes de plusieurs centaines de mètres et qui n'ont ni la même température, ni la même composition. Ces émergences elles-mêmes ne sont pas fixes et se déplacent chaque année ; souvent, quand elles sont situées dans le lit d'un oued, les déplacements peuvent encore être beaucoup plus considérables, variant avec chaque crue qui les recouvre. Dans ces conditions, il n'est pas certain que les divers chimistes qui ont analysé l'eau d'une même source aient pris leurs échantillons à la même émergence. On ne peut donc, quand il s'agit de sources naturelles, espérer avoir la même constance que l'on est en droit d'exiger des sources bien captées.

Pour tâcher de mettre un peu de méthode dans les prélèvements, nous avons adopté la règle générale suivante : après avoir noté toutes les émergences un peu importantes d'une source, nous déterminions la température de chacune s'il s'agissait d'une source thermale, et nous prélevions l'eau destinée à l'analyse à l'émergence la plus chaude, qui était vraisemblablement la plus pure.

S'il s'agissait d'une source froide, nous faisions sur place des dosages d'hydrogène sulfuré ou d'alcalinité, ou de gaz carbonique, ou une détermination de densité, et nous considérions comme la plus pure de tout mélange celle qui renfermait la plus grande quantité de l'élément minéralisateur. Enfin, si l'eau ne renfermait aucun corps se prêtant au dosage sur place, nous faisions le prélèvement à la source la plus abondante.

Rien ne dit que nos prédécesseurs aient adopté la même règle pour leurs prélèvements, et par conséquent que nos analyses aient porté sur la même source, ce qui suffit à expliquer bien des variations.

A une même émergence, la température et la composition de l'eau.

peuvent varier avec la saison, grâce à l'infiltration des eaux superficielles. Or toutes les visites des stations que nous avons faites ont été effectuées à la fin de l'hiver ou au commencement du printemps ; de plus, les
deux premières années, l'hiver avait été particulièrement froid et plu-
vieux. Aussi les chiffres de température et de minéralisation que nous
avons trouvés sont-ils souvent un peu plus faibles que ceux qui étaient
généralement adoptés, mais l'écart est fort minime.

Les variations dans la composition de l'eau minérale peuvent avoir
lieu, même pour les sources bien captées, sous l'influence saisonnière.
Elles sont d'ordinaire insignifiantes ; il n'en est plus de même quand on
fait subir des modifications au captage. J'ai été témoin d'un fait de ce
genre : la source Aïn Sennour est une eau bicarbonatée dont la composition a été établie par de nombreuses analyses. C'est une bicarbonatée
calcique dont les tuyaux ont peu à peu été obstrués par des dépôts
calcaires abandonnés par l'eau.

La commune, voulant l'affermer, commença par la faire curer pour
en augmenter le débit. Ces travaux furent imprudemment conduits, et
lors de ma visite, en avril 1908, la source débitait à peine. Je pus cependant en prélever quelques bouteilles. Quelques jours après, je pus me
procurer de l'eau de la même source recueillie avant le curage. Voici
les résultats que m'a donnés l'analyse de ces deux eaux :

Alcalinité ...	23^{cc}	34^{cc}
Débit	0,9	12
Extrait sec	2^{gr},99	3,602

Ici les différences dans la composition de l'eau sont manifestement
dues à une modification dans la nappe souterraine où pénètre le captage.
J'ajouterai, pour compléter ce qui a trait à Aïn Sennour, que l'on m'a
dit depuis que la source minérale avait de nouveau fait son apparition
dans la montagne à un point situé environ à 500 mètres du premier, et

avec une composition et une saveur analogues à celles qu'elle présentait autrefois.

Il existe une autre cause d'erreur que j'ai fait tout mon possible pour éliminer, mais qui me paraît avoir joué un rôle important dans les divergences qui existent dans les analyses des différents auteurs. Je veux parler des modifications que subit l'eau dans la bouteille, entre le moment où elle est prélevée et celui où elle est analysée au laboratoire. Dans notre cas, ce délai pouvait être fort long et a atteint huit ou neuf mois pour certaines eaux : le voyage, pendant lequel se faisait la récolte des échantillons, durait deux mois ; le transport des eaux ne mettait pas moins ; il arrivait à la fois au laboratoire soixante ou soixante-dix échantillons d'eaux diverses qui ne pouvaient être analysées que successivement ; on voit que dans ces conditions un délai de neuf ou dix mois pouvait être atteint pour un certain nombre d'entre elles.

Pendant ce temps, et surtout par température élevée, bien des modifications pouvaient se produire dans la composition de l'eau ; l'acide carbonique se dégageait; en même temps l'alcalinité diminuait; le fer, la chaux se déposaient sur la bouteille. Les sulfures de l'eau s'oxydaient et disparaissaient, en même temps que d'autres eaux, primitivement sulfatées, devenaient sulfureuses par suite de la réduction de l'acide sulfurique par les matières organiques de l'eau ou du bouchon. Pour un grand nombre d'eaux, j'ai dû demander un nouveau prélèvement, pour effectuer des analyses de contrôle; mais, même dans les meilleures conditions, je n'ai jamais pu avoir les eaux au laboratoire qu'un mois environ après leur puisement.

J'ai donc été forcé de faire *sur place* toutes les déterminations et dosages des éléments altérables. Or souvent les sources étaient à 30 ou 40 kilomètres et plus de l'endroit où l'on devait revenir coucher le soir; souvent à la source n'existait aucun abri où l'on pût s'installer pour effectuer les analyses. Dans ces conditions, il fallait se contenter de

5

déterminations sommaires, et je n'ai pu songer à étudier la radio-activité de l'eau ni les gaz qui y étaient dissous.

Voici comment j'opérais généralement. Arrivé à la source, j'en cherchais les principales émergences; si celles-ci étaient noyées dans une cuvette d'eau peu importante, je cherchais à la vider ou au moins à en baisser le niveau au-dessous de celui des sources. Je prenais alors les températures avec des thermomètres divisés en vingtièmes de degrés. Ceux-ci avaient été étalonnés au départ et étaient vérifiés avec soin au retour de chaque voyage (celui de 50-70° a été cassé pendant le dernier voyage). Du reste, je n'ai noté aucune variation des thermomètres entre deux vérifications consécutives.

Les températures étant notées, nous mesurions le débit des sources quand cela était possible, puis, après avoir choisi, d'après les règles que j'ai indiquées plus haut, l'émergence que nous considérions comme principale, nous la déblayions complètement, nous laissions couler l'eau un certain temps, nous y dosions l'hydrogène sulfuré, l'alcalinité, l'acide carbonique, et nous en prélevions 6 à 10 litres qui servaient pour l'analyse au laboratoire.

Le dosage sur place de l'hydrogène sulfuré offre une grande importance : jamais nous n'avons retrouvé le même chiffre dans les analyses faites quelques mois après au laboratoire; habituellement l'acide sulfhydrique y avait disparu ; inversement on a trouvé l'hydrogène sulfuré dans bien des eaux, qui n'en avaient pas décelé trace à la source même.

Nous avons également constaté plusieurs fois que l'eau puisée dans la piscine où débouchait la source était sulfureuse, tandis qu'en prenant la précaution que j'indiquais plus haut de baisser suffisamment le niveau pour mettre la source à nu, on voyait que celle-ci ne renfermait pas trace de sulfures. Ceux que nous avions constatés dans l'eau de la piscine provenaient donc manifestement de la réduction des sulfates de l'eau par les matières organiques, feuilles ou détritus de toutes sortes.

Grâce à ces précautions, j'ai pu montrer que trois sources, considérées jusque-là comme sulfureuses, étaient en réalité totalement dépourvues de cet agent minéralisateur, ce sont : H. Sélimane, H. Zerguin et les Abdellys, tandis que j'ai pu caractériser comme sulfureuses les sources de Sidi Yahia et H. Zaïd où cet élément avait été méconnu.

Le dosage de l'hydrogène sulfuré se faisait par le procédé bien connu de l'action de l'iode sur l'hydrogène sulfuré.

Nous nous servions d'une solution d'iode à $2^{gr},5$ par litre et d'amidon soluble que l'on dissolvait au moment de l'emploi ; enfin, on employait un volume d'eau tel qu'il absorbât de 5 à 10 centimètres cubes de la solution d'iode.

Le dosage d'alcalinité se faisait à l'aide d'une solution d'acide oxalique à 43 grammes de $C^2H^2O^4$ (liqueur normale) par litre, en employant la tropéoline comme indicateur. Ce chiffre donne sensiblement la quantité d'acide carbonique combiné, chaque centimètre cube de liqueur acide correspondant à 1/1000 d'équivalent de CO^2, soit $0^{gr},022$.

Pour la mesure de l'acide carbonique total, j'ai employé la méthode de M. Meillère (*Journal de pharmacie et de chimie*, janvier 1896) :

1° On commençait par déterminer exactement le titre alcalimétrique d'une eau de baryte. Je suppose par exemple que 100 centimètres cubes aient exigé $24^{cc},50$ d'acide normal ;

2° On déterminait sur 200 centimètres cubes le titre alcalimétrique de l'eau minérale à essayer ; supposons que nous ayons trouvé pour 200, $11^{cc},5$;

3° On mélangeait 200 centimètres cubes de l'eau minérale avec 50 centimètres cubes d'eau de baryte, ou filtrait rapidement, on prélevait 125 centimètres cubes du liquide filtré dont on déterminait le titre alcalimétrique. Supposons que l'on ait trouvé pour celui-ci $6^{cc},5$.

Si l'eau primitive contient du bicarbonate de soude et de l'acide carbonique libre, nous pourrons représenter la réaction par l'équation :

$$H^2O + CO^3Na^2, CO^2 + nCO^2 + (n + 2 + p)\, BaO$$
$$= (n + 2)\, CO^3Ba + 2\, NaOH + p\, BaO.$$

Le bicarbonate de sodium ayant, par rapport à la tropéoline, la même valeur alcaline que la soude à laquelle il donne naissance dans cette réaction, on voit que la perte d'alcalinité du mélange sera tout entière due à la précipitation de l'acide carbonique total par la baryte et que, par conséquent, elle mesurera celui-ci.

Ainsi, dans l'exemple que nous avons choisi, la somme des alcalinités des 200 centimètres cubes d'eau et des 50 centimètres cubes d'eau de baryte, représentant 250 centimètres cubes, serait :

$$200^{cc} \text{ eau} = \dots\dots\dots\dots\dots\dots\dots\dots\dots\dots\dots\dots 11^{cc},50$$
$$50^{cc} \text{ eau de baryte} = \dots\dots\dots\dots\dots\dots\dots\dots\dots 12\ \ ,25$$
$$\overline{\phantom{50^{cc} \text{ eau de baryte} = \dots\dots\dots\dots\dots\dots\dots\dots} 23\ \ ,75}$$

On a prélevé 125 centimètres cubes de ce mélange dont l'alcalinité devrait donc être :

$$\frac{23,75 \times 125}{250} = 11,9,$$

tandis que l'expérience directe a donné 6,5 centimètres cubes. La différence, soit 5,4 d'acide normal, représente l'acide carbonique de 100 centimètres cubes d'eau employés. Le poids d'acide carbonique contenu dans 1 litre sera donc :

$$\frac{5,4 \times 44}{1000} = 1,92.$$

La présence de la chaux à l'état de bicarbonate ne modifierait rien à l'équation ci-dessus. Il n'en est plus de même si l'eau renferme de la magnésie, soit à l'état de bicarbonate, soit même à un autre état ; nous avons en effet les équations suivantes :

$$CO^3\,Mg,\ CO^2 + 2\,BaO = 2\,CO^3Ba + MgO.$$

La magnésie étant insoluble reste sur le filtre, et son alcalinité ne compte pas dans le dosage final. De même, en partant du chlorure de magnésium, nous aurions l'équation :

$$MgCl^2 + BaO = MgO + BaCl^2.$$

Il y aurait donc une molécule de baryte utilisée pour précipiter chaque molécule de chlorure de magnésium, d'où une diminution d'alcalinité qui serait attribuée à de l'acide carbonique qui n'existe pas en réalité. Cette méthode est donc médiocre en présence des sels magnésiens, et malheureusement nous avons constaté après coup dans l'analyse complète au laboratoire que la plupart des eaux algériennes renfermaient des quantités notables de magnésie.

Les divergences qui existent entre les analyses des divers auteurs peuvent-elles tenir aux méthodes d'analyse employées ? Je crois que celles-ci ne peuvent influer que bien faiblement sur les résultats ; voici toutefois à titre de document la méthode que nous avons suivie :

A. Le résidu sec de l'eau était déterminé sur une prise d'essai de 250 centimètres cubes. L'évaporation avait lieu au bain-marie ; le résidu était porté à 160° et pesé.

Il était alors chauffé au rouge et pesé à nouveau. Habituellement le dosage de l'acide carbonique fixe était effectué par perte de poids sur le résidu d'une évaporation analogue, avec l'appareil de Frésénius.

B. Une deuxième prise d'essai de 1.000 centimètres cubes était acidulée par HCl, puis évaporée à sec. On séparait par le filtre la silice insolubilisée et on la pesait. Dans aucun cas, traitées par l'hydrogène sulfuré, les eaux essayées n'ont donné de précipité sensible avec H^2S. On les précipitait alors par l'ammoniaque et le sulfhydrate en présence de chlorure d'ammonium. Le précipité séparé était peroxydé par quelques gouttes d'acide nitrique, puis calciné et pesé ($Fe^2O^3 + Al^2O^3$). Le dosage du fer se faisait en dissolvant le précipité, le réduisant par SO^2, puis dosant le fer au moyen d'une solution centinormale de permanganate. On évaluait l'alumine par différence.

La liqueur, précipitée par le sulfhydrate, était traitée par l'ammoniaque et l'oxalate d'ammonium ; on y séparait la chaux. Dans quelques eaux fortement magnésiennes, la précipitation a été faite en milieu acétique; enfin, la liqueur, débarrassée de chaux, était traitée par le phosphate de sodium, et la magnésie pesée à l'état de pyrophosphate.

C. Le dosage des alcalis se faisait sur une prise spéciale de 2 litres qui était évaporée à sec au bain-marie après addition d'un excès de baryte et séparation du précipité. Le résidu, repris par l'eau ammoniacale et additionné de carbonate d'ammoniaque, était filtré, évaporé à sec et calciné, puis repris par l'eau chlorhydrique. Les alcalis étaient pesés à l'état de chlorure, puis la potasse précipitée par addition de chlorure de platine et d'alcool. Le chloroplatinate, décomposé par l'hydrogène, laissait un résidu Pt + 2 KCl que l'on pesait et d'où l'on déduisait le potassium.

D. La recherche du lithium était particulièrement intéressante, principalement dans les eaux sulfatées calciques : il paraît du reste très fréquent dans les eaux algériennes. Comme il n'y avait pas encore été indiqué, je ne l'ai pas recherché dans les eaux prélevées à mon premier voyage ; mais, pour toutes les autres eaux, j'ai eu soin d'indiquer sa présence ou son absence.

Voici comment j'opérais pour son dosage : Un litre d'eau était concentré au bain-marie jusqu'à 100 centimètres cubes. On y précipitait successivement : l'alumine et le fer par l'ammoniaque et le sulfhydrate; la chaux par l'oxalate, enfin la magnésie par la baryte, et l'excès de celle-ci d'abord par l'acide carbonique, puis par l'acide sulfurique. Chaque précipité était lavé soigneusement jusqu'à ce que le spectroscope n'y décelât plus de lithine ; si la quantité de ce corps entraînée était notable, le précipité était redissous et précipité une deuxième fois.

Le liquide, ramené par évaporation à 50 centimètres cubes, était précipité par l'ammoniaque et le phosphate d'ammoniaque, le précipité séparé par le filtre, et le liquide évaporé à sec avec un peu d'ammoniaque. Si la reprise par l'eau laissait un résidu sensible, il était joint au précipité principal.

La pesée du phosphate de lithine ainsi obtenu m'a toujours donné des résultats trop forts ; il contient un peu de chaux et de magnésie. Pour le purifier, on le fait bouillir avec un excès de baryte jusqu'à décomposition complète ; on précipite l'excès de baryte par l'acide carbonique, on évapore à sec avec un peu d'acide chlorhydrique et on épuise par l'éther ; le chlorure de lithium se dissout seul ; on pèse le résidu de l'évaporation de la solution éthérée.

Fig. 10. — Les sources de Nazereg.

Les résultats obtenus par cette méthode ont été comparés à ceux obtenus par la méthode de Carnot[1] ; ils ont été identiques et nous ont permis de retrouver le lithium dans la plupart des eaux minérales algé-

1. Carnot, *Bull. soc. chim.* (3e série), t. I, p. 283.

riennes ; certaines, telles que celles de Nazereg, le renferment en abondance.

E. L'acide sulfurique était dosé sur une prise d'essai variant de 50 à 250 centimètres cubes et pesé à l'état de sulfate de baryum.

F. Le chlore était évalué volumétriquement au moyen d'une prise d'essai de 50 à 100 centimètres cubes, en se servant du chromate comme indicateur et d'une solution décime de nitrate d'argent.

Du reste les prises d'essai ci-dessus indiquées varient avec la richesse des eaux dans le principe à doser, les nombres ci-dessus n'étant donnés qu'à titre d'indication moyenne.

Au moment de l'arrivée au laboratoire, on a constaté fréquemment dans les bouteilles un dépôt de sels minéraux formés le plus souvent de carbonates de fer et de calcium, quelquefois fort bien cristallisés.

La présence d'un dépôt modifie fatalement la marche des opérations. On filtrait soigneusement le contenu de plusieurs bouteilles, et on déterminait exactement le volume de l'eau filtrée sur laquelle on procédait à l'analyse suivant la méthode indiquée plus haut. D'autre part, les bouteilles étaient rincées avec quelques centimètres cubes d'acide chlorhydrique, dans lequel on dissolvait également le dépôt resté sur le filtre, puis on dosait dans cette solution le fer, le calcium et le magnésium qui y étaient contenus, et on calculait l'acide carbonique qui y était combiné. Tous ces nombres étaient ramenés à 1 litre d'eau et ajoutés à ceux dosés dans la partie filtrée pour les mêmes éléments.

G. Il ne nous a pas été possible de rechercher systématiquement tous les corps rares, étant donné le grand nombre d'eaux à analyser et le temps relativement court dont je pouvais disposer. Nous avons pu toutefois constater l'existence de quelques-uns d'entre eux.

L'acide borique a été recherché dans un certain nombre d'eaux, surtout dans les plus chaudes, et a été trouvé par M. Meillère dans l'eau de H. Sellama. Voici le procédé qui a été suivi : L'eau, à peu près exactement neutralisée, a été évaporée presque à sec, et le résidu, additionné d'acide sulfurique concentré et d'alcool méthylique, a été mis dans un tube à essai. On y faisait barbotter un courant d'hydrogène qui était enflammé à la sortie, à l'extrémité d'un petit bec en platine.

Dès que l'on chauffait le contenu du tube à essai, on voyait la flamme se colorer en vert sous l'influence du borate de méthyle.

Fig. 11. — H. Sellama : Tuyau d'échappement de l'eau.

Quand l'acide borique était dosable, on concentrait l'eau légèrement alcalinisée, puis on l'acidulait par SO^4H^2 et on épuisait à chaud par l'éther à l'aide d'un perforateur. La solution éthérée était évaporée à sec et dans le résidu on dosait l'acide borique acidimétriquement en présence de mannite.

L'arsenic a été retrouvé dans un certain nombre de cas avec l'appareil de Marsh, soit directement sur le résidu sec de l'eau, soit sur des dépôts ferrugineux.

Le brome, l'iode, ont pu être décelés dans un certain nombre d'eaux ;

dans aucun cas il n'a été dosable. Il en a été de même du fluor.

Enfin, je ne pouvais songer à faire des mesures de radioactivité ni même des dosages de gaz dans les eaux. Ces opérations doivent être exécutées ou au moins commencées sur place avec des appareils délicats. Elles eussent singulièrement compliqué ma mission sans grand intérêt pratique, car jusqu'à présent on ne saisit pas bien la relation qui existerait entre la radioactivité ou la présence des gaz rares dans une eau et ses propriétés thérapeutiques.

Les résultats analytiques une fois obtenus, sous quelle forme devaient-ils être présentés? La plupart des analyses d'eaux de l'Algérie dues à nos devanciers sont traduites en groupements hypothétiques, calculées le plus souvent suivant les règles énoncées par Bouquet, mais aussi fréquemment d'une façon arbitraire, en sorte que les analyses d'une même eau ne sont pas comparables entre elles sans un calcul long et compliqué. Cette façon de grouper les éléments de l'analyse ne repose sur aucune donnée scientifique ; nous savons même aujourd'hui que les sels dissous sont plus ou moins complètement dissociés et ne persistent pas dans les groupements que l'on y trouve à l'état solide. Il n'y a donc rien à changer aux conclusions que formulait il y a cinquante-cinq ans la commission des eaux minérales appelée à juger un mémoire de Bouquet sur les eaux de Vichy (1855).

La commission, composée de MM. Thénard, Chevreul, Balard, Dufrénoy et de Sénarmont, s'exprimait ainsi :

« Les acides et les bases doivent être inscrits dans les tableaux séparément, tels que les donnent les méthodes de séparation. Cette méthode n'a pas besoin d'être justifiée. C'est la seule qui rend directement comparables les résultats obtenus par des opérateurs différents. Les groupements salins que chacun imagine ensuite entre les éléments divers primitivement confondus dans une même dissolution ne sont la plupart du temps que des réactions plus ou moins arbitraires de la fantaisie du calculateur. Aucun principe général ne peut en effet venir en aide à une divination trop souvent illusoire. »

Dans son travail si important sur la revision des eaux minérales, Wilm a traduit ses résultats analytiques en restes électrochimiques identiques aux éléments dissociés en ions, restes nettement apparents dans la formule de chaque sel. Cette notation, adoptée par la commission des eaux minérales de l'Académie, est aujourd'hui la plus générale. C'est elle que nous avons suivie pour nos analyses personnelles.

Nous avons quelquefois transcrit les anciennes analyses dans la forme même que leur ont donnée leurs auteurs. Mais, pour permettre de comparer les anciennes analyses aux nouvelles, nous les avons calculées en ions toutes les fois que cela a été possible, et nous avons mis les résultats ainsi obtenus à la suite des précédents.

La station thermale

A la plupart des sources sont annexés de petits établissements, ou tout au moins quelques piscines dont un bon nombre remonte à l'époque romaine ; mais, en bien des endroits aussi, les indigènes se baignent dans des trous creusés dans le sable, tenant lieu de baignoires

Fig. 12. — Defrita Chaïb : La piscine constituée par un trou creusé dans le sable.

(H. Tassa, Sidi Abdallah, Tammersit). Dans d'autres endroits, ils ont barré une extrémité d'un caniveau passant sous une route pour retenir l'eau minérale (H. Tassa), et se procurer ainsi une piscine à peu de frais.

Depuis quelques années, les fonds de réserve des communes mixtes étant devenus importants, un certain nombre d'établissements confortables ont été édifiés à l'aide de ces ressources, grossies d'ordinaire par une subvention du Gouvernement général. Quelquefois on s'est contenté d'améliorer un établissement existant déjà, le plus souvent on en a construit un de toutes pièces. Plaçons-nous dans cette dernière hypothèse et demandons-nous quelles sont alors les conditions à observer.

LE CAPTAGE

Presque toutes les sources algériennes sont naturelles; je n'en connais qu'une seule qui soit forée et tubée, celle de H. Sellama, qui a une profondeur de 350 mètres ; mais, même pour les sources naturelles, le captage offre une grande importance ; il met les sources à l'abri des pollutions par les infiltrations d'eaux superficielles, il réunit les diverses émergences d'une même source, augmente généralement le débit, la température et la minéralisation et leur donne une constance qu'ils ne pourraient avoir sans cela.

Les opérations du captage sont du ressort de l'ingénieur et ne sauraient être abordées ici ; elles varient du reste dans chaque cas, mais elles consistent essentiellement à suivre le filon d'eau jusqu'à la roche dure et imperméable et à y sceller un tuyau qui sert à l'amenée de l'eau. Lorsque la roche dure est située fort loin, on se contente souvent de descendre à travers les terrains superficiels le tuyau dans la veine liquide. Le captage est incomplet; l'épaisseur de terrain traversé fait une filtration suffisante des eaux superficielles pour prévenir toute pollution microbienne, mais n'amène pas la constance de température et de minéralisation.

S'il y a plusieurs émergences et que le captage de la plus importante n'ait pas 'tari les autres, ce qui arrive le plus souvent, on procède de même pour les autres, et l'on réunit les diverses amenées qui présentent des propriétés analogues.

Quand la disposition du terrain ne permet pas de faire un captage profond et que l'eau minérale présente dans sa composition de grandes

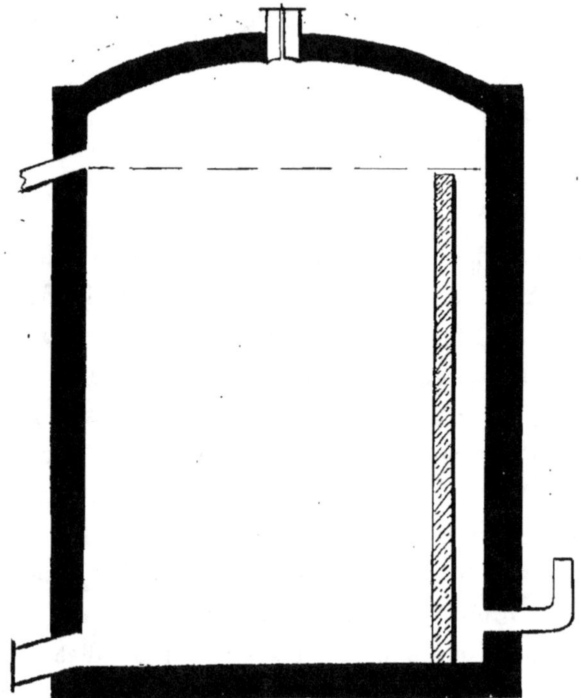

Fig. 13. — Schéma du réservoir.

variations dues au mélange des eaux superficielles, on obtient souvent un bon résultat, en faisant dans les terrains au-dessus du captage un drainage serré qui écarte les eaux de la surface et les empêche de se mélanger avec l'eau minérale.

Quand l'eau est peu abondante, surtout si son débit est intermittent, il y a lieu de la ménager ou de l'emmagasiner. A cet effet, on pourra, ou bien fermer le tuyau d'amenée par un robinet qui retient l'eau minérale, ou recevoir celle-ci dans un réservoir clos, qui est considéré dans ce cas comme faisant partie intégrante du captage (*Bull. Ac. médecine*, 1902, p. 606).

Ce réservoir sera le plus souvent construit en maçonnerie et enduit intérieurement en ciment ; il doit être entièrement fermé et est souvent placé en terre : les frais d'établissement sont moindres et l'eau s'y refroidit moins vite. Dans ces réservoirs, l'eau dépose les parties en suspension qu'elle peut renfermer ; mais, si l'appareil est bien clos et que l'eau n'y séjourne pas assez longtemps pour s'y refroidir sensiblement, il ne doit se déposer aucun élément constitutif de l'eau. En réalité il n'en est pas ainsi et le réservoir comme les tuyaux du captage doivent être nettoyés de temps en temps, surtout lorsque l'eau est bicarbonatée calcique.

En tout cas, il est intéressant de donner au réservoir la disposition ci-contre, qui permet la décantation de l'eau et facilite le nettoyage.

EMPLACEMENT DE L'ÉTABLISSEMENT

Chaque fois que cela est possible, il y a avantage à ce que l'établissement thermal soit sur le point même d'émergence de la source, mais cette règle ne doit pas être absolue, et spécialement en Algérie il y aura souvent intérêt à construire la station thermale à quelque distance. Ces sources sont presque toutes en montagne, et la déclivité du terrain permet de les conduire sans frais en aval et de les y amener sous pression.

Il y aura lieu de déplacer l'établissement toutes les fois que la source débouche dans un ravin trop étroit (Bou Hallouf) ou sur le bord d'une route (H. Tassa).

Il est, en effet, fort important que l'on dispose de vastes terrains, la commodité et l'hygiène ne sauraient qu'y gagner. De même, dans bien des cas, la source vient sourdre au milieu des rochers, dans la montagne ; au lieu d'ouvrir à grands frais un chemin d'accès, il sera préférable de canaliser l'eau jusqu'à un endroit plus commode où l'on construira l'établissement.

La même règle s'impose quand, et le cas est fréquent, la source débouche sur le bord d'une rivière : l'établissement créé sur le bord de l'Oued Athménia a été détruit l'année suivante par une crue de la rivière. Lors de notre visite, il venait d'être reconstruit au même endroit, mais le pont qui le reliait au village avait été emporté par une nouvelle crue : il eut été plus avantageux de transporter l'établissement dans le village à l'abri des ravages de l'eau. La possibilité d'éboulements doit également faire éloigner l'établissement de la source. En 1907, un éboulement recouvrit le captage et l'embouteillage de Takitount. La source fut déblayée et des travaux de consolidation coûteux furent entrepris, leur protection est fort aléatoire ; il eut été beaucoup plus efficace de conduire l'eau 50 mètres plus loin à l'abri d'un nouvel éboulement.

L'année suivante, nous étions au Ksennah et visitions la douche installée à la source Aïn Ecchine au milieu des rochers. Au milieu de la nuit, nous sommes réveillés par un fracas épouvantable : les rochers s'éboulaient, entraînant la cabane où l'on prenait les douches, dont nous retrouvâmes le lendemain les restes dans la vallée.

Enfin, on s'est souvent proposé de déplacer les sources pour les conduire dans une ville où l'établissement serait à la portée de tous et aurait plus de chances de succès. C'est ainsi que l'on a étudié en détail le projet de conduire l'eau de H. Sellama (Port-aux-Poules) jusqu'à Arzew, et que l'autorisation vient d'être accordée pour relier H. Salahin et Biskra par une canalisation amenant l'eau minérale jusqu'au Beni Mora où sera construit un établissement important. Par une pratique analogue, qu'il y aurait lieu de généraliser toutes les fois que la source thermale est voisine d'un village important, à Bou Hadjar, l'établissement thermal a été réuni à l'infirmerie indigène.

Mais le point qui, à mon avis, nécessite le plus impérieusement le déplacement de la source, est précisément celui que l'on envisage le moins. Les sources, je l'ai déjà dit, sont souvent sur le bord des Oueds ; souvent les alentours sont de véritables marécages. Dans ces conditions, la région est malsaine ; la malaria, la fièvre typhoïde y règnent en maîtresses depuis bien des années. Au lieu de tenter un assainissement coûteux et problématique, il serait bien plus simple de canaliser l'eau jusqu'à un terrain convenable, où l'on verrait s'améliorer l'état sanitaire des baigneurs.

Quels sont les inconvénients de ce déplacement ?

Il peut modifier la température, le débit et la composition de l'eau. Remarquons que ces inconvénients seront évités, au moins les deux derniers, si l'on a soin de ne pas modifier la pression au captage, dans la nappe souterraine : le mieux est de recevoir l'eau librement dans un réservoir d'où part la canalisation.

L'eau chaude se refroidit pendant son transport.

Bien entendu, ici il n'est pas possible de poser de règles fixes : la température de l'eau, son débit, la rapidité de la circulation, la nature des tuyaux employés font varier ce refroidissement ; toutefois nous donnerons un exemple pour montrer l'ordre de grandeur de ce refroidissement. Dans les études qui avaient été faites relatives au transport à Arzew de l'eau du H. Sellama, on estimait que cette eau, dont la température à la source est de 34°, arriverait à Arzew ayant perdu 3° pour un trajet de 16 kilomètres. Les chiffres que je rapportais plus haut sur la température de la plupart des eaux thermales algériennes nous montrent que la plupart d'entre elles pourraient sans inconvénient supporter un transport de quelques kilomètres, suffisant pour trouver un emplacement commode et salubre.

Les eaux peuvent s'altérer pendant le transport pour deux causes principales qui sont : le départ d'acide carbonique qui entraîne la précipitation de certains sels dissous, notamment des carbonates de chaux et de fer, et l'action de l'oxygène de l'air qui oxyde principalement le soufre et le fer.

De même la radioactivité se perd rapidement après la sortie de l'eau, mais nous sommes trop peu renseignés actuellement sur sa valeur thérapeutique et sur sa grandeur dans les eaux algériennes pour y attacher une sérieuse attention.

Pour diminuer l'importance de ces changements de composition, il faut que l'eau séjourne le moins possible dans la canalisation et surtout y soit à l'abri de l'air.

Ils seront habituellement minimes et ne modifieront guère les propriétés de l'eau, mais, joints à l'abaissement de la température de l'eau, ils provoqueront dans la canalisation des dépôts abondants qui diminueront le débit et même peuvent obstruer complètement la conduite.

Quelles conditions doit donc remplir le terrain où s'élèvera le hammam ? Il faut d'abord que l'Administration dispose de larges espaces. Non seulement il faut à cet établissement des dépendances suffisantes, mais il faut prévoir que la plupart d'entre eux sont appelés à un grand développement, et il ne faut pas que leur essor soit arrêté par la nécessité d'acheter à grands frais un terrain que l'on peut actuellement se procurer presque pour rien. Enfin, il ne faut pas oublier que l'indigène qui vient aux eaux se déplace avec sa famille, dresse sa tente près de la source salutaire. Il importe que l'on puisse mettre à sa disposition un emplacement où il puisse s'installer sans contestation, échappant à une exploitation que nous avons constatée trop souvent auprès des sources fréquentées.

L'établissement doit avoir un chemin d'accès commode, le reliant aux grandes routes. L'un des établissements les mieux compris de l'Algérie, le H. Ksennah, est distant de 16 kilomètres de toute route carrossable, et le sentier qui l'y rattache traverse seize fois la rivière à gué. Deux années de suite, j'ai dû renoncer, je peux dire, à ce voyage, les crues ayant rendu les gués impraticables. De telles stations sont fermées aux Européens. Les indigènes passent quand même ; mais quand il

Fig. 14. — Passage à gué.

s'agit de malades ou d'infirmes, on voit combien le voyage devient pénible et combien il doit aggraver la situation du malade.

Le terrain doit être aisément perméable ou tout au moins drainé par des rigoles suffisantes pour assurer l'écoulement de l'eau. Il doit être protégé contre le vent dominant.

Doit-il être nu ou boisé ? Ici les avis m'ont paru partagés ; certainement les arbres amènent l'ombre et la fraîcheur et font rempart contre le vent ; mais ils attirent les moustiques qui semblent incommoder l'Arabe plus que le grand soleil.

L'une des conditions les plus importantes dans le choix de l'emplacement est la possibilité d'y amener une eau potable non contaminée.
On sait combien la fièvre typhoïde est fréquente en Algérie ; bien des
fois, les épidémies ont eu pour point de départ un pèlerinage ou une
réunion autour d'un hammam ; les déjections répandues un peu partout
souillent l'oued voisin qui sert d'eau de boisson, et la maladie se pro-
page d'autant plus aisément qu'elle atteint des gens affaiblis qui étaient
venus aux eaux pour chercher la guérison. Pour diminuer cette chance
de propagation de la fièvre typhoïde, il importe donc de mettre à la
disposition des baigneurs une eau saine, captée assez profondément
pour être à l'abri de l'infiltration des souillures superficielles. Certaines
stations sont ainsi dotées, et c'est une des conditions qu'il importe de
ne pas oublier lors de l'établissement du cahier des charges de concessions de stations un peu importantes.

LES CONSTRUCTIONS

Les constructions doivent être simples. Tout luxe serait déplacé pour
un établissement sensiblement gratuit, destiné aux indigènes et construit aux frais des communes mixtes. Mais ce n'est pas une raison pour
faire laid. Il s'agit ici d'un bâtiment public, et l'on doit lui donner une
certaine élégance qui le distingue d'une construction quelconque.

Mes préférences personnelles sont pour le style mauresque et j'ai
vu de nombreux établissements d'importance diverse (H. Salahin,
H. Bou Hadjar, H. Ksennah, H. Ouarka) qui me paraissent des mo-
dèles parfaits comme aspect extérieur. Le genre arabe s'harmonise
mieux avec les besoins d'un établissement thermal, qui demande peu de
fenêtres au dehors ; il comporte un portique où les baigneurs pourront
faire la sieste à l'ombre après leur bain ; enfin la peinture à la chaux,

fréquemment répétée, sert à la fois à entretenir l'aspect de l'établissement et à détruire les insectes et microbes apportés par les malades.

Il est une dernière raison qui doit faire préférer le genre mauresque pour ces bâtiments. J'ai déjà eu l'occasion de dire que, pour les Arabes, le traitement thermal est autant d'ordre religieux que d'ordre médical ; ils viendront je crois d'autant plus volontiers aux eaux que l'aspect

Fig. 15. — Hammam Salahin.

extérieur du bâtiment, semblable aux Koubbas, leur rappellera ce double caractère.

L'établissement thermal étant construit aux frais des communes mixtes doit surtout être destiné aux indigènes. Il y a lieu toutefois de réserver une installation spéciale aux Européens : d'une part, les eaux elles-mêmes appartiennent à l'État, qui en fait gracieusement la concession aux communes, aussi bien pour l'usage des Européens que des indigènes ; mais en outre, habituellement, le Gouvernement général accorde une subvention pour la construction de l'établissement thermal.

Il est donc de toute équité qu'une partie de l'établissement soit réservée aux Européens. Cette partie, dont l'importance variera suivant les localités, doit constituer un tout par elle-même, avoir au minimum une salle de bains complète, une salle de repos et une entrée distincte. Elle doit être fermée et la clé remise soit à l'administrateur, soit au gardien de l'établissement qui ne doit l'ouvrir que sur l'ordre du médecin ou de l'administrateur.

L'établissement doit se composer de salles de bain, de chambres de repos, d'un cabinet pour le médecin, d'un logement pour le gardien.

Accessoirement, on peut y installer un café maure, bien que cet établissement me paraisse mieux à sa place à quelque distance de l'établissement. Les salles de bains doivent comprendre des piscines et des baignoires individuelles, une salle de douche et, si possible, une étuve à sudation.

La piscine est la forme préférée par les indigènes. Lors de mes premières visites, elle m'avait paru répugnante, et je me suis prononcé nettement pour la baignoire individuelle ; il est certain que la piscine peut devenir une cause de contagion fréquente entre des individus dont un grand nombre sont porteurs de lésions cutanées souvent d'origine spécifique. Mais, quand on voit l'affluence des indigènes à certaines stations, on se rend compte que l'usage de baignoires individuelles ne permettrait pas de donner des bains à tous les visiteurs, sans compter qu'en bien des endroits le débit de l'eau serait insuffisant. Il faut ajouter que les eaux sulfureuses ou salines à thermalité élevée ont un pouvoir antiseptique qui diminue singulièrement les chances de contagion.

Aussi je crois que l'on peut admettre les piscines, mais qu'il faut avoir, en outre, dans chaque établissement, une ou plusieurs baignoires individuelles, qui doivent être réservées aux individus porteurs d'ulcères.

Les baignoires doivent être vidées à chaque bain ; il n'en est pas de même des piscines qui sont à eau courante et ne sont vidées qu'à de rares intervalles. Leur disposition est généralement très défectueuse : l'eau arrive par la surface, à l'une des extrémités ; à l'autre, un trop-plein enlève l'excès d'eau et maintient le niveau constant. Il en résulte qu'aucune circulation d'eau n'existe dans la piscine et que l'eau qui sort par le trop-plein est précisément la dernière venue ; au bout de quelque temps les débris de toute sorte s'accumulent au fond de la piscine en y faisant un dépôt vaseux. Cet inconvénient serait évité en adoptant pour le trop-plein la disposition que représente la figure ci-contre :

Fig. 16. — Schéma de la piscine.

Quelle température doit avoir l'eau de la piscine ? Souvent l'eau de la source a une température trop élevée, et on est forcé de la refroidir avant de la conduire dans les piscines ou baignoires. Ce refroidissement s'obtient d'ordinaire en laissant couler l'eau à l'air libre (Bou Hanifia), ce qui a l'inconvénient de diminuer sa minéralisation, ou dans des tuyaux. Au Ksennah, les tuyaux d'amenée traversent la rivière et s'y refroidissent. Ces moyens sont souvent insuffisants ; dans bien des endroits les bains sont pris à des températures excessives qui amènent des accidents fréquents.

On pourrait utiliser l'excès de chaleur d'un certain nombre de sources pour élever la température de certaines pièces et constituer ainsi de véritables salles de sudation qui constituerait un précieux moyen thérapeutique que les indigènes apprécieraient bien vite. Je n'ai vu qu'une seule fois l'excès de chaleur ainsi utilisé, et encore d'une façon très imparfaite (H. Reguema).

Fig. 17. — H. Bou Hanifia : Tuyaux amenant l'eau à l'établissement.

Mais le moyen le plus simple pour refroidir l'eau consiste à la mélanger, soit avec de l'eau minérale refroidie à l'avance (Bains de la Reine), soit même avec de l'eau douce, là où on en a abondamment à sa disposition.

La douche, locale ou générale, serait facile à installer dans la plupart des stations ; elle n'existe presque nulle part dans les établissements réservés aux indigènes qui s'en serviraient cependant volontiers, comme le montre l'exemple suivant. A Bou Hanifia, l'arrivée de l'eau se fait par une simple rigole en bois qui traverse l'une des piscines à une hauteur de 2 mètres environ. Les indigènes disposent une grosse pierre dans cette rigole pour faire un barrage ; l'eau déborde, constituant une douche improvisée sous laquelle les baigneurs se succèdent.

La douche serait facile à installer toutes les fois que l'eau minérale est reçue à sa sortie dans un réservoir. Si l'établissement est construit à un niveau inférieur, la pression serait suffisante pour la douche. Celle-ci pourrait être disposée dans un coin de la salle de bains principale, où on pourrait, suivant les cas, lui affecter une cabine spéciale. La douche a ce grand avantage de n'exiger qu'une quantité d'eau minime. Elle pourrait être utilisée pour les contagieux à qui la piscine devrait être interdite.

Enfin, le traitement hydrominéral ne consiste pas tout entier dans les bains ; les indigènes boivent indistinctement toutes les eaux, et je les ai vus bien des fois boire l'eau de la piscine où se trouvaient réunis un grand nombre de malades. Il est donc indispensable de réserver sur le tuyau d'amenée de l'eau un robinet servant de buvette où ils soient assurés d'avoir une eau non contaminée.

Si l'Arabe apprécie pour lui et même pour sa famille les bienfaits de l'eau minérale, il les estime encore beaucoup plus pour le traitement de ses animaux malades, et il n'est pas rare de voir des animaux galeux, chevaux ou moutons, conduits une amulette au cou, dans la piscine réservée aux humains. J'ai vu à H. Tassa, à A. Mentila, une dizaine d'Arabes attendant patiemment pendant près d'une heure qu'une jument galeuse soit sortie du trou où ils allaient eux-mêmes se plonger sans que l'eau fût renouvelée.

De même, les eaux thermales, principalement les sulfureuses, sont fort estimées pour laver les étoffes ou la laine brute des moutons, et c'est une nouvelle cause de pollution des piscines. Or, c'est là une pratique fort invétérée et que l'on aurait le plus grand mal à empêcher. Il vaut mieux, ainsi que cela a été réalisé à H. Reguema, recevoir lé trop-plein de la source ou même des baignoires dans une piscine spéciale réservée aux animaux et servant en même temps de lavoir.

A côté des salles de bain doit se trouver une salle de repos. L'été, la meilleure est sans contredit un portique, largement aéré, exposé au nord, avec des bancs et au besoin quelques nattes, mais au printemps et à l'automne, saison par excellence des cures d'eaux en Algérie, il y a des journées froides, surtout en montagne ; en outre, bien des eaux sont fréquentées en hiver et le seront d'autant plus que l'installation sera plus confortable ; il faut donc prévoir une chambre close où les malades puissent se réfugier en attendant leur tour. Celle-ci doit être largement éclairée et ventilée ; elle doit être aussi sèche que possible, par conséquent ne doit pas communiquer directement avec les salles de bain.

Enfin, il faut garder une pièce spéciale pour le médecin. Je vais dire quel rôle important il devrait jouer dans la pratique thermale. Il faut qu'il soit chez lui dans l'établissement, qu'il ait une pièce où il puisse donner ses consultations, laisser des médicaments ou des papiers ; tout au plus cette pièce pourrait-elle lui être commune avec l'administrateur qui, lui aussi, doit exercer une surveillance d'un autre ordre sur l'établissement. Lorsque celui-ci est loin de tout village, il peut être utile d'y annexer quelques chambres que l'on puisse louer à des Européens ou à des indigènes ; mais il s'agit là de conditions locales un peu en dehors du sujet qui nous occupe.

Tout établissement thermal doit être pourvu de latrines suffisamment nombreuses. Actuellement les abords de la plupart sont couverts de déjections, cause manifeste d'insalubrité ; que l'on n'objecte pas que les indigènes ne se serviront pas de ces cabinets ; ils les utilisent bien dans les gares de chemin de fer, et il n'y a qu'à voir l'affluence aux latrines qui sont à la porte de certaines mosquées et qui sont parfaitement tenues.

Dans les villes et villages mêmes, les indigènes s'en servent quand ils

en ont à leur disposition : à Figuig, où il y en a à chaque coin de rue,
les rues et les places sont propres; à H. Sellama, les environs de la station sont respectés depuis que l'on en a installé un peu partout. En
tout cas, cela permettrait de se montrer sévère sur la propreté des
abords de l'établissement.

Les matériaux de construction seront ceux de la région; nulle part

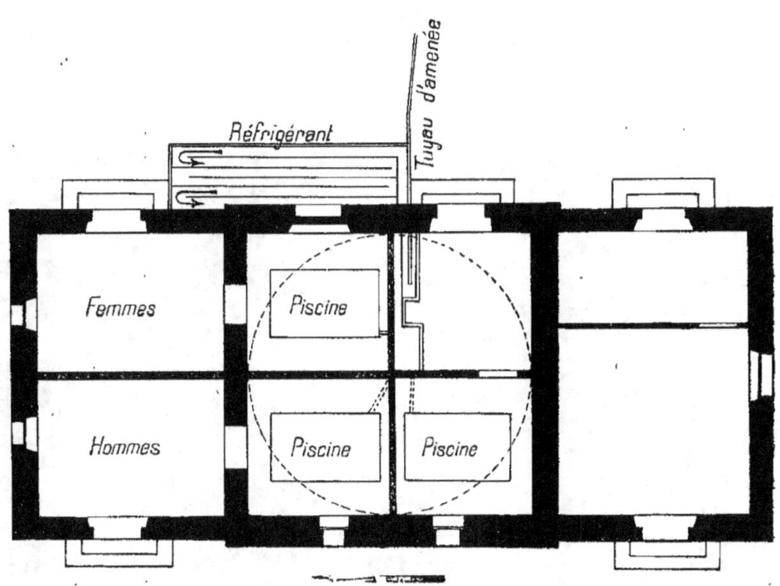

Fig. 18. — Ksennah (Mzara) : Plan de l'établissement.

la pierre ne manque en Algérie; la seule recommandation importante
est que les murs doivent être enduits et blanchis à la chaux; les sou-
bassements et les planchers doivent être imperméables et disposés en
pente légère pour pouvoir être lavés à grande eau. Il peut même être
utile d'arrondir les angles des murs pour faciliter le lavage.

Que peut coûter une telle construction ? Je n'ai aucune compétence
pour traiter cette question qui varie avec la localité, le prix de la main-

d'œuvre, etc., mais je me contenterai de mettre sous les yeux du lecteur quelques plans d'installations récentes, avec au-dessous les sommes qui y ont été dépensées.

Francs

H. T. Djerab (B. Beni Hindel) : 1 chambre contenant une piscine.................................... 1.000
H. Selimane (B. Beni Hindel) : 2 piscines, 2 baignoires, 1 hôtel avec 6 chambres et salle à manger 15.000
H. Ksennah : établissement principal, compris frais et adduction d'eau (voir plan p. 59 et p. 153)..... 18.000
Ksennah (Djerab) : petit marabout avec une seule piscine, compris captage et adduction d'eau...... 2.000

Fig. 19. — Ksennah (Djerab).

Du reste, tout n'est pas dépensé dans un établissement thermal, et les communes peuvent en retirer un fermage légitime, pourvu qu'elles laissent une piscine gratuite, le droit d'usage étant prévu par la loi de 1851.

Ce fermage peut devenir important, comme le montrent les deux exemples suivants :

Hammam Salahin donne annuellement 3.000 bains pour Européens avec une redevance moyenne de 1 fr. 25, soit un revenu de 4.250 francs, et en outre 32.000 bains aux indigènes, dont le coût est de 0 fr. 25, soit une somme de 8.000 francs à ajouter à la précédente. Évidemment, dans le cas de H. Salahin, c'est la proximité de Biskra qui amène les Européens, mais il n'en reste pas moins une somme de 8.000 francs de bains indigènes, somme qui va en s'accroissant chaque année.

A Takitount, la vente de l'eau en bouteilles, affermée 300 francs il y a neuf ans, a été louée récemment 1.200 francs, et l'augmentation considérable du nombre de bouteilles actuellement vendues fait prévoir une surélévation du fermage à la fin du bail actuel.

Il peut donc y avoir pour les communes, dans l'œuvre d'assistance qu'est l'aménagement des sources thermales, l'origine de revenus qui ne sont pas à dédaigner.

Depuis quelques années, nombreuses ont été les demandes de concession. A mon sens, il y a lieu de les accueillir toutes, même si le fermage proposé est minime ; mais l'autorité doit veiller à ce que les constructions imposées aux concessionnaires représentent des améliorations durables, à ce que les conditions hygiéniques soient réalisées d'une façon satisfaisante ; enfin elle doit fixer un tarif maximum empêchant l'exploitation de l'indigène par des commerçants trop avides. La station ainsi créée fera ses preuves, deviendra achalandée, et l'augmentation de fermage aura lieu au renouvellement du bail.

SURVEILLANCE DE LA STATION

L'établissement étant la propriété de la commune doit rester sous la dépendance étroite de l'administrateur, seul compétent en matière financière ou administrative. Seul il a qualité pour faire faire les réparations ou modifications, nommer le gardien, fixer la rétribution ou le fermage après approbation de l'autorité supérieure.

Mais, les eaux étant des agents thérapeutiques puissants, leur utilisation rentre dans le domaine du médecin, qui doit avoir la surveillance médicale de la station.

A l'heure actuelle, les médecins algériens se désintéressent trop souvent des stations thermales qui sont dans leur périmètre. Ils les utilisent à peine, et il faut reconnaître que leurs malades, même les Européens, se décident le plus souvent à faire leur cure thermale sans consulter leur médecin.

Quant au mode d'administration des eaux, il se passe plus encore de l'intervention du médecin. Les indigènes boivent le plus qu'ils peuvent, se baignent un grand nombre de fois par jour pour diminuer la durée du traitement, dont les amulettes et les sacrifices de volailles font partie intégrante. Les mesures d'hygiène les plus élémentaires sont méconnues : dans ces conditions, on voit des accidents fréquents, souvent mortels, survenir pendant le traitement; ou bien, les baigneurs rentrent chez eux ayant contracté le germe d'une maladie épidémique dont ce grand rassemblement d'hommes est devenu le foyer. On ne peut que s'étonner que ces accidents ne soient pas plus fréquents et surtout que les malades tirent profit d'une cure faite dans des conditions aussi déplorables.

Pour modifier un tel état de choses, il suffirait que le médecin ait la haute main sur les eaux minérales de sa circonscription et qu'il s'en occupât réellement. Il ne lui est évidemment pas possible de voir individuellement tous les baigneurs, mais il devrait donner, à la station même, des consultations au moins une fois par semaine, y procéder à une distribution de médicaments, adjuvants de la cure thermale, et qui attireraient l'indigène à la consultation, exiger la vaccination préalable à l'admission de tout malade à l'établissement, écarter tout au

Fig. 20. — H. Bou Hadjar : Etablissement thermal et infirmerie indigène.

moins des piscines les galeux et les porteurs d'affections contagieuses, et d'une façon générale veiller à l'exécution des mesures de propreté et d'hygiène.

Quand la chose est possible, il serait bon de construire l'établissement près d'un village, et alors la station thermale deviendrait une dépendance de l'infirmerie indigène et lui prêterait son concours.

Je ne me dissimule pas qu'il y aurait là un gros supplément de besogne pour le médecin de colonisation déjà si occupé ; mais ce n'est qu'à cette condition que l'on retirera des eaux minérales tous les bienfaits que l'on est en droit d'en attendre. Du reste, il serait nécessaire de rétribuer le médecin de ce supplément de besogne. Comme on le fait pour les séances de vaccination, il serait juste de lui tenir compte de chaque consultation donnée au siège de la station. S'il peut ainsi sauver quelque malade ou enrayer quelque épidémie, le léger sacrifice que se sera imposée la commune sera retrouvé au centuple.

Fig. 21. — H. Berrouaghia : Le gardien

Toute station hydrominérale doit être pourvue d'un gardien. Celui-ci aura pour fonction d'assurer la propreté de l'établissement, d'en empêcher la dégradation, enfin il devra veiller au bon ordre parmi les malades et écarter les contagieux à qui l'accès des piscines devrait être interdit.

Une très légère redevance demandée aux baigneurs servirait et au delà à le rémunérer ; en outre, il pourrait être autorisé à ouvrir un café maure ou à tirer bénéfice de quelques soins à donner aux malades. Il pourrait faire du massage, qui est, dans un grand nombre de cas, un complément si utile du traitement hydrominéral, et on sait que les Arabes atteignent souvent dans le massage une véritable perfection.

.Y aurait-il lieu, pour les stations importantes, d'attacher à l'établissement un des médecins auxiliaires indigènes qui ont été créés récemment? Il y a trop peu de temps que cette institution fonctionne pour que l'on puisse être fixé sur les services qu'elle peut rendre ; mais, en tous cas, le médecin auxiliaire ne saurait être que le second, que l'auxiliaire du médecin de colonisation, qui seul devrait avoir la haute main sur le service dont il serait responsable.

Les malades

Les indigènes n'ont guère recours au médecin pour décider de l'opportunité d'une cure thermale. Ce sont le plus souvent les traditions de famille, quelquefois l'intervention d'un taleb ou d'un marabout qui le dirigent chaque année vers une source thermale. Il est triste de dire que l'Européen en fait souvent autant, même en France, et que le séjour aux eaux est le plus souvent décidé en dehors du médecin traitant et d'après des considérations extra-médicales. Deux stations seulement en Algérie ont un médecin attaché à l'établissement, et les indigènes, même aisés, se gardent bien de le consulter. Il est donc très difficile d'obtenir des renseignements précis sur les effets thérapeutiques des eaux par les médecins de la localité, et ceux avec qui je me suis entretenu de la question n'ont souvent pu me documenter.

Quand on interroge les indigènes qui fréquentent une station, on obtient invariablement l'une des réponses suivantes : je suis venu ici pour mes douleurs, ou pour mes boutons, et cela, quelle que soit la nature de l'eau. J'ai ainsi examiné un grand nombre de malades, et j'ai trouvé habituellement, et dans l'ordre de fréquence que voici, les affections suivantes : Douleurs rhumatismales ; syphilis ; affections cutanées diverses ; scrofule.

Mais un grand nombre d'autres maladies seraient justiciables du traitement hydrominéral : telles sont : le paludisme, la tuberculose, les fractures, les blessures anciennes, les tumeurs blanches, les affections articulaires de toutes sortes.

Les eaux minérales ont en outre une action reconstituante générale qui fait que la plupart des malades s'en trouvent bien, pourvu qu'ils ne soient pas dans une période aiguë et que leur cœur soit indemne. Aussi les diverses statistiques nous montrent-elles les affections les plus diverses fréquentant la même station.

Nous avons trouvé quelques indications dans les ouvrages qui ont été publiés par divers médecins civils sur les stations les plus importantes, telles que H. Mélouan, H. R'hira, Berrouaghia, Bou Hadjar, etc., mais nous avons pu trouver des renseignements beaucoup plus complets dans les hôpitaux militaires établis près des sources thermales. Le plus important d'entre eux est celui de H. Meskoutine qui, depuis 1844 jusqu'en 1888, a été entre les mains des médecins militaires. Depuis 1844 jusqu'en 1858, existe une statistique complète, avec des diagnostics précis, qui nous a été laissée par le Dr Moreau, puis vient une période de quinze ans dont les registres d'inscriptions des malades n'ont pu être retrouvés ; enfin, à partir de 1873 jusqu'en 1884, on possède des indications complètes relatant année par année la nature des affections traitées avec les résultats obtenus.

Voici, emprunté à l'ouvrage de M. Piot (*Trois saisons à H. Meskoutine*), le tableau qui résume ces observations :

ÉTAT RÉCAPITULATIF DE TOUS LES RÉSULTATS CONNUS DES EAUX D'HAMMAM-MESKOUTINE
DEPUIS 1844 JUSQU'A CE JOUR (1892)

	NATURE DES MALADIES		AMÉLIORATION	GUÉRISON	MÊME ÉTAT	AGGRAVATION	ÉVACUÉS	TOTAL	OBSERVATIONS
Maladies diathésiques :	Rhumatismes		609	180	102	5	8	904	
	Goutte		4	»	1	1	»	6	
	Diabète		»	1	1	»	»	2	
	Syphilis		46	7	17	2	»	72	
Maladies infectieuses et intoxication :	Paludisme (Cachexie)	Engorgement des viscères abdominaux	57	34	27	1	1	120	
	Tuberculose pulmonaire		5	»	26	10	1	42	
	Tuberculose localisée (Tumeurs blanches)	Hypertrophie des ganglions et Altération des os	»	»	»	»	»	»	
			67	1	52	2	»	122	
	Farcin		»	1	»	»	»	1	
	Alcoolisme	Phlegmon	1	»	»	»	»	1	
Maladies du système nerveux :	Névrose	Hystérie	1	»	1	1	»	3	
	Ataxie locomotrice		2	»	10	»	»	12	
	Névralgie	Sciatique	53	19	14	»	1	87	
	Atrophie musculaire		6	»	3	»	»	9	
	Neurasthénie		2	»	»	»	»	2	
	Myélites	Paralysie agitante, chorée							
	Hémiplégie		11	»	11	»	»	22	
	Paraplégie		55	7	32	»	2	96	
	Spermatorrhée		»	»	»	»	»	»	
Maladies des yeux :	Granulations		»	»	1	»	»	1	
	Cataracte		»	»	»	1	»	1	
Maladies des oreilles :	Otite chronique		»	»	1	»	»	1	
	Otorrhée		2	»	6	»	»	8	
			»	»	»	»	»	»	
Maladies des voies respiratoires :	Bronchite chronique et emphysème pulmonaire		15	»	10	»	1	26	
			»	»	»	»	»	»	
	A reporter		936	250	315	23	14	1.538	

NATURE DES MALADIES			AMÉLIORATION	GUÉRISON	MÊME ÉTAT	AGGRAVATION	ÉVACUÉS	TOTAL	OBSERVATIONS
		Report..........	936	250	315	23	14	1.538	
Maladies du cœur :	Lésion valvulaire		»	»	»	2	»	2	
Maladies des vaisseaux :	Phlébite		»	»	2	»	»	2	
Maladies du tube digestif :	Diarrhée chronique		»	»	1	»	»	1	
	Constipation		1	»	»	»	»	1	
Maladies de la peau :	Teigne faveuse		2	1	»	»	»	3	
	Icthyose		»	»	1	»	»	1	
	Eléphantiasis	Et autres maladies de la peau	1	»	»	»	»	1	
	Psoriasis		1	1	6	»	»	8	
	Ulcère atonique		4	2	6	1	»	13	
	Eczéma		57	17	19	»	»	93	
Maladies de l'utérus :	Métrite chronique et catarrhe utérin		3	»	»	»	»	3	
	Arthrite blennorragique		1	1	»	»	»	2	
	Arthrite traumatique		25	5	4	»	»	34	
Lésions traumatiques :	Cicatrice vicieuse et adhérente, douleurs nerveuses, atrophie musculaire, déformation des os, engorgement et épanchement articulaire, impotence fonctionnelle consécutifs à des	Traumatismes divers	23	8	11	»	1	43	599
		Fractures	81	9	10	1	»	101	
		Luxations	10	»	3	»	»	13	
		Entorses	15	4	4	»	»	23	
		Phlegmon	3	2	1	»	»	6	
		Coups de feu	163	62	58	»	»	283	
		Divers	14	2	24	»	»	40	
		Total général....	1.340	364	463	27	13	2.211	

On voit que les affections les plus diverses ont été soignées à H. Meskoutine pendant cette longue période, mais il importe de remarquer que l'hôpital militaire recevait des malades civils, que beaucoup y venaient, attirés par la réputation des eaux, sans même avoir consulté leur médecin, qu'à la période du début les propriétés thérapeutiques de l'eau étaient mal établies et qu'il a fallu des tâtonnements pour la déterminer; enfin que les médecins militaires ont dirigé sur les eaux des chroniques non justiciables de l'action même de ces eaux, mais dans le but de leur procurer un repos, une convalescence qui devait agir favorablement sur leur état général.

La statistique d'H. Meskoutine est la seule que j'aie pu me procurer, et elle a trait à une eau un peu spéciale, mais nous y retrouvons par ordre de fréquence :

Les rhumatismes	avec 904	cas.
Coups de feu [1]	— 283	—
Tuberculoses locales	— 122	—
Paludisme	— 120	—
Fractures [1]	— 101	—
Hémiplégie	— 96	—
Maladies de la peau	— 93	—
Sciatique	— 87	—
Syphilis	— 72	—

Cette statistique nous montre donc, à peu de chose près, les mêmes affections que nous allons rencontrer aux eaux thermales sulfureuses ou chlorurées sodiques.

1. Ne pas oublier qu'il s'agissait d'un hôpital militaire pendant la période de combats continuels.

RHUMATISME

Les rhumatismes sont d'une fréquence extrême chez l'indigène ; il y a probablement là une question de race, mais l'habitude de coucher par terre, sous une tente mal défendue contre les intempéries, jointe aux variations, habituellement considérables, de la température dans une même journée, sont les causes les plus habituelles de la maladie. Dès qu'il peut se faire porter aux eaux, l'indigène commence sa cure ; on voit tous les dangers que peuvent lui faire courir un état aigu insuffisamment apaisé, ou surtout une complication cardiaque mal compensée. Il semble du reste que les accidents trop fréquents que l'on constate se rapportent à la coïncidence d'une lésion cardiaque et pourraient être évités par une surveillance médicale.

Au contraire, toutes les formes chroniques du rhumatisme, ainsi que les lésions articulaires qu'il laisse derrière lui, bénéficient du traitement thermal dans la plus large mesure. Et cependant combien celui-ci est mal compris.

Il dure un temps insuffisant, trois, cinq, huit, dix jours au plus. Pour diminuer la durée du traitement, le patient prend cinq ou six bains dans la journée, le plus longtemps qu'il peut, à la température la plus élevée qu'il puisse supporter. Entre temps, il boit l'eau thermale, abondamment. Celle-ci est habituellement chlorurée sodique et a des propriétés laxatives énergiques.

Le plus souvent l'Arabe a apporté son campement ; il couche sous la tente, sur la terre nue ou sur une mauvaise couverture. S'il est pauvre, il se roule dans son burnous et couche à la belle étoile ; il se nourrit des maigres provisions qu'il a apportées, et il faut le reconnaître, malgré ces conditions défavorables, il quitte habituellement la station amélioré.

J'ai déjà signalé que les malades se rendaient presque indistinctement à une station thermale quelconque. C'est dans le cas des rhumatismes que cette pratique est le plus acceptable : dans ce cas, c'est surtout la thermalité qui agit, et l'élément minéralisateur, soufre, chlorure de sodium, n'a qu'une action excitante secondaire. Aussi retrouverons-nous les rhumatisants dans toutes les stations, et tous s'en trouveront également bien.

Et cependant certaines stations pourraient être particulièrement indiquées, au moins pour l'Européen qui se déplace plus facilement et raisonne plus volontiers son traitement. C'est ainsi que les rhumatisants lymphatiques seraient plutôt justiciables des chlorurées sodiques chaudes, si nombreuses en Algérie et dont H. Mélouan est le type, les syphilitiques des eaux sulfureuses, les nerveux et les douloureux des eaux faiblement minéralisées ou indéterminées, H. R'hira ou H. Meskoutine, par exemple.

La goutte n'existe qu'exceptionnellement chez l'Arabe ; elle ne s'accorde pas avec son genre d'existence ; elle n'est au contraire pas rare chez le Juif. Le traitement hydrominéral de la goutte est toujours difficile à instituer ; la plupart des goutteux supportent mal les traitements externes (bains douches), et seraient plutôt justiciables des cures de boisson. Les goutteux dyspeptiques ou hépatiques, et c'est la généralité en Algérie, relèvent des eaux alcalines (Takitount, Ben Haroun), tandis que les goutteux hypertendus ou cardio-rénaux se trouveraient bien des eaux sulfatées calciques lithinées. Toutefois, dans certaines formes de goutte articulaire torpide, on pourrait employer la balnéation aux eaux thermales simples ou sulfureuses, de même que, chez certains goutteux atones et affaiblis, on userait avec ménagement des chlorurées sodiques faibles.

A côté des rhumatismes, nous devons signaler les névralgies, principalement la sciatique, qui est, en Algérie, le plus souvent d'origine rhumatismale. Celle-ci bénéficie également du traitement thermal.

Mais un grand nombre d'affections du système nerveux pourraient être utilement traitées par la douche, qui est trop délaissée aujourd'hui.

Les eaux d'Algérie, par leur thermalité élevée, sont donc presque toutes indiquées dans le traitement des rhumatismes, et un grand nombre seraient utilisées avec succès par les malades de la métropole. La douceur du climat leur permettrait de continuer pendant l'hiver la cure commencée pendant l'été et les empêcherait de se calfeutrer pendant six mois dans un appartement, comme le font un grand nombre de rhumatisants.

Les établissements de H. Meskoutine, H. Rhira, H. Salahin reçoivent chaque année un certain nombre de baigneurs, et ce n'est pas la faute de l'efficacité de leurs eaux si le nombre ne s'en accroît pas rapidement. Nous en étudions les causes un peu plus loin.

BLESSURES, FRACTURES

Tout suppurant devrait être éloigné des eaux minérales ou tout au moins des piscines. Or j'ai eu plusieurs fois l'occasion de voir des malades porteurs de plaies suppurantes prendre leur bain dans la piscine commune en compagnie d'autres indigènes qui s'en accommodaient parfaitement.

Certaines eaux paraissent avoir un pouvoir cicatrisant réel; telle est l'eau de H. Sellama; telles sont la plupart des sulfureuses; mais dans ces cas la balnéation n'est pas indispensable; des compresses trempées dans l'eau minérale rempliraient le même but.

Les blessures anciennes, les fractures consolidées, les entorses, les vieilles luxations relèvent au contraire du traitement hydrominéral, et, si l'on se reporte à la statistique de H. Meskoutine que j'ai reproduite plus haut, on voit que ces affections représentent 509 cas sur 2.211, c'est-à-dire près du quart des malades envoyés à cette station ; mais il ne faut pas oublier qu'il s'agissait d'un hôpital militaire, et la statistique serait certainement tout autre aujourd'hui que Hammam Meskoutine est devenu un établissement civil.

Quoi qu'il en soit, l'action des eaux thermales, principalement des sulfureuses ou des chlorurées sodiques, est toute puissante dans ces affections, et les indigènes la connaissent bien.

Pour que ces eaux donnent leur maximum d'efficacité dans ces affections, il faudrait que les malades aient à leur disposition une douche à jet suffisamment puissante et puissent bénéficier du massage. Il serait intéressant de réaliser au moins dans quelques stations cette double disposition.

LA SYPHILIS

La syphilis ne figure dans la statistique de H. Meskoutine que pour 72 cas sur 2.211 ; mais il faut remarquer que ces eaux très faiblement sulfureuses ne sont guère indiquées pour le traitement de cette affection, que la statistique a été établie sur des Européens, moins fréquemment atteints que les indigènes, enfin que la syphilis est une maladie que l'on cache fréquemment et que des baigneurs venus pour la soigner sont souvent inscrits pour une autre affection, ce qui fausse la statistique pour cette maladie.

Un très grand nombre, je suis tenté de dire la plupart des Arabes que j'ai rencontrés autour des sources, étaient atteints de cette affection, pour laquelle ils revenaient périodiquement aux eaux qui amélioraient passagèrement leur état.

Le professeur Brault admet que chez les Kabyles la proportion des syphilitiques atteint 90 0/0 [1].

1. Archiv fur Scheffs und Tropen Hygiène, 1908, p. 649

Or, chez les indigènes, la syphilis atteint surtout la peau, le système osseux, provoquant des lésions d'une étendue et d'une gravité devenues maintenant exceptionnelles en France (1).

D'autre part, les enfants eux-mêmes sont fréquemment atteints de manifestations syphilitiques graves. Dans certains cas, la contagion directe est manifeste, due à la promiscuité de la famille arabe et à l'absence de toute prophylaxie, même la plus élémentaire ; mais fréquemment aussi on se trouve en présence de syphilis héréditaire.

Il semble donc que le virus, atténué en France, ait gardé en Algérie toute son activité première. S'agit-il d'une susceptibilité spéciale de la race arabe ? Je ne le crois pas, car j'ai vu des Européens ayant contracté la syphilis en Algérie, atteints de formes aussi graves que les indigènes. On ne peut guère invoquer la différence de climat, car, sur les hauts plateaux comme au bord de la mer, la maladie semble sévir avec une intensité égale.

Je crois qu'il faut attribuer la bénignité relative de la syphilis en Europe à une diminution de l'activité du virus français due au traitement mercuriel énergique que subissent depuis un siècle la plupart de nos malades.

Les Arabes ne sont qu'exceptionnellement traités au mercure ; les raisons qui m'ont été données par divers médecins algériens peuvent se résumer ainsi :

1° L'Arabe a une susceptibilité spéciale pour le mercure : même à dose raisonnée, il est exposé aux pires accidents, et le traitement ne peut être suffisamment continué ;

2° Le mercure est un poison trop dangereux pour pouvoir être laissé sans contrôle entre les mains du malade ; d'autre part, celui-ci est trop irrégulier pour que l'on puisse compter lui faire, à jour donné, des frictions ou des piqûres mercurielles.

---

1. Les descriptions que nous ont laissées les syphiligraphes du siècle dernier rappellent la gravité que l'on rencontre actuellement en Algérie.

Et, il faut l'avouer, ces deux arguments ne sont pas sans valeur. Le résultat est que l'on délaisse le mercure et que l'on n'utilise guère que l'iodure de potassium dans le traitement de la syphilis. Or l'iodure blanchit rapidement le malade, répare ou atténue les accidents actuels, mais n'a qu'une action minime sur le principe même de la maladie.

Tout autre est l'action des composés mercuriels qui s'attaquent au virus même, qui l'atténuent et peuvent même amener une guérison définitive ; je crois que c'est à l'absence de traitement mercuriel que l'on doit attribuer la virulence spéciale du contage syphilitique en Algérie.

Depuis quelques années, une nouvelle méthode de traitement de la syphilis a été instituée en Europe.

Les travaux de Fontan, Pégot, Blanc, etc., ont en effet établi que l'emploi des bains sulfureux supprime les accidents de l'hydrargyrisme, permet d'employer des doses plus fortes de mercure et par suite de diminuer la durée du traitement. Cette méthode, qui a fait ses preuves à Aix-la-Chapelle, à Luchon, à Uriage, mériterait d'être essayée sur les indigènes où elle donnerait certainement un résultat. Mais il est indispensable qu'elle soit surveillée et dirigée par un médecin libre de toute autre occupation et constatant les résultats obtenus.

Les eaux thermales, principalement les sulfureuses, ont en outre une action spéciale contre les dermatoses syphilitiques et contre les lésions osseuses, que l'on voit rapidement améliorées par les bains en dehors de tout autre traitement.

Ces considérations m'ont amené à demander à M. le gouverneur général de tenter cet essai dans une des stations sulfureuses de l'Algérie. M. le gouverneur m'a donné l'assurance que l'essai serait tenté et a désigné le Dr Artigues pour traiter les malades et constater les résultats obtenus.

La station du Ksennah (H. M'Zara) a été désignée pour recevoir les malades dans le courant de l'été 1910. L'établissement, de date toute récente, est bien installé et vient d'être doté d'une canalisation d'eau de source. Des baraquements y ont été construits pour abriter les malades ; enfin le Dr Artigues, recommandé par le Dr Brault, professeur de dermatologie de la faculté d'Alger, possède toute la compétence désirable. Il est donc vraisemblable que cette tentative donnera les résultats favorables que l'on est en droit d'en attendre.

Fig. 22. — La station de H. M'Zara.

LES DERMATOSES

Les affections cutanées sont justiciables du traitement par la plupart des eaux minérales chaudes ; un grand nombre de sources sont désignées sous le nom de « *el Djerab* » (*le galeux*) preuve manifeste de leur activité.

Ce seraient surtout les eaux sulfureuses ou arsénicales qui seraient indiquées dans ces cas ; nous n'avons malheureusement aucune statistique qui nous renseigne sur le nombre des malades qui s'y rendent, ni sur la nature des affections qui y sont traitées.

Les autres eaux semblent avoir une action médiocre. A H. R'hira (eau sulfatée calcique), le Dr Renard considère cette station comme « inutile ou dangereuse pour les affections cutanées humides donnant lieu à des produits séreux ou purulents ». A H. Meskoutine, le Dr Moreau indique 86 résultats favorables sur 119 cas, soit 72 0/0 pour diverses dermatoses traitées pendant la période 1844-1857.

Le Dr. Piot, qui a exercé dans la même station en 1892, n'a pas eu de résultats aussi favorables ; il fait remarquer qu' « il y a bien des chances pour que différentes manifestations de la scrofule et de la syphilis aient été comprises sous la rubrique « maladies de la peau ».

Dans son étude sur H. Mélouan (eau chlorurée sodique forte), le Dr Valby consacre cette unique phrase à ces affections : « L'eau d'H. Mélouan paraît funeste : ... à ceux qui sont atteints d'eczéma. Beaucoup d'autres manifestations cutanées disparaissent radicalement ». Ici nous sommes renseignés d'une façon moins précise.

Le Dr Susini, qui exerce à Berrouaghia (eau sulfureuse), nous dit : « Ces eaux sont très efficaces contre les dermatoses : le psoriasis, l'impétigo, l'ecthyma, le sycosis, la gale, le favus, etc. » Elles lui paraissent au contraire contre-indiquées dans l'eczéma sec, le pityriasis, le prurigo de Hébra. Le Dr Moret m'a communiqué des observations analogues recueillies au H. de Beni Hindel.

Ici encore il importerait de faire de nombreuses distinctions suivant la forme de la dermatose et suivant les réactions du malade. En principe, ce sont les sulfureuses ou les arsénicales qui seront indiquées ; mais il y aurait lieu de prescrire les eaux salées chez les scrofuleux et les lymphatiques, et les eaux moins irritantes, c'est-à-dire les faiblement minéralisées et les indéterminées chez les malades nerveux ou dans les formes éréthiques.

On voit donc que si les Arabes sont dans le vrai quand ils se rendent à n'importe quelle eau thermale pour traiter leurs rhumatismes ou leurs arthrites, il n'en est plus de même quand il s'agit d'une affection cutanée, c'est principalement vers les eaux sulfureuses qu'ils devraient être dirigés ; là encore apparaît l'utilité des conseils médicaux dans le choix de la station thermale.

LES TUBERCULOSES

Les tuberculoses locales à forme torpide sont justiciables du traitement thermal sous toutes ses formes ; mais ce seront principalement les eaux chlorurées sodiques qui donneront d'excellents résultats. Dans ce cas, à l'action locale sur la tumeur blanche ou l'engorgement ganglionnaire, se joint l'action stimulatrice générale sur l'organisme, dont la lésion locale ne tarde pas à se ressentir. Ici encore les douches locales donneraient d'excellents résultats comme adjuvant du traitement général.

Mers el Kebir, aux portes d'Oran, s'est fait une spécialité de ce genre d'affections ; on y conduit un grand nombre d'enfants qui y sont, paraît-il, rapidement améliorés.

On sait à quel point la tuberculose pulmonaire est fréquente parmi les indigènes. Les eaux thermales paraissent nettement contre-indiquées ; les médecins algériens qui ont écrit sur ce sujet sont unanimes. « Les personnes atteintes de maladies... des poumons surtout ne doivent jamais être envoyées à H. Rhira ; le traitement thermal serait dangereux ou au moins inutile. » (Dr Renard.)

Même note à H. Meskoutine et à H. Mélouan : « Les effets négatifs ou défavorables sont en grande majorité, 37 sur 42, c'est-à-dire 88 0/0. Cette proportion désastreuse se passe de commentaire. L'usage des eaux d'H. Meskoutine est formellement contre-indiqué dans la tuberculose pulmonaire. » (Dr Piot.)

« L'eau d'H. Mélouan paraît funeste aux phtisiques avancés. » (Dʳ Valby.)

Ici il y a unanimité. Il n'en serait certainement pas de même si nous avions des renseignements précis sur la cure des stations thermales sulfureuses et surtout sur des sources sulfureuses froides faiblement minéralisées.

En général, l'Arabe dédaigne les eaux froides dont l'origine diabolique ne lui apparaît pas, et cependant un certain nombre de celles-ci mériteraient d'être essayées contre la tuberculose pulmonaire. Elles auraient la même efficacité que nos stations européennes.

C'est surtout chez les prétuberculeux, ou tout au moins au début de la maladie, que le traitement hydrominéral serait utile. La tuberculose n'est qu'exceptionnellement reconnue à cette période chez l'indigène qui n'arrive aux eaux que quand la maladie est déjà assez avancée. On sait avec quelles précautions doit être alors maniée l'administration de ces eaux si l'on veut éviter des hémoptysies souvent mortelles. Ici encore les conseils d'un médecin apparaissent comme indispensables, si l'on veut que l'administration de ces eaux soit exempte de danger.

La tuberculose laryngée est, paraît-il, assez fréquente chez l'indigène, bien que je n'ai jamais eu l'occasion d'en rencontrer parmi les malades qui fréquentent les stations thermales. Les mêmes eaux conviendraient parfaitement à cette affection ; dans aucune station, du reste, il n'existe d'appareil de pulvérisation. Il serait facile d'en établir en même temps que l'on ferait l'installation des douches.

LE PALUDISME

Le paludisme est encore endémique dans la majeure partie de l'Algérie et il y a des régions où tous les indigènes en sont plus ou moins atteints ; en outre, les fortes chaleurs de l'été provoquent, principalement chez les Européens, une sorte de neurasthénie générale accompagnée d'une hypoglobulie et de dyspepsies qui viennent compliquer l'état de l'impaludé. Les eaux minérales sous toutes les formes donnent d'excellents résultats dans le traitement de cette affection ; la balnéation thermale, la douche surtout, agit comme reconstituant général de l'organisme. Mais c'est surtout l'usage interne des eaux alcalines, principalement de celles chargées de principes ferrugineux, qui donnera de bons résultats.

Tout le monde connaît la rapide régénération des impaludés sous l'action d'une cure de Vichy ; parmi les stations algériennes à minéralisation alcaline, il en est une, celle de Ben Haroun, dont l'action thérapeutique est nettement établie.

Le Dr Bertherand le signale en ces termes : « Pendant leur séjour au camp de Ben Haroun, les soldats et les officiers purent très rapidement se remettre et se guérir des affections paludiques, dysentériques, dyspeptiques, gastro-hépatiques qu'ils avaient contractées pendant l'expédition. »

Le Dr Prengrueber est encore plus affirmatif : « Dans l'anémie précoce du paludisme, dans l'hépatisation et la splénisation malarienne, elles agissent merveilleusement ». Il a vu le foie et la rate regresser progressivement en même temps que le nombre des globules augmentait. Les autres eaux alcalines algériennes donneraient sans doute des résultats analogues, et il est à regretter qu'aucune source alcaline ne soit doublée d'une station pouvant recevoir des malades.

AUTRES AFFECTIONS

Bien d'autres affections pourraient utilement être traitées aux eaux minérales. C'est ainsi que la gravelle relèverait d'une cure de diurèse à une station d'eaux faiblement minéralisées ou mieux sulfatées calciques et lithinées. Celles-ci sont fréquentes comme je l'ai démontré, et un grand nombre d'eaux algériennes sont analogues à nos stations de Vittel ou Contrexéville et donneraient vraisemblablement les mêmes résultats thérapeutiques.

Les maladies des femmes pourraient également être améliorées par le traitement aux eaux thermales, et le Dr Moret m'a signalé avoir obtenu des résultats intéressants dans cette voie à H. Selimane (Bordj beni Hindel).

D'une façon générale, les eaux indéterminées ou faiblement minéralisées devront être essayées de préférence chez les utérines névropathes, douloureuses ou dysménorrhéiques, tandis que l'on utilisera dans les métrites torpides, dans celles qui évoluent chez des malades anémiées ou lymphatiques, l'action résolutive et tonique des chlorurées sodiques. Dans les cas de fibromes utérins, on aurait recours aux eaux chlorurées sodiques fortes; enfin les sulfureuses seraient conseillées dans les formes catarrhales avec écoulements leucorrhéiques ou blennorragiques. Cette partie de la thérapeutique hydrominérale, qui n'est pas la moins intéressante, sera sans doute la dernière à être utilisée, à cause de la répugnance des indigènes à laisser traiter leurs femmes par le médecin.

La climatérie des stations thermales algériennes

LES STATIONS HIVERNALES

Les stations thermales algériennes ne sont guère fréquentées par les colons et surtout par les fonctionnaires. Ceux-ci préfèrent, et on ne saurait le leur reprocher, venir dans l'une de nos villes d'eaux françaises, sur le sol natal et près de leur famille. C'est une occasion pour eux de fuir l'été brûlant d'Afrique : le changement de climat, le repos, le plaisir de se retrouver dans leur pays font autant et plus pour leur guérison que les propriétés actives de l'eau minérale elle-même. Mais il est bien des cas où le temps manque; où le déplacement paraît trop coûteux, et il est regrettable de voir l'Européen se désintéresser comme il le fait des stations algériennes. Espérons qu'il viendra plus volontiers leur demander la guérison, quand le confortable et surtout la propreté des stations se seront accrus.

Mais il est une autre catégorie de malades que l'Algérie peut et doit fixer un jour. Quand on voit la vogue, parfaitement justifiée. du reste, qui attire les hiverneurs sur les deux Rivieras, et celle, moins compréhensible qui fait diriger un grand nombre de malades vers les stations lointaines de l'Égypte, on ne peut comprendre que l'Algérie n'attire pas un nombre beaucoup plus élevé d'Européens.

Si, en effet, on excepte les coteaux de Mustapha et l'oasis privilégiée de Biskra, les points où l'on fait quelque tentative pour retenir les étrangers pendant l'hiver sont rares, et les sites merveilleux de l'Algérie sont plutôt visités au printemps par des touristes, que l'hiver par des malades qui viendraient demander à la douceur du climat le retour

Fig. 23. — Les gorges d'H. Mélouan.

à la santé. Et cependant l'Algérie est le point de l'Afrique le plus accessible, le plus près de l'Europe.

La traversée, par Carthagène, est de quelques heures à peine ; par Marseille, elle ne dépasse guère vingt-quatre heures, tandis que le séjour en Égypte impose au malade une traversée de plusieurs jours, souvent pénible et fatigante et met une grande distance entre lui et sa famille au moment où ils auraient le plus d'intérêt à ne pas s'éloigner l'un de l'autre.

Les malades européens ne viendront pas en Algérie uniquement pour faire une cure hydrominérale : les stations européennes, les françaises en particulier, offrent une variété plus grande d'eaux souvent plus actives; mais, l'hiver, ces stations sont habituellement fermées, et l'Algérie permettrait aux malades de continuer leur cure tout en bénéficiant des douceurs du climat.

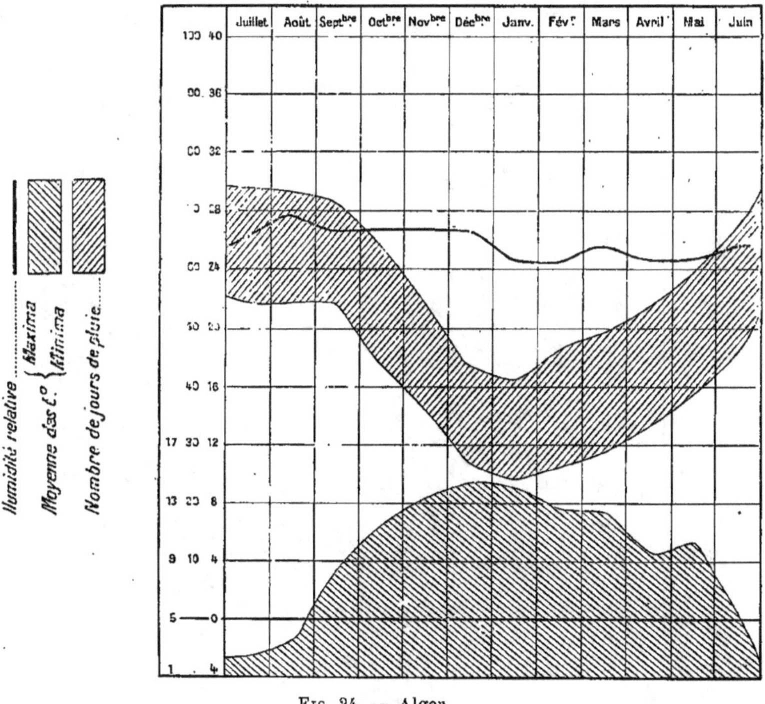

Fig. 24. — Alger.

Il y a quelques années, lorsque j'ai commencé ma mission en Algérie, je me suis adressé à deux de nos plus éminents hydrologues français et leur ai demandé s'ils envoyaient des malades en Algérie et à quelles stations. « J'en ai envoyé, me répondit le premier, mais c'est fini, ils ont été gelés : l'Algérie est un pays froid. » Le deuxième ne fut pas moins net : « Les malades que j'y ai dirigés y ont été grillés. L'Algérie

est un climat brûlant, je n'en enverrai plus. » Et tous deux partaient
d'un point de départ inexact. Nous avons en France l'idée qu'il suffit
d'aller vers le sud, de traverser la mer pour trouver un climat chaud
en hiver. Or il n'en est rien : Roskoff est plus chaud l'hiver que Bordeaux
qui, à son tour, est plus chaud que Madrid. En Provence, en Italie, en
Espagne, en Grèce même, les points chauds, l'hiver, sont l'exception.

Or il n'y a pas un climat algérien, il y en a une multitude; on les y

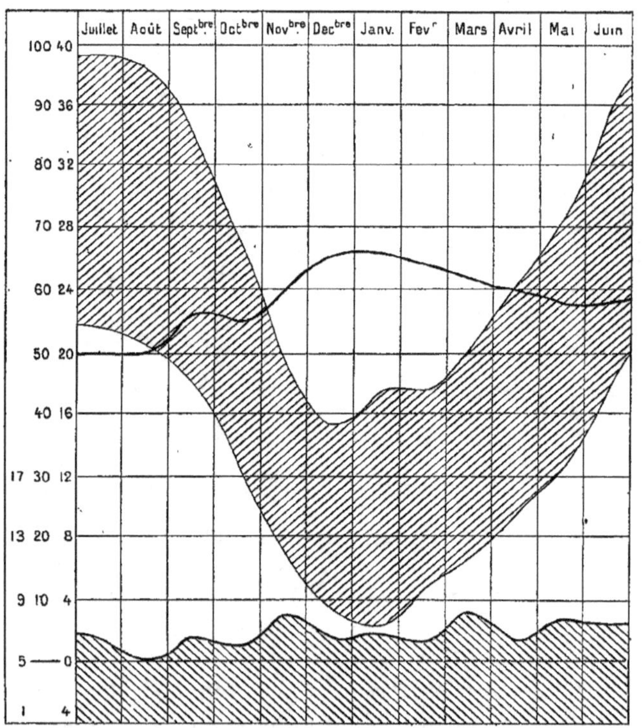

FIG. 25. — Bou Saada.

rencontre tous, et si l'on veut que les malades se trouvent bien d'un
séjour dans ce pays, il faut que le médecin sache où les envoyer aux
diverses époques de l'année, en sorte que l'avenir des stations ther-

males algériennes est surtout lié à la connaissance de la climatologie de ce pays.

Humboldt donnait du climat la définition suivante : « L'expression de climat désigne dans le sens le plus général toute variation de l'atmosphère qui affecte sensiblement nos organes : la température, l'humidité, les oscillations du baromètre, le calme de l'air ou la direction des vents, le degré de la tension électrique, la pureté de l'air ou son mélange avec des exhalations gazeuses plus ou moins nuisibles, enfin le degré de diaphanéité ou de sérénité du ciel, qui a une influence sur le rayonnement variable du sol, sur la végétation des plantes et la maturité des fruits, mais aussi sur les sensations et la disposition psychique de l'homme. » .

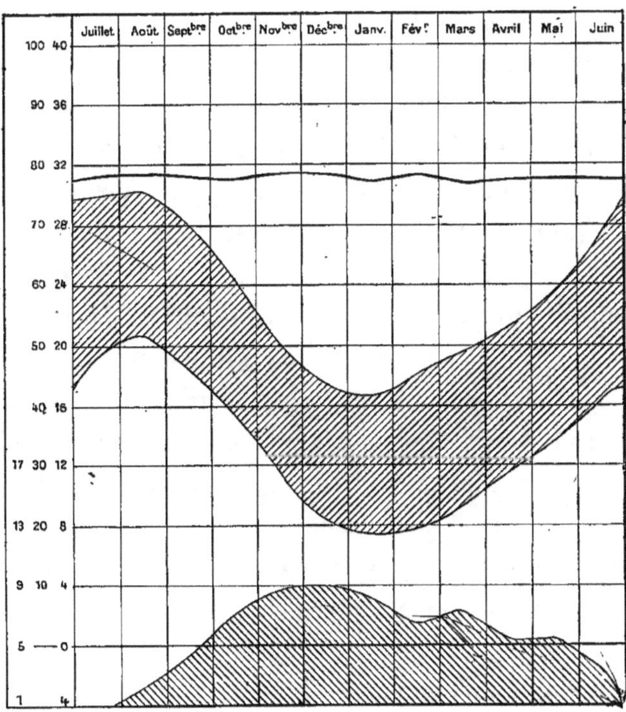

Fig. 26. — Oran.

Il y aurait, aujourd'hui encore, bien peu de choses à modifier dan
cette définition qui devrait servir de base à toute étude climatérique. O
voit combien sont nombreux les facteurs dont dépend le climat, e
combien peu d'entre eux sont susceptibles de mesures précises. Or, le
documents relatifs à l'Algérie sont limités. Ils sont de date récente e
concernent les grandes villes plutôt que les stations thermales.

Ils sont tous centralisés par le bureau météorologique d'Alger, e
sorte qu'ils émanent d'une direction unique, et par suite sont compa
rables entre eux.

Il n'en est malheureusement plus de même pour les renseignement
fournis par les stations météorologiques des autres pays, et tant qu'un
entente internationale n'aura pas fixé les données qui doivent être dé
terminées, il sera difficile de faire des comparaisons précises entre le
villes de pays différents.

Si la température, l'humidité et la pression peuvent être déterminée
d'une façon absolue, il n'en est plus de même des autres facteurs, qu
comportent une certaine dose d'arbitraire : prenons par exemple l
nombre de jours de pluie : si la journée a été belle, mais qu'il soit seu
lement tombé quelques gouttes d'eau, en tiendrons-nous un compt
prépondérant pour inscrire la journée parmi les pluvieuses? De même
quel signe précis distinguerons-nous d'une pluie légère le brouillard d
matin qui accompagne habituellement les journées les plus radieuses

L'incertitude deviendrait encore beaucoup plus grande si nous vou
lions traduire en courbes la transparence du ciel, l'ensoleillement, e
les autres facteurs si nombreux qui agissent sur l'état du malade
en sorte que ce ne sont guère que celles ayant trait à la températur
et à l'humidité que nous pourrons utiliser dans cette étude compa
rative.

On a dit, non sans apparence de raison : « L'Algérie est un pay
froid où le soleil est chaud. » Il est certain que dans tous les pays mé
ridionaux où l'air est habituellement pur, le soleil a l'influence prépon

dérante ; mais cette définition serait plus exactement applicable à la Provence ou à l'Italie, où le voisinage des neiges abaisse la température de l'air, où il gèle dès que le soleil a disparu.

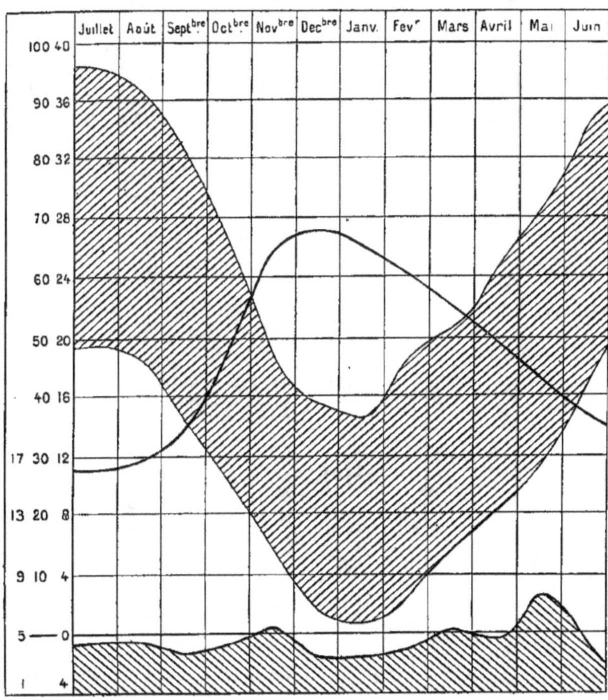

Fig. 27. — Laghouat.

Le territoire algérien peut être divisé en trois zones: le littoral, tempéré, humide, souvent bien abrité, où sont situés la plupart des points utilisables pour l'hivernage ; la partie montagneuse et les hauts plateaux, où le vent règne en maître et où il gèle l'hiver, et d'où les malades doivent être écartés ; enfin le versant saharien, de faible altitude, dont une région est particulièrement intéressante au point de vue qui nous occupe, la vallée de l'Oued Rir avec Biskra en tête, mais dont la plupart des autres oasis, de Laghouat à Figuig, sont brûlantes l'été, et exposées l'hiver à des températures basses et à des vents violents également défavorables aux malades.

Il faut bien se garder de prendre la température moyenne d'une région comme base de l'habitabilité pour les malades. La température moyenne est établie sur les douze mois de l'année, et comme les malades ne passent que quelques mois d'hiver dans le pays, une chaleur torride pendant l'été ne saurait compenser pour eux une température basse pendant l'hiver. Donc, au point de vue spécial qui nous occupe, il faudrait établir la température moyenne, non sur les douze mois de l'année, mais sur les trois mois d'hiver que le malade passe dans le pays. Voici quelques chiffres qui mettront cette notion en évidence :

	TEMPÉRATURES MOYENNES		
	du mois de février	de l'année	
Davos	— 5		
Pau	+ 6, 4	13, 4	Taylor
Nice	7, 88	14, 75	Risso
Naples	8, 5	15, 75	Douve
Palerme	11	17, 50	Vivenot
Alger	15	20, 63	Mitchell
Le Caire	10, 13	22, 13	Coutelle

Ces chiffres montrent donc que, contrairement à l'opinion généralement reçue, Alger ou Oran sont plus chauds l'hiver que le Caire.

Du reste, la constance de la température, le peu d'écart entre les minima et les maxima, l'absence de vent, la pureté du ciel surtout, sont des facteurs bien plus importants pour le bien-être des malades que la température moyenne, et les chiffres ci-dessus qui se rapportent aux stations d'hiver les plus réputées nous montrent ces températures variant de — 5 à + 15°.

J'ai représenté, pour les principaux points de l'Algérie, par des courbes les températures moyennes, minima et maxima, l'humidité relative, le nombre de jours de pluie quand j'ai pu me le procurer ; les renseignements que j'ai trouvés relatifs au vent et à la pureté du ciel sont trop incomplets pour pouvoir être traduits en courbes. Ces chiffres représentent une moyenne de dix années (1892-1903) ; enfin j'ai tracé les courbes de juillet en juillet au lieu de les faire partir du 1er janvier

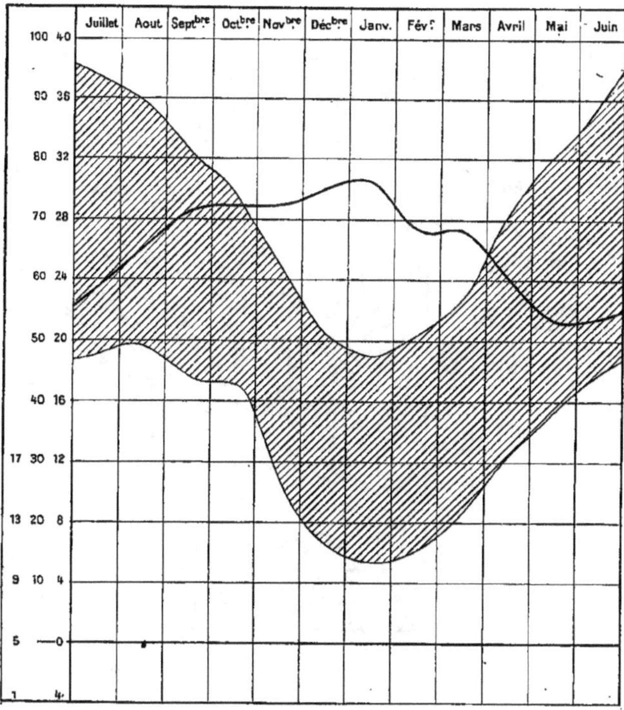

Fig. 28. — Le Caire.

comme on en a l'habitude, pour laisser sans coupure la période hivernale qui nous intéresse tout spécialement.

J'y ai joint, comme terme de comparaison, les courbes correspondantes des stations d'hiver européennes qui ont fait leurs preuves. On peut remarquer que celles-ci, avec des différences individuelles considérables, ont cependant des caractères communs caractéristiques des stations recherchées par les malades, que nous devrons par suite exiger des stations hivernales algériennes. Ce sont : le peu d'écart entre les minima et les maxima, et le parallélisme à peu près complet des deux

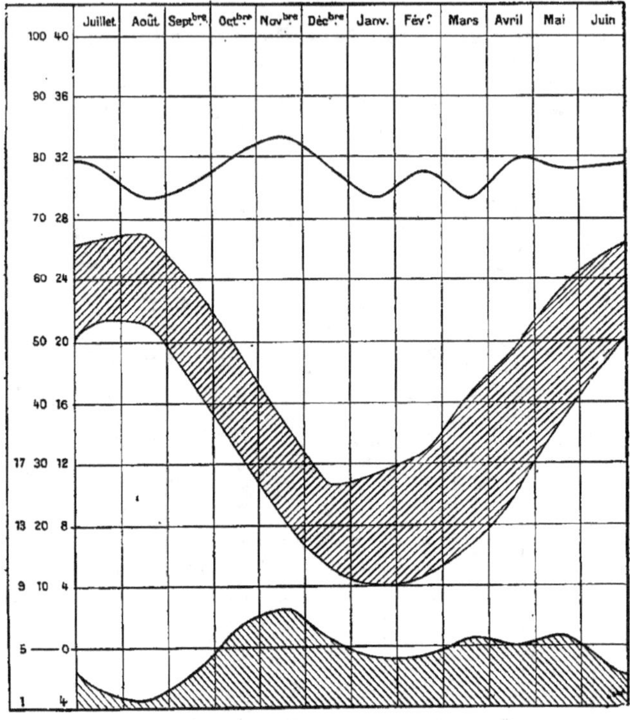

Fig. 29. — Nice.

courbes, au moins en ce qui concerne les quatre mois d'hiver[1].

Si nous examinons à ce point de vue les stations algériennes dont

1. Les documents consultés ont été les suivants :

Pour l'Algérie :

Annales du Bureau central de météorologie. Les chiffres ont été calculés sur la moyenne des dix années 1892-1903 ; — Thévenet, *Climatologie algérienne ;* — *Bulletin de la Société Ramond,* 1872 ; — *Climat de Pau,* 1854-1869 ; — *Annalen der Schweetzerischen Meteorologischen Central Anhalt,* 1900-1909 ; — *Annali dell officio de Meteorologia italiana,* 1880-1885 ; « Colonial Report », *Annales du Bureau central de météorologie de l'Égypte,* 1900-1905 ; — *Madeira und sein climat,* 1889 ; — Dr Schnepp, *Climat de l'Afrique septentrionale.*

M. Hanriot et R. Glénard, *l'Algérie envisagée comme station d'hiver,* 1909.

nous avons reproduit les courbes, nous voyons que la plupart des stations à altitude élevée doivent être rejetées, d'abord à cause des basses températures qui y sont observées, mais surtout à cause de l'écart

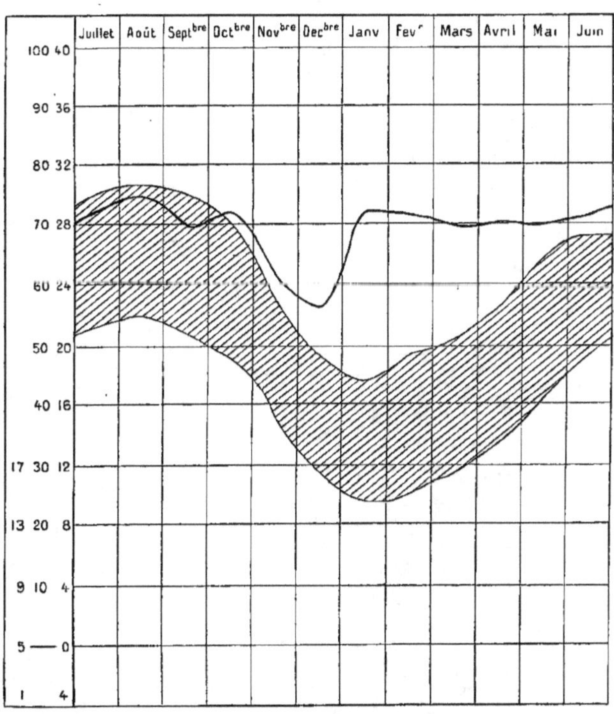

Fig. 30. — Alexandrie.

considérable que présentent les maxima et les minima ; telles sont :

	Altitude	Moyenne des minima absolus	Minima extrêmes
Constantine..........	625	— 1,6	— 7,6
Bou Saada...........	657	— 2,6	— 10,8
Laghouat............	752	— 4.2	— 8,7
Aïn Sefra...........	1.072	— 6,1	— 8,2
Géryville...........	1.305	— 8,7	— 13,4
Afflou	1.426	— 7,2	— 12

La latitude semble n'avoir au contraire qu'une importance secondaire sur les minima observés :

	Latitude	Moyenne des minima absolus	Minima extrêmes
Bizerte	36°,17	+ 3,2	0
Fort-National........	36°,38	— 2,2	— 7,3
Constantine.........	36°,22	— 1,7	— 7,6
Alger..............	36°,47	+ 4,2	— 2
Tunis..............	36°,18	— 2,6	— 2
Oran	35°,42	+ 2,9	— 2,2
Bou Saada..........	35°,13	— 2,6	— 10,8
Sidi bel Abbès	35°,12	— 5,2	— 10
Afflou	34°,13	— 7,2	— 12
Laghouat...........	33°,48	— 4,2	— 8,7
Géryville	33°,41	— 8,7	— 13,4
Aïn-Sefra..........	32°,56	— 6,1	— 8,2
Biskra.............			

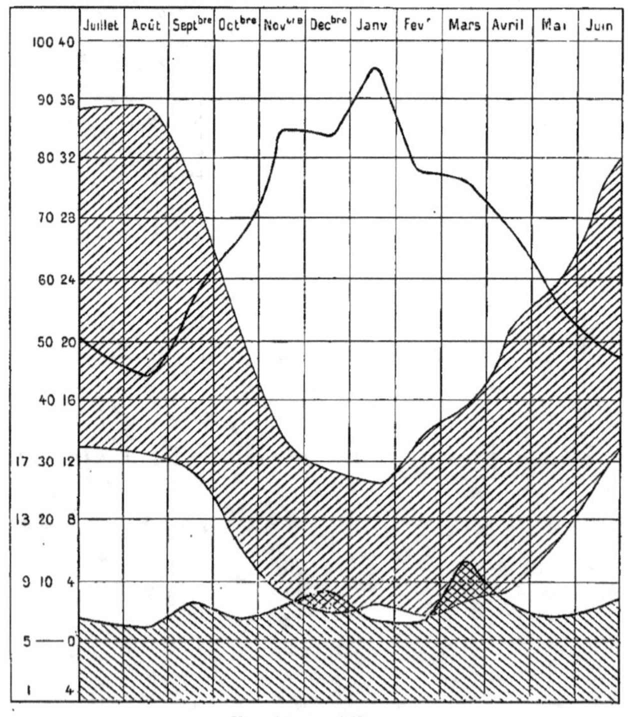

Fig. 31. — Afflou.

On voit donc combien serait grande l'erreur qui consisterait à diriger des malades vers le sud pour leur faire rencontrer des températures plus clémentes.

La comparaison des courbes des villes du littoral avec celles de Palerme est frappante : celles de Bougie, Nemours, Tunis, Didjelli, Oran, Mos-

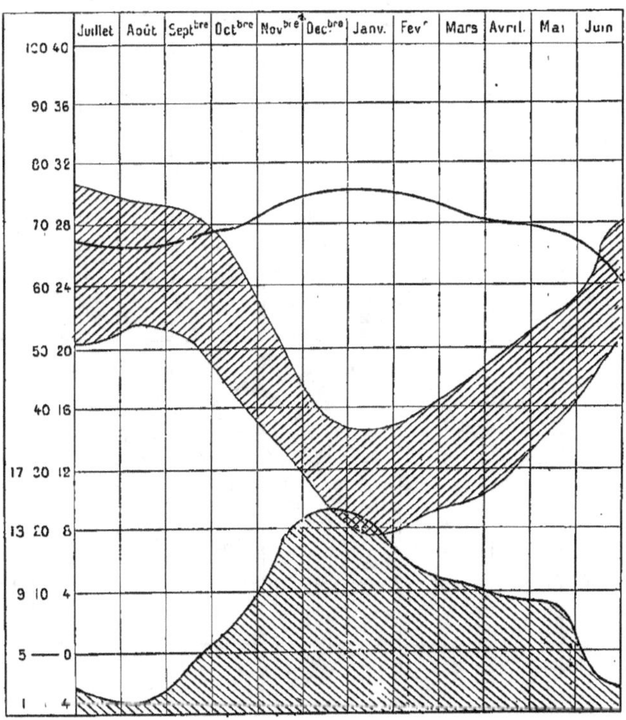

Fig. 32. — Bizerte.

taganem sont presque identiques. Celles d'Alger et de Bizerte se rapprocheraient davantage de celles de Nice ou de San Remo, mais avec des minima plus élevés, tandis que celle de Biskra rappelle dans son ensemble la température du Caire. Enfin, comme station de montagne, Fort-National se rapprocherait de Davos par ses faibles écarts de température, mais avec une moyenne générale beaucoup plus élevée.

Nous ne devons pas perdre de vue que la température n'est qu'un des facteurs (le plus important il est vrai) du climat et que des stations qui présentent des courbes de température à peu près identiques offriront un bien-être très différent aux malades suivant la façon dont elles

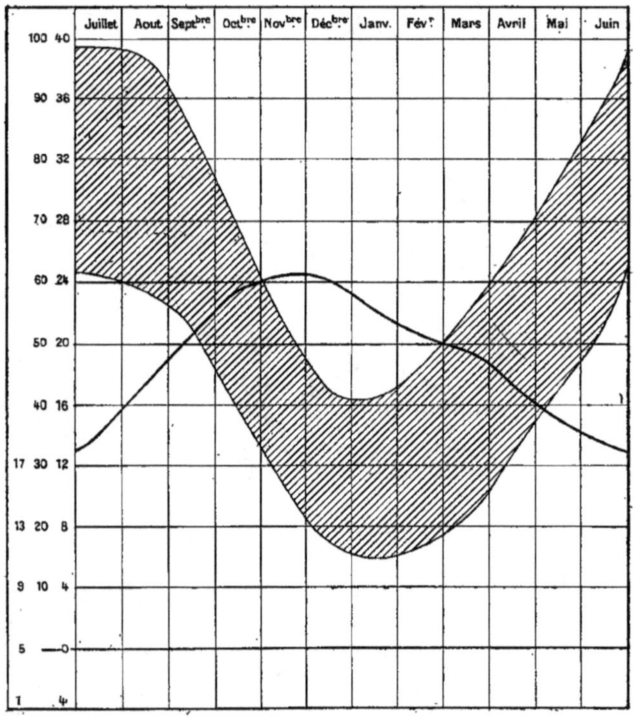

Fig. 33. — Biskra.

sont abritées du vent, suivant le nombre de jours de soleil et la quantité d'eau tombée, etc. Nous venons de voir combien sont nombreux en Algérie les points où la température est convenable pour réaliser une station d'hiver; il s'agit donc de choisir parmi ceux-ci ceux qui réalisent les conditions les plus favorables.

Malheureusement, ici la documentation est insuffisante.

Il y a un autre élément dont il importe de tenir particulièrement compte : c'est le sirocco, ce vent du sud-est, si fatigant pour les gens bien portants, et dont l'influence fâcheuse sur les malades est si manifeste. Bien qu'il soit relativement rare pendant l'hiver, il serait impor-

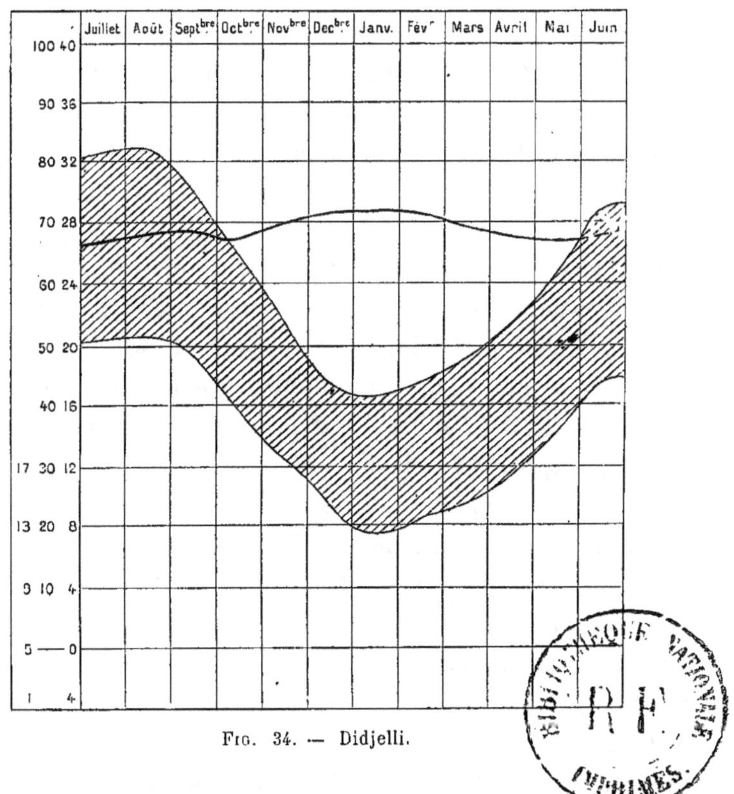

Fig. 34. — Didjelli.

tant de déterminer avec soin le nombre de jours où il souffle dans chaque localité; mais comment apprécier son intensité? car son influence nocive n'est nullement en rapport avec la rapidité du vent, qui est le seul élément accessible à la mesure.

Pour qu'un établissement destiné à recevoir des malades européens ait chance de réussir, il ne suffit pas d'avoir rencontré un climat convenable, il faut encore bien d'autres conditions dont nous allons rappeler les principales.

D'une façon générale l'Algérie est maintenant un pays salubre et les maladies épidémiques qui y sont les plus fréquentes peuvent et doivent être évitées dans un établissement de ce genre.

La *Malaria*, qui est la plus importante, accompagne toujours les travaux de défrichement : il faut donc s'attendre à ce qu'elle se montre au moment où on installera la station. Ce n'est qu'une assez courte période à traverser, mais il est important que ces travaux de défrichement et de plantation précèdent la construction de l'établissement, de quelques années s'il est possible.

Remarquons du reste que la malaria ne sévit guère en hiver, précisément au moment où les étrangers résideront ; elle ne commence à se montrer qu'en mai-juin, au moment où ils sont partis. Il est du reste bien évident que la création d'une station hivernale doit entraîner le desséchement des flaques d'eau qui se trouvent aux alentours, ne fût-ce que pour supprimer l'incommodité créée par les moustiques et les cousins, dont un certain nombre se développent même pendant la saison d'hiver et peuvent contribuer à propager la maladie.

Plus importante sera la lutte contre la *fièvre typhoïde*. Les sources pures sont abondantes en Algérie. Il suffira de les rechercher, d'empêcher leur contamination par un captage bien fait et de les amener à la station pour supprimer la cause principale de propagation de la fièvre typhoïde.

Reste la *variole*, qui est fréquente en Algérie; mais vraiment à l'heure actuelle, aucune personne soucieuse de sa santé ne doit être en état de contracter la variole. Il suffirait au besoin de rappeler par un avis affiché dans l'hôtel la fréquence de la variole chez les indigènes et la nécessité qu'il y a de se faire revacciner en temps utile. pour que toute chance de contamination disparaisse.

L'établissement doit être à mi-côte, abrité autant que possible des vents dominants, principalement de celui du sud-est, qui est le plus pénible pour l'Européen. Il doit être à peu de distance d'une gare et relié à celle-ci par une route carrossable. Il serait utile que des routes praticables assurent le plus grand nombre d'excursions possibles, que les environs soient boisés, qu'un parc soit créé autour de l'établissement, suffisamment vaste pour que les malades puissent s'y distraire sans fatigue; enfin la station doit, autant que possible, être isolée de toute agglomération, principalement des villages indigènes.

Les eaux thermales sont abondamment répandues en Algérie. Le voisinage immédiat de l'établissement thermal constituerait un élément de succès en plus pour la station d'hiver, en offrant aux malades et aux hiverneurs un moyen thérapeutique important dont ils tireraient grand bénéfice; mais il ne faut pas se dissimuler que ce ne sera jamais là qu'un accessoire; la France est aussi riche en eaux minérales que l'Algérie, et le peu de succès qu'ont pendant l'hiver et même pendant l'automne les établissements de la métropole qui restent ouverts toute l'année, montrent que l'habitude est prise de faire sa cure thermale pendant l'été.

Remarquons du reste que la plupart des stations hivernales qui ont eu de la vogue en Algérie étaient doublées d'un établissement thermal (Hammam Salahin, H. Meskoutine, H. Rhira). Seuls les coteaux de Mustapha constituent une station purement climatérique; mais ici c'est le voisinage immédiat d'Alger qui est la cause de leur réputation et de leur succès.

L'établissement construit doit être fort simple, au moins au début, mais confortable et irréprochablement propre. Il ne faut pas renouveler les dépenses exagérées qui ont paralysé le développement de Hammam Rhira. Ce n'est pas le luxe, c'est le soleil qui fait la valeur d'une station d'hiver, et si on veut y attirer l'Européen, il faut que la propreté de l'établissement, la simplicité de la nourriture et la modicité des prix le

séduisent. Le climat et le charme de l'Algérie se chargeront de le ramener chaque année.

Enfin, au moins au début, il est nécessaire qu'un médecin soit attaché
à l'établissement. Sa présence continue inspirera confiance aux malades;
il utilisera ses loisirs à faire connaître la station à laquelle il est attaché.

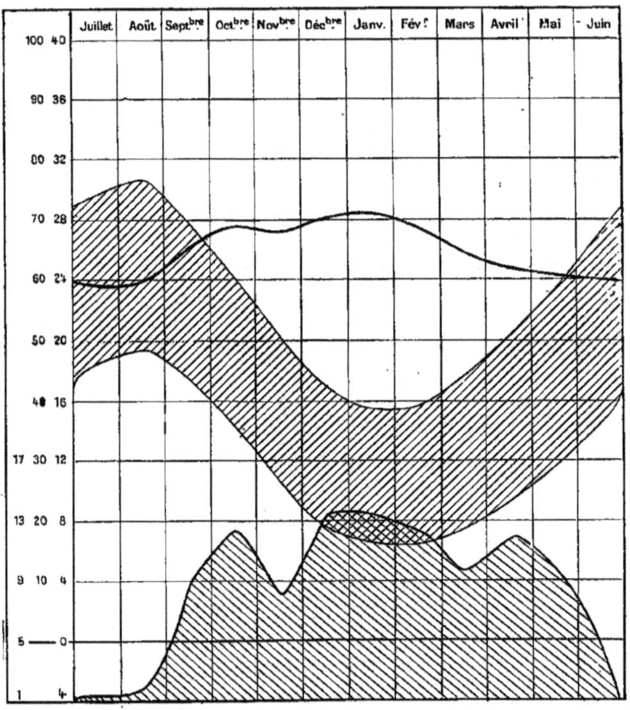

Fig. 35. — Palerme.

et à obtenir des médecins de la métropole qu'on lui confie des malades
qui formeront le premier noyau de la clientèle hivernale.

Plus tard, quand la station se sera développée, qu'elle sera devenue
le centre d'une véritable ville, le médecin de l'établissement n'aura plus
sa raison d'être et sera remplacé par des confrères n'ayant aucune at-

tache officielle, comme cela a lieu dans les stations européennes : nous sommes encore loin de cette éventualité.

Mais il est un point qui peut, longtemps encore, empêcher l'Algérie de prendre la place à laquelle elle a droit comme station d'hiver : j'entends parler de la difficulté des communications. Les services maritimes

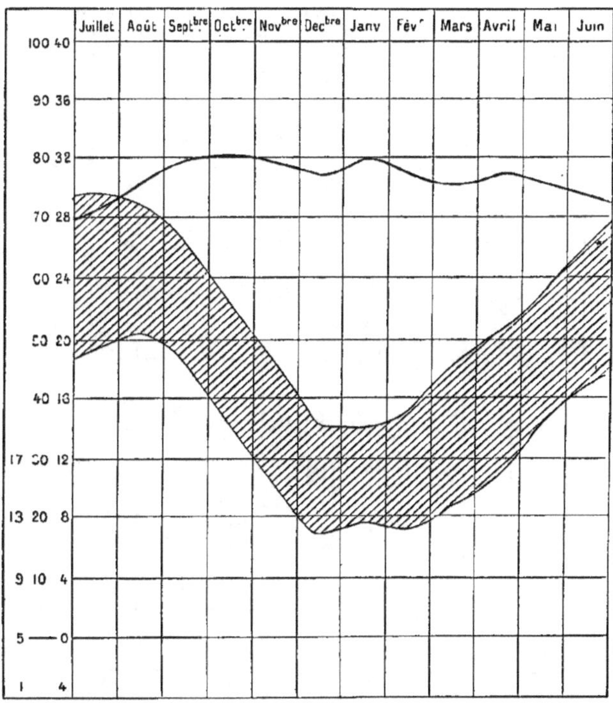

Fig. 36. — Mostaganem.

sont loin d'être ce qu'ils devraient, surtout si on les compare à ceux qui desservent l'Égypte. La ligne Marseille-Alger, qui est la meilleure, est bien loin du confortable que présentent certaines lignes concurrentes étrangères : les communications entre la France et les autres ports de l'Algérie sont inacceptables pour des malades aisés ; la tentative faite pour établir un service de luxe rapide par l'Espagne-Carthagène et

Oran, semble avoir échoué. Quant aux chemins de fer algériens, malgré de récentes améliorations portant surtout sur l'augmentation du
nombre de trains, ils laissent encore beaucoup à désirer. La vitesse
moyenne la plus élevée est réalisée par le P.-L.-M. (ligne d'Alger à
Oran) : elle ne dépasse pas 42 kilomètres à l'heure. La vitesse moyenne

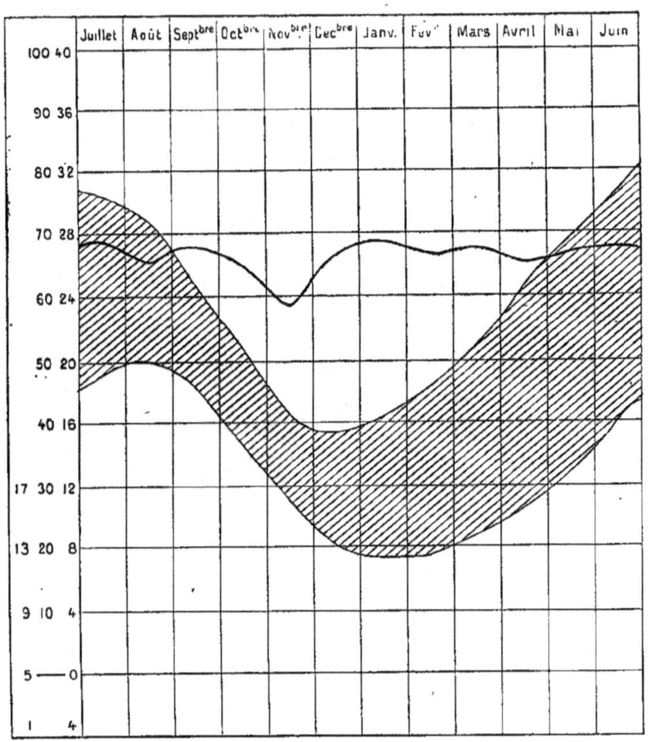

FIG. 37. — Bougie.

des autres trains oscille autour de 30 kilomètres pour tomber à 22 kilomètres sur de petites lignes comme celle de Mostaganem. La plupart
des lignes ont deux ou trois trains par jour ; le premier, très matinal,
ne peut guère être pris par des malades à qui toute excursion devient
par suite impossible.

· En résumé l'Algérie pourrait, par ses eaux et son climat, attirer et retenir l'Européen pendant l'hiver, et ce sont les conditions matérielles d'accès et de circulation qui constituent le principal obstacle à son développement.

STATIONS ESTIVALES

L'Algérie est un pays trop chaud en été pour qu'il y ait lieu de songer à y retenir en cette saison les malades européens ; tout au plus pourrait-elle servir de lieu d'acclimatement pour ceux qui reviennent des pays

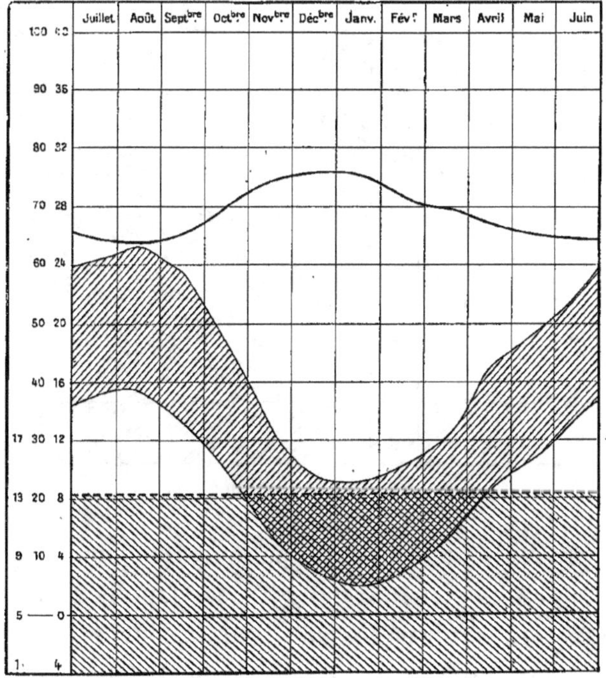

FIG. 38. — Pau.

tropicaux et auxquels il est bon d'éviter une transition trop brusque entre les deux climats.

Mais les fonctionnaires ou les colons algériens sont eux aussi éprouvés par les chaleurs de l'été ; s'ils ne peuvent obtenir de congé suffisant ou quitter leurs affaires, ils seront bien aises de rencontrer en Algérie

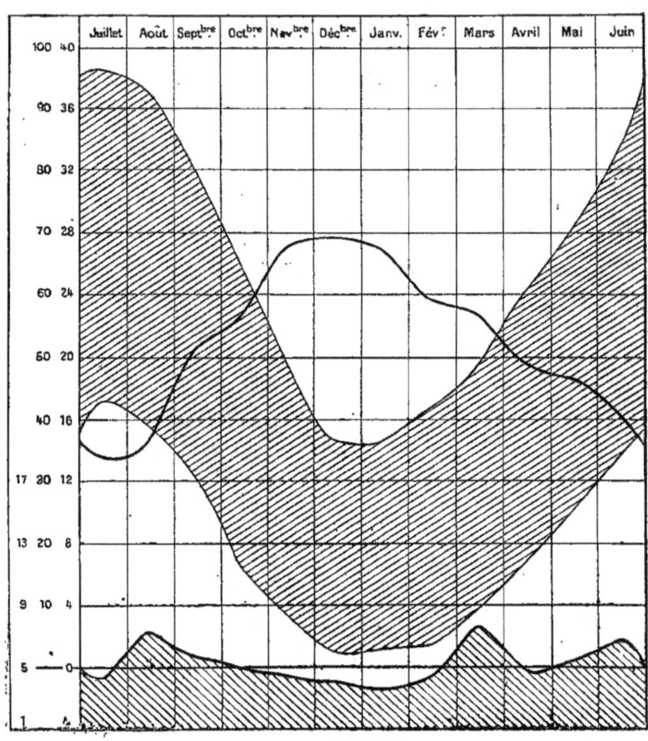

Fig. 39. — Aïn-Sefra.

même, à proximité de leurs occupations, quelques points relativement frais et aérés où ils pourront envoyer leur famille et spécialement leurs jeunes enfants, et venir eux-mêmes, par un court séjour, reprendre force et courage pour lutter contre la chaleur et la fatigue journalières. C'est ainsi que, presque dès les premiers temps de l'occupation, les habitants d'Alger recherchaient la fraîcheur des coteaux de Mustapha et que la garnison de Biskra remontait, l'été, dans la région montagneuse de Batna.

Naturellement, les conditions que l'on doit demander aux stations estivales seront souvent inverses de celles que nous venons d'étudier. Ainsi les bords de la mer seront le plus souvent évités, tant à cause de leur température élevée, modérée insuffisamment par la brise de mer,

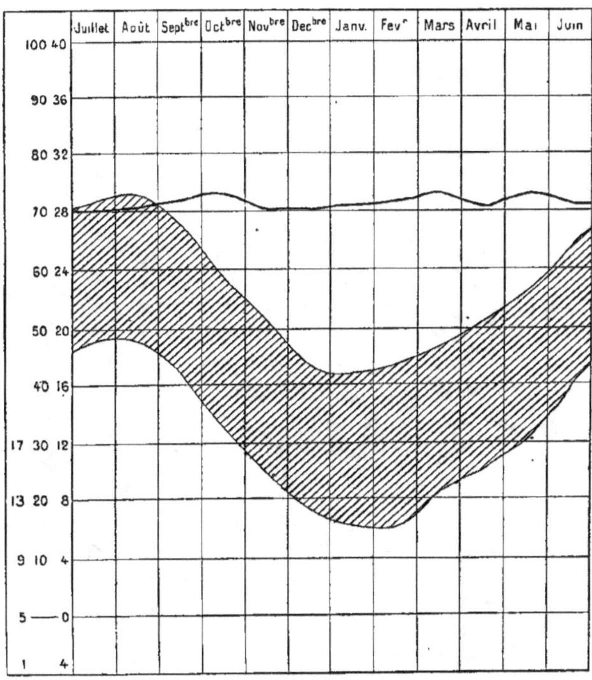

Fig. 40. — Nemours.

que de l'humidité qui rend la chaleur plus intolérable encore. Ce seront donc les régions montagneuses et sèches, indemnes de moustiques et de fièvre intermittente, abritées des vents du sud, boisées autant que possible, que l'on choisira de préférence. Là surtout, l'hydrothérapie froide ou chaude pourra rendre de grands services.

14

Un très grand nombre de points de l'Algérie rempliraient parfaitement ces conditions ; mais plusieurs sont déjà organisés en stations d'été ; ce sont ceux-là que je veux signaler tout particulièrement.

A quelques kilomètres de Guelma, se trouve l'établissement d'Aïn Sennour, qui semble réunir les conditions que je rappelais plus haut.

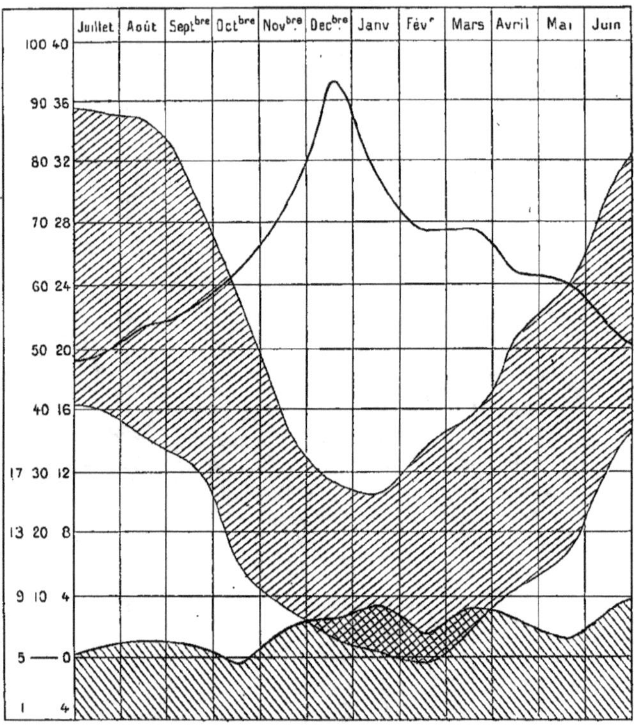

FIG. 41. — Géryville.

On s'y rend de loin, et il semble que les habitants de Constantine l'apprécient tout particulièrement. A quelques centaines de mètres de là se trouve la source Aïn Sennour, trop peu abondante pour servir à l'hydrothérapie, mais source alcaline bicarbonatée calcique froide, dont un usage rationnel amènerait la décongestion du foie et rétablirait les fonctions digestives que la grande chaleur compromet si fréquemment. Des sources alcalines analogues viennent sourdre, nous a-t-on dit, en plusieurs points de la montagne. Il serait intéressant d'en capter une et de l'amener à l'établissement.

Takitount paraît tout indiqué pour une station estivale. Je n'ai pu me procurer de renseignements précis sur la marche de la température en

FIG. 42. — Établissement d'H. R'hira.

ce point, mais les indications qui m'ont été données par les gens du pays, jointes à sa situation élevée (1.000^m) dans un des plus hauts massifs montagneux de l'Algérie, indiquent ce point pour une tentative de ce genre. Ces eaux, qui sont les plus alcalines de l'Algérie et principalement composées de carbonate sodique, rendraient les plus grands services à de nombreux malades, et un établissement de ce genre devrait prospérer.

Bordj beni Hindel, à 70 kilomètres d'Orléansville et à 270 kilomètres d'Alger, est à une très grande altitude (2.000 mètres), presque au sommet du massif de l'Ouarsenis ; c'est un point particulièrement frais l'été, où la flore des environs de Paris prospère parfaitement. Depuis quelques années, la commune y a construit un établissement balnéaire, avec quelques chambres que les Européens peuvent louer. Ici également les bienfaits du climat sont doublés de ceux de l'hydrothérapie. L'eau est sulfureuse et chaude (40°) très abondante, et sauf l'absence regrettable

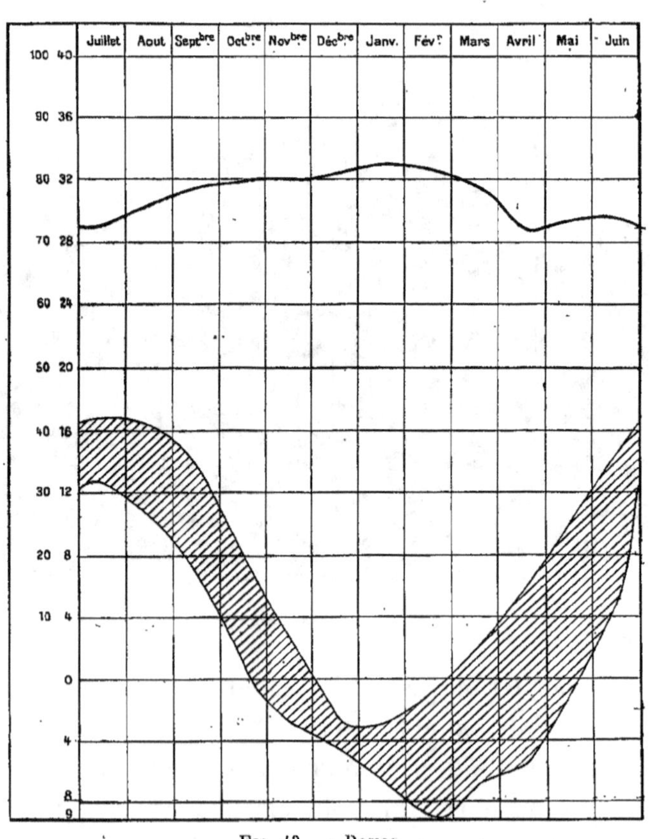

Fig. 43. — Davos.

de douches faciles à organiser du reste, l'installation comme baignoires et piscines est très suffisante. A côté, une source froide tombe en une haute cascade rafraîchissant l'air et formant au-dessous une vaste cuvette qui permet l'action complémentaire de la balnéation froide.

Non loin de là se trouve le massif de Teniet el Had avec sa merveil-
leuse forêt de cèdres. Ici encore, l'altitude est grande et la fraîcheur est
apportée par la forêt. Là point d'établissement balnéaire, mais des installations particulières attestent la salubrité et la fraîcheur de la région.
Les sources ferrugineuses et arsenicales y sont nombreuses : une
installation rendrait des services aux nombreux débilités par un

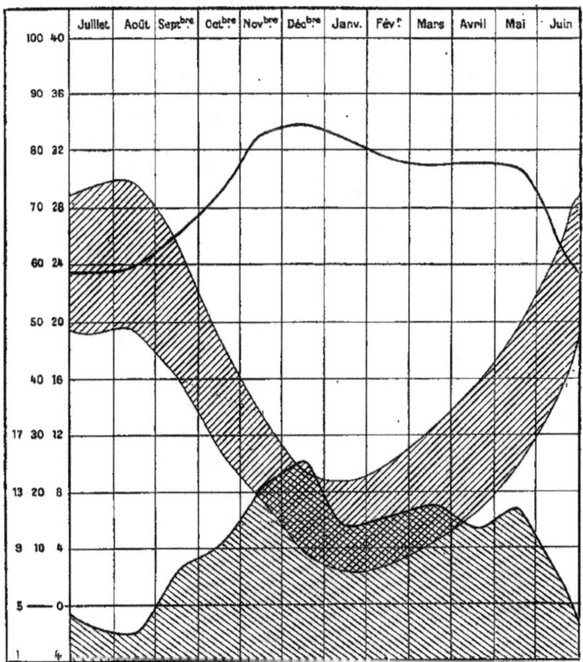

Fig. 44. — Fort National.

climat anémiant, qui y trouveraient la double indication du climat frais
et de l'eau reconstituante.

Les environs d'Oran sont moins pourvus de points se prêtant à des
stations estivales, et c'est cependant dans cette province qu'ils seraient

les plus utiles. Nous ne voyons guère à signaler que le petit village de Mazouna, où les habitants de Mostaganem et d'Oran et ceux de la plaine brûlante du Chélif vont chercher l'été un peu de fraîcheur.

L'altitude est moins élevée ; aussi la température s'abaisse moins que dans les stations précédentes. Là aussi se trouve une source sulfureuse dont l'établissement est malheureusement en ruines, mais que l'on pourrait remettre en état à peu de frais.

Ainsi, pendant l'été, nombre de stations hydrominérales pourraient représenter à la fois la station de fraîcheur et la cure tonique. Les médecins militaires ne s'y étaient pas trompés, et l'un de ceux qui ont le mieux connu l'Algérie, le Dr Bertherand, avait établi à Ben Haroun un véritable sanatorium pour permettre à nos soldats, épuisés par la chaleur, la maladie et les fatigues de la guerre, de reprendre la santé et la vigueur.

Classification

Les eaux minérales sont susceptibles de varier à l'infini, en sorte que toute classification sera fatalement illusoire, certaines eaux pouvant être rangées dans des classes différentes suivant l'importance prédominante que l'on attache à tel ou tel agent minéralisateur. En outre, les classifications sont fondées sur les groupements hypothétiques des éléments contenus dans les eaux, et nous avons vu combien ceux-ci sont arbitraires. Cependant, pour mettre un peu d'ordre dans l'étude des eaux, nous adopterons une classification.

Un premier groupe renfermera les eaux sulfureuses ;

Un deuxième, les chlorurées sodiques ;

Le troisième, les sulfatées calciques et magnésiennes ;

Le quatrième, les eaux alcalines et les ferrugineuses ;

Enfin, le dernier, les eaux trop peu minéralisées pour rentrer dans les groupes précédents.

Mais il reste bien entendu que nous n'attachons aucune importance à cette classification. Ainsi l'eau d'Aïn Mentila est rangée parmi les sulfureuses parce qu'elle renferme $0^{gr},128$ de soufre par litre ; c'est cependant l'eau la plus riche en chlorure de sodium de toute l'Algérie ; elle en contient 53 grammes par litre et eût pu à juste titre être rangée parmi les chlorurées ; de même l'eau d'H. Rhira, par exemple, qui contient 0,671 de chlorure de sodium et 1,250 de sulfate de calcium, eût pu être indifféremment rangée dans les chlorurées sodiques ou les sulfatées calciques, et il en est ainsi de beaucoup d'autres eaux.

Mais il est un facteur que nous ne faisons pas intervenir dans la classification et qui a cependant une valeur prépondérante dans la thérapeutique des eaux, c'est la thermalité. C'est elle en outre qui fera la différence des installations nécessaires à chaque station. Les eaux thermales comporteront des piscines, des baignoires, des appareils à douche, etc. ; les eaux froides sont au contraire des eaux de boisson : une simple buvette suffira si elles sont utilisées sur place ; il faudra en outre une installation d'embouteillage si elles doivent être envoyées au loin.

EAUX THERMALES

Les eaux thermales sont répandues un peu partout sur la surface de l'Algérie, et partout, on peut dire, elles sont recherchées et utilisées par les indigènes. Un grand nombre sont hyperthermales, c'est-à-dire doivent être refroidies avant toute utilisation. Parmi les plus chaudes, citons :

H. Meskoutine	96°
Les Bibans	90°
H. Bou Hadjar	75°
Sidi bou Abdallah	70°
Bou Hanifia	60°

La plupart sont médicamenteuses et leurs principaux agents minéralisateurs sont le chlorure de sodium, le bicarbonate calcique, les sulfures, mais certaines ne renferment aucun principe actif ; ce sont les thermales simples. Quand elles sont hyperthermales, elles agissent par la chaleur et par la sudation qu'elles provoquent ; mais, même quand elles sont simplement tièdes, elles offrent encore une grande importance en permettant à l'Arabe de se baigner et de rétablir les fonctions de la peau, trop souvent négligées par eux.

Je laisse sur ce point la parole à M. Trolard, rapporteur de la commission d'enquête :

« Quant à la question d'hygiène, elle est de premier ordre. Nombreuses, très nombreuses, sont les affections, et parmi celles-ci il faut citer notamment les manifestations de la scrofule sur la peau et sur les

Fig. 45. — H. Meskoutine : Les bassins de refroidissement.

os, pour lesquelles les indigènes viennent demander aux eaux la guérison ou le soulagement. Mais il sévit chez eux une autre maladie, celle-là plus répandue, plus invétérée que la première, et qu'ils ne soignent pas du tout : c'est la malpropreté. En effet, les musulmans de la campagne, qui n'ont pas, comme leurs coreligionnaires des villes, des bains maures à leur disposition, sont pour la plupart d'une malpropreté qui est passée en proverbe. Ils remplissent très scrupuleusement les prescriptions coraniques relatives aux ablutions, mais la loi religieuse ne visant que le visage, les mains jusqu'au coude et les pieds, le reste du corps est absolument négligé. Il est donc indispensable de réagir, dans la limite du possible, contre d'aussi déplorables habitudes, qui se traduisent finalement par d'invétérées maladies de peau. Ce serait donc une bonne œuvre que de mettre à leur portée autant de bains naturels qu'il serait possible ; puis, à l'aide de conseils persévérants, de les amener à user largement de ces bains. Quand chaque source sera une station de luxe, grâce à deux ou trois grands bassins bien propres ; un lieu de plaisance, grâce à l'ombrage de quelques arbres ; un établissement confortable, grâce au café maure, elle deviendra un but de promenade, un endroit de réunion pour les fêtes ; et ainsi se créera un mouvement continu qui y amènera les habitants de la région pour s'y voir, se récréer et se laver. Ce jour-là, les eaux minérales auront acquis une nouvelle propriété peut-être plus importante que celles de la tradition, elles guériront les Arabes de leur malpropreté : cette action bienfaisante ne sera pas la moindre assurément. »

Le Dr Trolard, à qui sont dues les lignes qui précèdent, a cent fois raison ; c'est même pour cela que nous avons maintenu dans cette liste des eaux faiblement minéralisées, mais qui, par leur thermalité, jouent un rôle important en hygiène et en thérapeutique.

LES EAUX FROIDES

Les Arabes n'apprécient dans l'eau minérale qu'une seule qualité, la thermalité ; il n'y a donc rien d'étonnant à ce que les eaux minérales froides soient peu fréquentées et peu connues, et cependant il semble que celles qui sont intéressantes soient beaucoup plus fréquentes que ne le laisserait supposer la nomenclature actuelle.

Les eaux froides sont utilisées uniquement pour l'usage interne ; mais les indigènes boivent aussi, dans un grand nombre de stations, l'eau thermale qui pourrait ainsi être envisagée comme eau de boisson.

Ce que nous nous proposons d'envisager spécialement en ce moment est de savoir si l'Algérie possède des eaux susceptibles de conserver leurs propriétés thérapeutiques après embouteillage.

Les eaux inermes, c'est-à-dire ne renfermant pas de principe minéralisateur, ne sont pas des eaux minérales à proprement parler ; elles sont cependant intéressantes à deux points de vue. Elles sont faiblement minéralisées, sont légères à l'estomac et reposent des eaux algériennes, dites potables, habituellement chargées en chlorure de sodium et en sels magnésiens.

De plus, les eaux inermes sont habituellement très pures au point de vue bactériologique. Elles constituent donc des eaux de table parfaites dont il y aurait lieu de généraliser l'emploi dans ce pays, où la fièvre typhoïde est encore si fréquente.

Les eaux faiblement minéralisées ont un autre avantage ; on peut en absorber sans inconvénient des quantités considérables, surtout si elles contiennent un peu d'acide carbonique libre ; elles agissent alors comme diurétiques, et tout le monde connaît l'utilité d'une cure à Evian pour les goutteux et les arthritiques.

Ces eaux, si communes en France dans les régions montagneuses granitiques, paraissent exceptionnelles en Algérie. Je signalerai cependant les suivantes, en mettant en regard la composition de l'eau d'Evian (source Cachat).

	RÉSIDU SEC
Evian	0,5403
Teniet el Had	0,226
Souk el Arba	0,1812
Tahammamit	0,381
Tihammamine	0,302

Mais en outre, les eaux alcalines et ferrugineuses que nous décrivons plus loin, peut-être un certain nombre de sulfatées calciques, pourraient être utilisées comme eaux de table.

L'Algérie possède donc un grand nombre de sources susceptibles d'être embouteillées ; or, si l'on en excepte quelques milliers de bouteilles vendues chaque année à Takitount et à Ben Haroun, le reste de l'eau coule librement à la rivière. Et cependant, en Algérie, on trouve dans les plus petites localités des eaux de Vichy, de Vals, de Saint-Galmier, ayant quelquefois les noms les plus fantaisistes et probablement fabriquées sur place. Il faut étudier les conditions actuelles d'exploitation des eaux algériennes pour comprendre pourquoi elles sont ainsi délaissées et ont tant de difficulté à se substituer en Algérie même aux eaux françaises.

Les sources appartiennent à l'État, qui ne demande pas mieux que de les louer, mais ne fait rien pour leur aménagement. J'ai visité, presque dans le même mois, les trois sources alcalines les plus importantes : Takitount avait été victime d'un éboulement qui se reproduira fatalement ; des travaux assez importants seraient nécessaires pour conduire la source quelques centaines de mètres en aval et la mettre à l'abri d'un nouvel accident.

Ben Haroun n'est pas convenablement captée, et les eaux superficielles changent la composition de l'eau minérale et peuvent la contaminer. Quant à Aïn Sennour, elle était presque tarie et modifiée dans sa composition par des travaux de nettoyage abandonnés au hasard.

Or, les fermiers des eaux n'effectueront jamais ces travaux que d'une façon incomplète et en vue d'augmenter le débit s'ils en ont besoin ; en

Fig. 46. — Takitount : Embouteillage.

ce cas, les eaux superficielles, qui devraient être soigneusement écartées, seront les bien venues. C'est donc à l'État, propriétaire des sources et qui en tire revenu, à effectuer les travaux de captage nécessaires pour assurer l'abondance et la pureté de l'eau.

Non moins importants sont les travaux de mise en bouteilles. Il faudrait ne se servir que de bouteilles parfaitement propres, et le matériel nécessaire fait défaut. Les indigènes auxquels est abandonné le soin de rincer les bouteilles n'ont pas sur la propreté les mêmes idées que nous, et il serait utile d'imposer par le cahier des charges de la location l'emploi exclusif de bouteilles neuves. Ce serait accroître légèrement les prix de revient de l'eau, mais le fermage serait calculé en tenant compte de cette charge, et cette mesure provoquerait l'établissement de verreries en Algérie.

Le prix de vente sur place est des plus minimes, d'ordinaire 0 fr. 05 par litre d'eau. Or cette eau ne peut concurrencer dans les villes d'Algérie les eaux de Vichy, par exemple, qui se vendent meilleur marché. Ceci tient à ce que les transports sont ruineux pour les eaux algériennes, tandis que les eaux françaises profitent de tarifs dégressifs avec la distance. Ainsi le transport coûte moins cher de Vichy à Alger que de Takitount à Alger.

C'est surtout sur ce point qu'il serait important de modifier les tarifs de chemin de fer actuels en favorisant le transport des eaux algériennes.

Il y aurait lieu également de surveiller le commerce des eaux minérales. A plusieurs reprises, nous avons rencontré des eaux de Vichy dont les noms ne figuraient sur aucune carte de l'Allier et qui avaient été vraisemblablement fabriquées sur place avec quelques sels et l'eau d'un oued plus ou moins contaminée.

Nous avons montré plus haut que l'Algérie est assez riche en eaux de table pour se passer des eaux étrangères, pourvu qu'elle accorde à ses eaux une protection suffisante pour les mettre en valeur.

C'est particulièrement pour ces eaux qu'il serait intéressant de se mettre en règle avec l'ordonnance de 1823, en sollicitant l'approbation de l'Académie de médecine et l'autorisation du Gouvernement. C'est une garantie de salubrité bien connue des Français et des étrangers, qui inspirerait confiance, et faciliterait leur vente dans les hôtels.

Eaux sulfureuses

Les eaux sulfureuses sont assez communes en Algérie, surtout dans le département de Constantine ; ceux d'Alger et d'Oran en sont relativement moins bien pourvus.

Ces eaux sont le plus souvent thermales, et parmi celles-ci nous en trouvons qui possèdent une minéralisation que l'on chercherait vainement parmi les eaux européennes ; celle de Aïn Mentila renferme, en effet, 0,128 de soufre actif par litre, avec un résidu sec de 60 grammes. On rencontre en outre quelques sulfureuses froides, généralement à petit débit, mais qu'il faut quand même se garder de négliger, car leurs indications thérapeutiques ne sont pas les mêmes que celles des eaux précédentes.

Les eaux sulfureuses sont le plus souvent riches également en chlorure de sodium, mais le rôle thérapeutique du premier de ces agents étant de beaucoup le plus important, nous en avons tenu un compte prépondérant dans la classification.

Ces eaux sont très appréciées des indigènes qui connaissent bien leurs propriétés, et les noms de : *Aïn Baroud* (la poudre), *Aïn Keberta* (la soufrée), *Aïn el Djerab* (la source des galeux), qu'ils attribuent continuellement aux principales sources sulfureuses, montrent qu'ils ne se méprennent ni sur la nature ni sur les effets de ces eaux. Voici les noms des plus intéressantes de ces eaux avec leur teneur en soufre et leur température :

	EXTRAIT SEC	SOUFRE	TEMPÉRATURE
Aïn Mentila	58,63	0,128	32°,7
Tammersit Guerbir	1,33	0,07	25°,6
— Keirgis	1,28	0,047	25°,8
Aïn Kebreta	4,34	0,048	25°,5
Aïn Nouissy	14,76	0,006	20°,2
Mekeberta	6,65	0,024	20°,5
Berrouaghia	1,24	0,014	43°
Ksennah Djerab	5,44	0,0115	40°,8
Youks	0,42	0,01	34°
H. Gosbat	4,7	0,008	40°,8
H. Zaïd	1,046	0,007	39°
Aïn Baroud	0,70	0,006	13°,5
Sidi Yahia	0,65	0,006	34°,6
Ksennah (M'Zara)	5,46	0,0058	54°,8
H. Chaboura	1,430	0,0043	39°
H. Tassa	1,96	0,004	39°,7
H. Sidi Trad	0,434	0,0042	63°,9
H. Salahin	9,24	0,0035	44°,9
H. Sidi Mohamed	22,91	0,0032	30°,4
H. Reguema	1,09	0,003	25°,6
Sidi Adjeni	0,512	0,0016	35°,6

Je mets en parallèle avec ces chiffres les teneurs en soufre des plus réputées de nos stations françaises :

Amélie	0,05
Bagnères	0,015
Barèges	0,01
Eaux-Bonnes	0,012
Eaux-Chaudes	0,003
Challes	0,24
Luchon	0,013
Le Vernet	0,01

Ces eaux sont toutes utilisées en bains. Les Arabes en boivent quelquefois, mais aucune n'est embouteillée pour l'usage au loin ou n'est employée à des pulvérisations ou à du humage ; il est cependant hors de doute que l'on aurait avec ces eaux les mêmes succès qu'avec les eaux européennes ; il est à souhaiter que l'installation nouvelle que l'on se propose de faire pour la plus importante d'entre elles, H. Salahin, soit pourvue de tous les perfectionnements de l'hydrothérapie moderne et puisse servir de modèle pour les installations plus modestes des autres stations sulfureuses.

Mais l'emploi des eaux sulfureuses, précisément à cause de leur activité, demande à être rationnellement dosé. On sait que, dans les stations européennes même, leur vogue a fléchi un moment à cause des poussées congestives qu'elles provoquaient et qui demandaient à être surveillées. C'est donc surtout pour l'opportunité du traitement interne par ces eaux et pour leur mode d'administration que des conseils médicaux éclairés seront particulièrement importants.

HAMMAM SALAHIN

Cette source importante sort à 8 kilomètres de Biskra dans les dunes qui sont au nord-ouest de cette ville, à une altitude de 135 mètres. Cette station est certainement appelée à un grand avenir, tant à cause de sa riche minéralisation que de la proximité de la capitale des Zibans, qui est chaque année de plus en plus fréquentée comme point d'hivernage.

Fig. 47. — H. Salahin : Vue d'ensemble.

La source a un débit considérable évalué à 1.380 litres par minute ; elle débouche dans un bassin en maçonnerie qui lui sert de réservoir et a 4 mètres de long sur 3 mètres de large et $0^m,6$ de profondeur. L'eau est claire au moment où elle sort, mais devient presque immédiatement laiteuse au contact de l'air ; on trouve dans le réservoir d'abondantes sulfuraires.

Il serait important que ce réservoir soit mis à l'abri de l'air ; il suffirait pour cela de le fermer avec une glace épaisse. L'air non seulement peut polluer la source, mais surtout il oxyde tout ou partie du soufre qui y est contenu.

La question deviendra surtout importante lorsque l'on se proposera de transporter l'eau jusqu'à l'oasis des Beni Mora. Il sera alors indispensable, pour que l'eau ne s'altère pas en route, qu'elle ait été complètement soustraite au contact de l'air.

J'ai constaté à la sortie de l'eau une température de $44°,9$.

Une analyse de M. Morin lui attribue comme composition :

Soufre des sulfures	$0^{gr},006$
Résidu sec	$9^{gr},247$
Ca	$0^{gr},3996$
Mg	$0^{gr},0530$
Na	$2^{gr},947$
CO^3	$0^{gr},2481$
SiO^3	$0^{gr},072$
SO^1	$1^{gr},547$
Cl	$3^{gr},918$

De mon côté l'analyse que j'ai faite m'a donné les résultats suivants :

Soufre des sulfures (dosé sur place) S	0,0035
Résidu sec à 160°	9,060
— au rouge	8,860
Ca	0,3578
Mg	0,0511
Na	2,8651

$$K \dots\dots\dots\dots\dots\dots\dots\dots \quad 0,0410$$
$$Fe^2O^3 + Al^2O^3 \dots\dots\dots\dots \quad 0,0040$$
$$CO^3 \dots\dots\dots\dots\dots\dots\dots \quad 0,1627$$
$$SiO^3 \dots\dots\dots\dots\dots\dots\dots \quad 0,0531$$
$$SO^4 \dots\dots\dots\dots\dots\dots\dots \quad 1,3531$$
$$Cl \dots\dots\dots\dots\dots\dots\dots\dots \quad 3,9192$$

Il existait depuis longtemps un petit établissement thermal situé à côté des sources et se composant de cinq cabines renfermant chacune une

Fig. 48. — H. Salahin : La source et les piscines indigènes.

piscine ; il est actuellement réservé aux indigènes. C'est lui que l'on voit dans le fond de la figure.

En 1900, la compagnie de l'Oued Rir, qui avait affermé là concession des sources moyennant un loyer annuel de 7.500 francs, a fait construire un élégant établissement, de style arabe, à l'usage des Européens. Celui-ci renferme deux piscines et huit salles de bains faisant face à l'ancien établissement, dont il est séparé par une cour où se trouve le réservoir de la source. Les piscines sont à eau courante ; les baignoires peuvent être vidées en trois minutes et remplies en cinq ; chacune peut donc servir à un grand nombre de bains dans la matinée ; enfin, à côté de chaque piscine ou de chaque cabine de bains, se trouve un vestiaire.

Sur le devant de l'établissement, il y a une salle à manger, un grand salon et, à l'étage supérieur, six chambres à coucher ; mais la plupart des baigneurs préfèrent habiter Biskra, d'autant plus que Hammam Salahin est relié à la ville par un service régulier de tramways.

L'établissement est prospère ; on y compte vingt-cinq baigneurs européens par jour en moyenne, du 1er janvier au 1er mai ; le prix des bains varie de 1 franc à 1 fr. 50.

En outre, l'établissement indigène donne pendant l'hiver une moyenne de quarante bains par jour, pour lesquels il est perçu une redevance de 0 fr. 25 ; pendant l'été, le hammam indigène est encore beaucoup plus fréquenté.

Cependant la compagnie songe à transformer l'établissement en faisant venir l'eau par une conduite souterraine jusqu'à l'oasis des Beni Mora, située à la porte même de la ville de Biskra. Elle espère de cette façon développer beaucoup sa clientèle européenne, et le trop-plein des eaux serait utilisé pour l'irrigation de l'oasis. L'établissement actuel serait conservé et servirait exclusivement aux indigènes. Il serait bon, dans ce cas, de doter le nouvel établissement de toutes les ressources de l'hydrothérapie moderne, salles de douches, de pulvérisation, de humage, en rapport avec la nature sulfureuse de l'eau.

Les maladies de la peau, l'arthritisme, la syphilis, le lymphatisme et la scrofule sont les maladies le plus habituellement traitées à H. Salahin.

Le jour où l'installation hydrothérapique le permettrait, les tuberculoses pulmonaires ou laryngées pourraient y être soignées ; ce jour-là, H. Salahin deviendrait une station unique au monde, offrant aux malades une eau des plus actives, une installation bien comprise, combinée avec un point d'hivernage dont la température et l'ensoleillement sont uniques en Algérie.

Dr SERIZIAT, *Étude sur l'Oasis de Biskra*, 1868.

Dr PARIS, « Hammam Salahin, source thermosulfureuse près de Biskra » (*Gaz. méd. Algérie*, 1868).

Dr DICQUEMARE, *Étude sur Biskra comme station hivernale et station thermale.*

Dr ALIX, « Note sur Biskra considéré comme station thermale d'hiver » (*Gaz. méd. Alg.*, 1873).

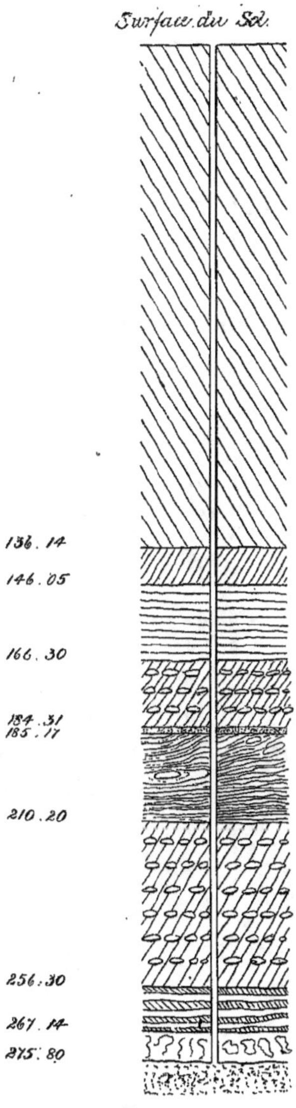

FIG. 49. — Selama : Coupe du terrain.

La source Selama est située sur la commune de Saint-Leu, et au bord du lac Mouila, à 3 kilomètres de Port-aux-Poules, à 28 kilomètres de Mostaganem et à 55 kilomètres d'Oran. Elle n'est qu'à 4 kilomètres de la gare.

Elle se distingue de toutes les sources que nous avons vues en Algérie en ce que c'est une source de grande profondeur. C'est en forant des puits pour la recherche du pétrole que le propriétaire, M. Armitage, a rencontré, environ à 272 mètres, une nappe sous pression, véritable puits artésien, qui amène au jour l'eau mélangée de gaz. L'eau est incrustante, fortement chargée de carbonate de chaux ; aussi les tuyaux du puits artésien se bouchent fréquemment, prin-

cipalement à la sortie. Déjà, lors de ma visite, un deuxième puits avait
été foré à proximité du premier, et j'ai appris depuis que le tubage avait
dû être refait, le premier ayant été rongé par le gravier, qui est en-
traîné en abondance par l'eau.

Au sortir du puits, celle-ci se rend dans un réservoir placé à 20 mètres
de hauteur et qui alimente l'établissement. L'eau sort, en effet, avec
trop de force et trop irrégulièrement des tuyaux pour que l'on puisse
l'utiliser directement.

Le débit est donc variable, on l'évalue à une moyenne de $37^l,5$ par
minute ; bien entendu, il dépend de l'état du tubage. La température
oscille également entre 35 et 37°. Ces variations semblent dues au
refroidissement occasionné par le départ brusque des gaz.

. Voici deux analyses de cette eau, dues au professeur Pouchet et au
service des mines.

	POUCHET	MINES
Ca	1,137	0,620
Mg	0,574	0,348
Na	3,841	3,998
CO_3	1,687	1,200
SiO_3	0,180	0,1242
SO_4	2,334	2,490
Cl	5,903	6,623

Nous avons fait à notre tour un prélèvement de cette eau ; les
dosages d'acide carbonique et d'hydrogène sulfuré ont été faits à la
source même, les autres par M. Meillère, au laboratoire de l'Académie
de médecine ; nous avons trouvé :

Température	35°,5
CO_2 libre et faiblement combiné	$4^{gr},175$
S	0,0002
Ca	0,760
Mg	0,546
Na	3,605
Li	0,006

CO³ neutre 1,050
SiO³ 0,150
BoO³ 0,050
SO¹.. 2,550
Cl 5,630

On remarquera dans cette analyse la présence d'une dose très élevée de gaz carbonique et la très faible teneur en acide sulfhydrique ; ces eaux ont cependant une odeur sulfureuse très marquée, l'acide s'y trouvant déplacé par l'abondance du gaz carbonique.

Il importe de signaler la présence à dose élevée de l'acide borique ; on sait que celui-ci est rare dans les eaux minérales ; nous ne l'avons rencontré dans aucune autre eau algérienne ; il est vrai que celle-ci a une origine toute spéciale.

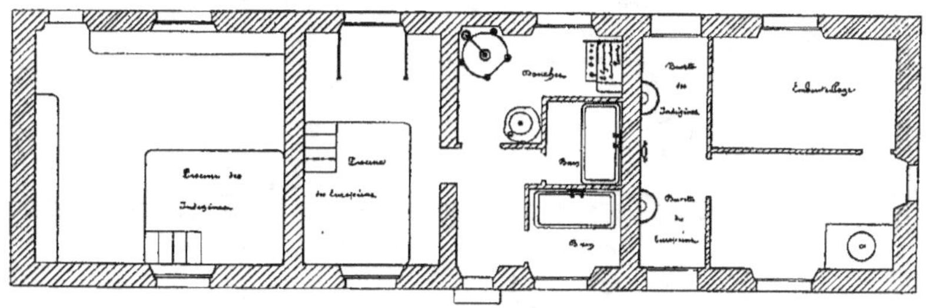

Fig. 50. — H. Selama : Établissement thermal.

Il existe un établissement thermal comprenant : deux piscines dont une est réservée aux indigènes, deux cabines avec baignoires, une douche en cerceau, une douche en jet, une douche en pluie, une douche ascendante, une buvette pour l'eau, et une pièce réservée à l'embouteillage. Celui-ci est bien effectué, n'utilisant que des bouteilles neuves.

Le trop-plein des eaux se rend dans le petit lac Mouïla, sur le bord duquel se trouvent deux hôtels composés chacun de six chambres avec restaurant. Enfin le Dr Duzau, maire de Saint-Leu, est le médecin de la station où il fait des visites régulières pendant la saison.

Voici donc une station, entièrement due à l'initiative privée, intelligemment organisée et qui semble avoir toutes chances de succès. Malheureusement l'endroit où la source apparaît au jour ne convient guère à une station thermale. Le voisinage des marais formés par l'embouchure de la Macta rend la localité insalubre, principalement par les vents d'est qui amènent les moustiques ; enfin la localité est aride et non boisée ; aussi le Dr Duzau avait-il proposé de transporter l'eau par une canali-

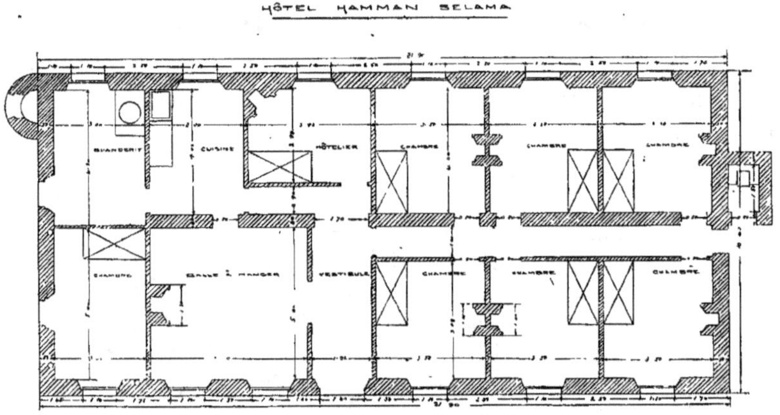

Fig. 51. — H. Selama : Plan de l'hôtel.

sation souterraine jusqu'à Port-aux-Poules, qui possède déjà un commencement de villégiature et qui est séparé des marais de la Macta par un petit bois de sapins.

De son côté M. Armitage s'est proposé de conduire cette eau souterrainement jusqu'à Arzew, distant de 16 kilomètres. Il est certain que cette dernière solution assurerait le succès de la station en même temps qu'elle rendrait un énorme service aux habitants de cette ville actuellement en pleine voie de prospérité. Mais il est à craindre que l'eau ne se refroidisse notablement pendant le trajet (M. Armitage prévoit 3°). D'autre part, l'usure rapide des tuyaux de forage se reproduira vraisemblablement sur la conduite et peut compromettre le succès de cette combinaison.

Cette source est toute récente, ayant été forée en 1899. Cependant les indigènes la connaissent déjà et s'y rendent en grand nombre, et les Européens commencent à suivre leur exemple.

L'eau de H. Selama a été l'objet d'examens bactériologiques qui ont montré qu'elle est absolument aseptique à sa sortie de la source, ce qui était à prévoir, vu sa grande profondeur ; elle se conserve parfaitement en bouteilles bien bouchées.

Fig. 52. — H. Selama : L'établissement.

Les tissus la supportent parfaitement ; en particulier les globules rouges ne sont pas hémolysés à son contact ; il est à noter qu'elle est légèrement hypertonique : $\Delta = -0,80$.

Aussi les animaux en supportent-ils des quantités considérables en injections intraveineuses. Nous avons pu ainsi en introduire $1/10^e$ du poids des animaux sans qu'ils présentent de troubles graves. Dans ces conditions les sécrétions sont augmentées, une diurèse importante se produit, et l'on observe aussi un myosis passager.

.Les courbes de la pression sanguine, celles de la respiration et des pulsations cardiaques ne sont pas modifiées d'une façon importante, à la suite de fortes injections d'eau d'H. Selama faites, soit dans les veines, soit dans le péritoine.

Comme les effets thérapeutiques constatés sur cette eau faisaient prévoir une action sur la circulation analogue à celle que l'on attribue aux eaux de Bagnoles-de-l'Orne, nous avons répété les expériences précédentes sur cette dernière eau, nous avons eu un résultat analogue.

Il est donc fort probable que les effets thérapeutiques très réels de cette eau relèvent d'actions lentes à se produire, telles que celles qui intéressent les modifications de la nutrition.

Cette eau a été essayée dans un grand nombre d'affections : sur place par le Dr Duzau, et au moyen d'eau transportée en bouteilles ou même en fûts, à l'hôpital Saint-Louis dans le service du Dr Balzer.

L'eau peut être employée à l'intérieur. A forte dose, elle est laxative à cause de la forte proportion de chlorure de sodium qu'elle renferme ; mais, à la dose de 3 verres à bordeaux espacés dans le courant de la journée, elle est stimulante et tonique, et constitue un adjuvant utile dans le traitement de la syphilis et, d'une manière générale, chez tous les sujets débilités et anémiques.

Le traitement externe employé sur place convient à tous les justiciables des eaux sulfureuses à thermalité élevée, rhumatismes chroniques, sciatiques, entorses, etc. Ces eaux paraissent avoir en outre une action manifeste sur la circulation périphérique et auraient des applications analogues à celles de Bagnoles-de-l'Orne : les phlébites, les varices, seraient rapidement améliorées par son emploi.

Enfin, le traitement externe a donné de bons résultats, sous forme d'application de compresses trempées dans l'eau minérale, dans des affections cutanées diverses : l'acné, l'eczéma, le prurigo cèdent à ce mode de traitement.

AIN NOUISSY

L'établissement de Aïn Nouissy, dont on a fait par corruption Noisy-les-Bains, est situé à 21 kilomètres de Mostaganem et à 24 kilomètres de Perrégaux. Le chemin de fer projeté de Mostaganem à Arzew passera à proximité. A l'heure actuelle, la station est desservie par la diligence de Mostaganem à Perrégaux.

Fig. 53. — Aïn Nouissy : Les sources.

Le débit de la source est minime ; il est indiqué par le service des mines comme atteignant 11 litres à la minute, mais est certainement plus faible. Péhéa lui a trouvé, en 1866, une température de 28°. Ici encore la diminution est notable : je n'ai trouvé que 20°,2. Je crois qu'un captage bien fait dans la nappe souterraine aurait le double résultat d'améliorer le débit de l'eau et d'augmenter sa température, d'autant plus que de nombreux suintements d'eau minérale se produisent tout autour.

L'eau est chlorurée sodique et sulfureuse. Un dosage fait à la source nous a donné :

$$S = 0,0049 \text{ par litre.}$$

Voici la composition de l'eau :

Résidu sec	14^{gr},765
Ca	0,2238
Mg	0,0575
Na	5,4800
$Fe^2O^3 + A^2lO^3$	0,0025
SiO^3	traces
Matières organiques	0,0042
CO^3	0,1722
SO^4	0,1710
Cl	8,6557

En même temps que l'eau, il se dégage de nombreuses bulles de gaz formées par de l'azote pur. Elles proviennent sans doute de l'air dont l'oxygène a été fixé par le sulfure alcalin.

Cette minéralisation, riche en acide sulfhydrique et en chlorure de sodium, la proximité de villes très peuplées telles que Mostaganem, Arzew et même Oran, assurerait à Aïn Nouissy une place importante dans l'hydrologie médicale de l'Algérie, si elle n'était paralysée par son débit insuffisant. J'ai déjà dit qu'il me paraît possible de l'augmenter par des recherches souterraines ; mais, à l'heure actuelle, le tenancier en est réduit à recueillir l'eau pendant la nuit dans un réservoir de 6^{cm3},6 et augmenter ainsi sa provision.

L'eau n'a guère qu'une température de 20° et n'est pas assez chaude pour pouvoir être utilisée telle que; aussi la fait-on passer par un réchauffeur, ce qui risque de lui faire perdre tout au moins son hydrogène sulfuré. Il me paraîtrait préférable de la mélanger au moment de s'en servir avec de l'eau ordinaire très chaude; un tiers d'eau bouillante suffirait pour porter sa températnre à 39°. Sa minéralisation élevée permettrait cette dilution que le faible débit de la source doit imposer de temps en temps.

Fig. 54. — Aïn Nouissy : L'établissement.

L'établissement est des plus médiocres, très ancien, et aurait besoin d'être renouvelé et mis au courant de l'hydrothérapie moderne. Il comprend une piscine et six baignoires. Il faudrait, en outre, des appareils à douches et une salle de humage; l'eau, étant trop chlorurée sodique, serait irritante en pulvérisation.

La station d'Aïn Nouissy est très fréquentée par les indigènes qui l'appellent l'*eau miraculeuse;* elle reçoit en outre quelques Européens envoyés surtout par les médecins de Mostaganem. La plupart viennent chaque jour par la diligence pour suivre leur traitement ; toutefois trois chambres sont à la disposition de ceux qui préfèrent y séjourner.

Le traitement donne de beaux résultats dans le traitement des maladies cutanées chroniques, les rhumatismes, les engorgements viscéraux, notamment ceux du foie, et dans les manifestations syphilitiques.

Les affections pulmonaires, fréquentes, paraît-il, à Mostaganem, pourront y être traitées dès que l'installation sera un peu plus confortable[1].

1. Péhéa, pharmacien major, « Les eaux minérales d'Aïn Nouissy » (*Gaz. méd. Alg.*, 1866).

HAMMAM ZAÏD

Le Hamman Zaïd est une station appelée à devenir très importante.
Elle est située sur la commune mixte de Souk Ahras, Douar Ouled Dris
à 18 kilomètres de Souk Ahras, et est reliée à cette ville par la route
départementale de la Calle. L'établissement est encore à 1 kilomètre
et demi de cette route ; mais un chemin, récemment ouvert et praticable
en voiture, en facilite l'accès.

Les sources sont assez nombreuses et contiguës ; elles sont renfermées
dans un espace clos de mur. Les quatre principales ont des températures de : 39° ; 40°,1 ; 39° ; 41°,4.

Elles se réunissent toutes en un ruisseau unique, coulant à l'air libre,
et servant à alimenter l'établissement.

Cazelmann en a publié l'analyse suivante :

Chlorure de calcium	0,416
— magnésium	0,030
— sodium et potassium	0,017
Sulfate de calcium	0,591
Soufre des sulfures	traces
	1,054

ce qui correspond à :

Ca	0,320
Mg	0,009
K, Na	0,006
SO^4	0,420
Cl	0,299

lui assignant une température de 39° avec un débit de 300 litres par minute. Il en fait une eau sulfatée calcique, tandis que nos constatations nous conduisent au contraire à la considérer comme une eau sulfureuse.

Nous avons trouvé, en effet, dans des dosages d'acide sulfhydrique faits à la source même sur les diverses émergences, des chiffres à peu près constants dont la moyenne est :

$$S = 0,0070 \text{ par litre.}$$

L'analyse complète a donné :

Résidu sec à 160° 1,046

Ca...............................	0,1781
Mg	0,0355
Na	0,1600
K................................	0,0017
Li...............................	0,0054
$Al^2O^3 + Fe^2O^3$	0,0010
CO^3............................	0,1439
SiO^3...........................	0,0221
SO^4............................	0,0534
Cl	0,3550
S	0,0070

On voit combien cette analyse diffère de la précédente, surtout par la diminution de la chaux et de l'acide sulfurique et l'augmentation de la soude et de l'acide carbonique.

Il existe un établissement balnéaire qui serait suffisant, mais qui n'est pas proprement tenu ; espérons qu'un nouveau tenancier, qui venait seulement de s'installer quand nous y avons été, aura à cœur de mieux tenir l'établissement.

Celui-ci se compose d'un bâtiment situé à une centaine de mètres des sources et comprenant quatre piscines ayant chacune environ

3 mètres de côté sur 1 mètre de profondeur. Elles sont à eau courante et peuvent en outre être vidées complètement par un trou de bonde pratiqué dans le fond.

Deux de ces piscines sont réservées aux Européens et deux aux indigènes ; à côté de chacune d'elles se trouve une antichambre formant vestiaire. L'établissement est suffisant ; il serait seulement utile d'y

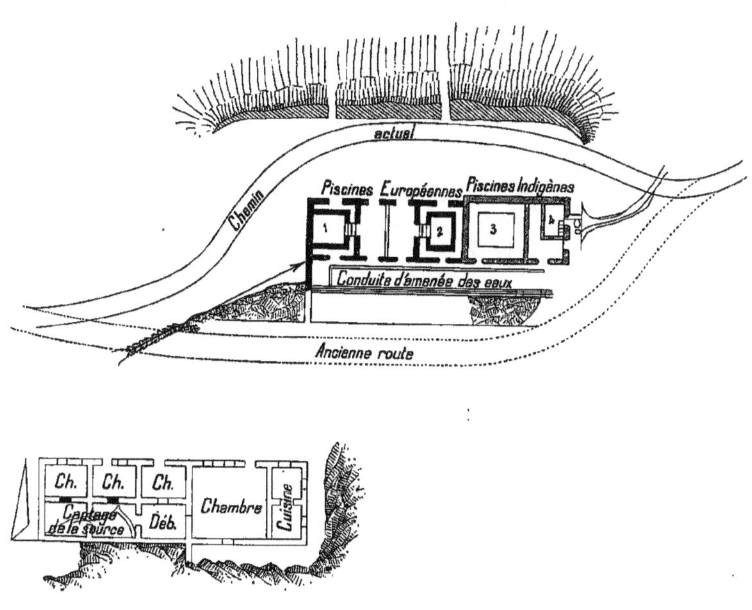

Fig. 55. — H. Zaïd : Plan général.

annexer une douche, ce que le niveau relativement élevé des sources rendrait très facile.

Enfin un petit hôtel situé à côté contient une salle à manger et cinq chambres qui se louent entre 1^{fr},50 et 3 francs par jour.

Nous y rencontrons les clients habituels des stations sulfureuses à thermalité élevée : rhumatismes, sciatiques, dermatoses sèches, syphilis, arthrites. La station paraît très fréquentée : on compte, en effet, sur une moyenne de cent malades par jour, indigènes pour la plupart. Ce chiffre ne paraît aucunement exagéré : au moment où nous avons visité les piscines, treize Arabes s'y trouvaient réunis, et ce n'était ni l'heure ni la saison de la grande affluence.

Voici certainement l'une des sources les plus curieuses de l'Algérie
en même temps qu'une des plus actives. Je ne connais aucune autre

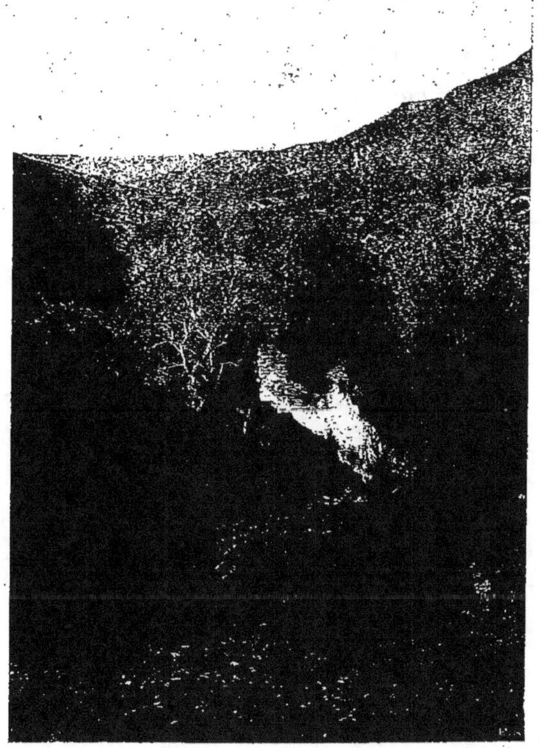

Fig. 56. — Aïn Mentila.

source qui puisse lui être comparée pour la richesse de la minéralisation.

Elle est cependant inutilisée, faute de toute installation, et surtout par manque de chemins d'accès.

Elle est située dans une gorge des plus sauvages et très boisée, dans le douar commune d'Ouadane, environ à 25 kilomètres d'Ammi Moussa, à laquelle elle n'est reliée que par un mauvais sentier. La source est située tout à fait sur le bord de l'Oued Tlela, et, paraît-il, de nombreuses infiltrations chaudes ont lieu dans le lit même de l'oued. Lors de notre visite, celui-ci roulait de l'eau abondamment, et nous n'avons pu constater l'importance de ces infiltrations. Le débit de la source est faible, évalué à 6 litres par minute; mais, d'après ce que nous venons de dire, un captage l'augmenterait notablement. Voici la composition que lui attribue une ancienne analyse du service des mines :

Ca.............................	0,9637
Mg.............................	0,2310
Fe.............................	traces
Al.............................	0,048
Na.............................	21,4807
CO^3.............................	0,3413
SiO^3.............................	0,0372
SO^1.............................	3,3707
Cl.............................	32,7907
S.............................	0,022
Total...............	59,2026

L'eau est légèrement alcaline (12 centimètres cubes d'acide normal par litre).

Le dosage d'acide sulfhydrique nous a donné un chiffre énorme :

$$S = 0^{gr},128 \text{ par litre.}$$

Extrait sec à 160°	60,2257
Ca.............................	1,4877
Mg.............................	0,2452
Na.............................	21,0000
Fe + Al.............................	0,0242

$$CO_3 \ldots\ldots\ldots\ldots\ldots\ldots\ldots\ldots\ldots\quad 0,4353$$
$$SiO_3 \ldots\ldots\ldots\ldots\ldots\ldots\ldots\ldots\quad 0,0299$$
$$SO_4 \ldots\ldots\ldots\ldots\ldots\ldots\ldots\ldots\ldots\quad 3,7757$$
$$Cl \ldots\ldots\ldots\ldots\ldots\ldots\ldots\ldots\ldots\quad 32,7089$$
$$Br\,I \ldots\ldots\ldots\ldots\ldots\ldots\ldots\ldots\ldots\quad \text{traces}$$

A l'heure actuelle, il n'existe aucun vestige d'installation : un trou de 2 mètres de diamètre creusé dans le sable, avec une ceinture de pièrres mal jointes, constitue toute la piscine qui est recouverte de branchages entrelacés.

Et cependant, avec une telle minéralisation, la source est d'une efficacité certaine. Les indigènes s'y rendent très nombreux pendant la belle saison, surtout le mercredi, y amènent leurs malades, bêtes et gens, qui s'y baignent tour à tour. Ils y font rarement un séjour de longue durée, et l'utilisent dans les maladies de peau et surtout dans le traitement de la syphilis où elle s'est acquis une grande réputation.

Un projet d'aménagement a été établi il y a quelques années, par le service des ponts et chaussées, et n'a été retardé que par l'état précaire des finances de la commune. Il importe qu'il soit repris et qu'il aboutisse. Les cures nombreuses que produira certainement cette eau conduiront, dans un avenir prochain, à construire une route y donnant accès, et à y aménager un établissement pour les Européens.

HAMMAM BERROUAGHIA

Ces sources importantes sont situées à 6 kilomètres de la gare de
Berrouaghia, à laquelle elles sont reliées par une route carrossable bien
entretenue. Elles sont à une altitude de 900 mètres environ, dans un
ravin profond, au milieu d'une végétation luxuriante.

Fig. 5 . — H. Berrouaghia : Vue d'ensemble.

Le voisinage d'une petite ville qui prend de l'importance chaque jour,
et sa situation à la tête d'une des grandes lignes de pénétration dans le

Sud assurent au H. Berrouaghia une importance que justifient l'abondance et l'importance de ses eaux.

Il existe deux sources : la plus faible a une température de 35° : elle jaillit au fond d'un bassin de forme circulaire ayant 3 mètres de diamètre sur 1^m,50 de profondeur.

Le trop-plein de ce bassin s'écoule au dehors par une ouverture pratiquée dans le mur et par une canalisation grossière bordée de larges dalles plates. Sur ces dalles, les indigènes, moyennant une légère rétribution, viennent laver leurs vêtements de laine. L'eau, alcaline et sulfureuse, leur communique une blancheur spéciale.

L'analyse a donné les résultats suivants :

Soufre des sulfures	0,001
Extrait sec à 160°	1,22
Ca	0,0271
Mg	0,035
K	0,0392
Na	0,3705
Fe	0,00002
Al	
CO_2 libre et bicarbonates	0,1167
CO_3 des carbonates neutres	0,2472
SO_4	0,3008
SiO_3	0,066
Cl	0,2825

Le bassin de la source, entouré d'un mur en terre et recouvert d'un toit rudimentaire, n'est accessible aux baigneurs que moyennant une modique rétribution de 0 fr. 10.

La deuxième source est plus importante ; son débit est de 60 litres environ à la minute, sa température de 44°. Elle s'échappe de la roche par une fente de 20 centimètres pratiquée dans une grotte, puis suit un couloir souterrain qui vient déboucher dans la piscine. Plus loin, ce couloir continue ; c'est là que les Arabes viennent faire leurs dévotions à Sidi Sliman ; aussi cet endroit est-il parsemé d'amulettes, de touffes de cheveux, de bouts de chandelles, etc.

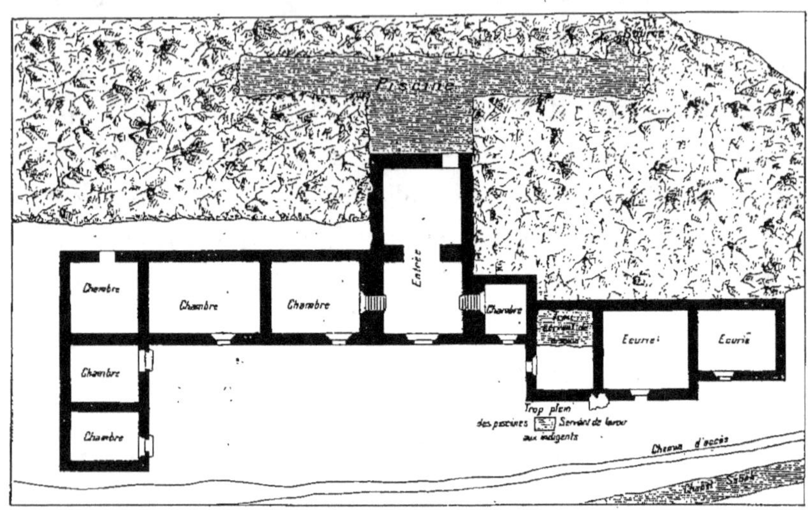

Fig. 58. — H. Berrouaghia : Plan de l'établissement.

L'analyse de cette source a été faite en 1900 par M. Tingry ; elle lui a donné :

Acide carbonique libre	0,008
S	0,0012
Ca	0,0456
Mg	0,0171
Na	0,408
$Fe^2O^3 + Al^2O^3$	0,005
SO^4	0,059
CO^3 des carbonates neutres	0,3333
SiO^3	0,006
Cl	0,3162
Matières organiques	0,005
Nitrates	traces faibles

De notre côté nous avons trouvé :

$$S \dots\dots\dots\dots\dots\dots\dots\dots\dots\dots\dots\dots\dots\dots \quad 0,0082$$

$$\text{Résidu sec} \dots\dots\dots\dots\dots\dots\dots\dots\dots\dots \quad 1,508$$

$$Ca \dots\dots\dots\dots\dots\dots\dots\dots\dots\dots\dots\dots\dots \quad 0,0371$$
$$Mg \dots\dots\dots\dots\dots\dots\dots\dots\dots\dots\dots\dots\dots \quad 0,0041$$
$$Na \dots\dots\dots\dots\dots\dots\dots\dots\dots\dots\dots\dots\dots \quad 0,4831$$
$$Fe \dots\dots\dots\dots\dots\dots\dots\dots\dots\dots\dots\dots\dots \quad 0,00016$$
$$CO_3 \text{ libre et combiné} \dots\dots\dots\dots\dots\dots \quad 1,098$$
$$SO_4 \dots\dots\dots\dots\dots\dots\dots\dots\dots\dots\dots\dots \quad 0,121$$
$$SiO_3 \dots\dots\dots\dots\dots\dots\dots\dots\dots\dots\dots\dots \quad 0,0062$$
$$Cl \dots\dots\dots\dots\dots\dots\dots\dots\dots\dots\dots\dots\dots \quad 0,405$$

Il s'agit donc d'une eau sulfureuse sodique, assez fortement alcaline.

La piscine est creusée à même le rocher ; elle mesure 4 mètres sur 3 avec une profondeur de 1^m,30 ; elle n'est aucunement ventilée, en sorte que l'atmosphère, qui est à une température de 40°, est presque irrespirable, tant à cause des acides sulfhydrique et carbonique qui s'y dégagent qu'à cause de la vapeur d'eau qui y forme des buées abondantes. Au fond, se trouve le couloir qui amène l'eau et que nous avons déjà décrit ; en avant se trouve une antichambre où débouchent latéralement deux petites pièces où les baigneurs se déshabillent et se reposent après le bain.

Tous ces bâtiments sont en ruines ; le concessionnaire, qui semble retirer un profit assez élevé vu le nombre des baigneurs et la concession d'un café maure qui paraît très fréquenté, ne fait rien pour améliorer la station ; l'Administration pourrait lui imposer tout au moins d'entretenir les bâtiments et leurs abords dans un état de propreté qui en assure l'hygiène. Cela est d'autant plus important que H. Berrouaghia est spécialement fréquenté par des syphilitiques et des individus atteints d'affections cutanées, et que des contagions sont à craindre avec une telle promiscuité et des conditions matérielles aussi défectueuses.

Quant aux bâtiments, ils devraient être entièrement refaits ; l'eau qui s'écoule de l'établissement devrait servir à l'irrigation ou être conduite à la rivière, tandis qu'à l'heure actuelle elle forme à quelques mètres de la source une mare vaseuse qui est un foyer d'infection.

Dans de pareilles conditions, l'usage du H. Berrouaghia est impossible pour les Européens ; c'est d'autant plus regrettable que c'est une des rares sources sulfureuses proches d'Alger, et l'une des plus actives.

Fig. 59. — II. Berrouaghia : L'établissement.

Les indigènes sont donc les seuls clients du H. Berrouaghia, et on sait qu'ils emploient les eaux thermales pour toutes les maladies. Un figuier sacré, surchargé d'amulettes, est du reste là, planté à la porte des bains pour rappeler que pour eux l'usage des eaux est autant une pratique religieuse que thérapeutique.

Cependant le Dr Susini, médecin de colonisation à Berrouaghia, auquel sont dues les photographies de cette station, a pu réunir quelques observations de malades soignés au Hammam.

Les arthropathies, les rhumatismes, sont, là comme ailleurs, justiciables de l'hyperthermalité de l'eau et du soufre qu'elle contient; mais ce sont surtout les affections cutanées qui y sont améliorées.

Le psoriasis, l'impétigo, le sycosis ont été utilement combattus par l'usage des bains seuls ; les traitements appropriés et habituels de la gale, du favus, ont paru plus actifs quand les frictions médicamenteuses étaient précédées de bains de 20 à 30 minutes ; dans l'eau sulfureuse, les bains décapaient les lésions et les préparaient à l'action de l'agent thérapeutique.

Mais c'est surtout dans le traitement de la syphilis que l'usage des eaux, associé au mercure, a donné au D'Susini des résultats importants. Comme je l'ai fait remarquer dans l'introduction (p. 76), le mercure est mieux toléré, et bien qu'il ne rapporte par le détail aucune observation, le D' Susini dit n'avoir eu qu'à se louer de cette pratique thérapeutique.

Enfin, il a eu de bons résultats de l'emploi de l'eau dans la pharyngite granuleuse, dans l'ozène; mais l'absence de toute installation spéciale ne permet guère d'obtenir tous les résultats que l'on serait en droit d'attendre dans le traitement de ces affections.

La médecine vétérinaire utilise aussi les eaux du H. Berrouaghia ; les indigènes y mènent leurs chevaux, leurs chiens atteints de maladies de peau. Là encore, il serait utile d'avoir une piscine réservée aux animaux ; il serait facile de l'alimenter avec le trop-plein de la source.

1. D' DE SANTIVALLE, *Les eaux thermales de Berrouaghia*, 1853.
2. D' SUSINI, *Notice sur les eaux chaudes du H. Berrouaghia*, 1909.

HAMMAM KSENNAH

Le Hammam Ksennah est situé au milieu de la forêt de ce nom, sur la commune mixte d'Aïn Bessem, Douar el Berdi, à peu près à égale distance (35 kilomètres) de Bouïra, d'Aumale et d'Aïn Bessem.

Fig. 60. — H. Ksennah : Le passage de la rivière.

Cette station, très intéressante, est malheureusement peu accessible ; aucune route n'y mène, et le sentier le plus praticable traverse 14 fois la rivière à gué, en sorte que la moindre crue en rend l'accès impos-

sible. Deux années de suite, je n'ai pu parvenir à la station à cause des
crues de l'Oued.

La station elle-même est située dans une clairière de la forêt, au
fond d'un cirque formé par des rochers assez abrupts et sur le bord de
l'Oued el Hammam. Sur les collines du côté est, 4 groupes de sources
fournissent en abondance l'eau thermale, ce sont : Hammam M'Zara ;
Aïn el Djerab ; Aïn Ecchine ; Aïn el Halfa.

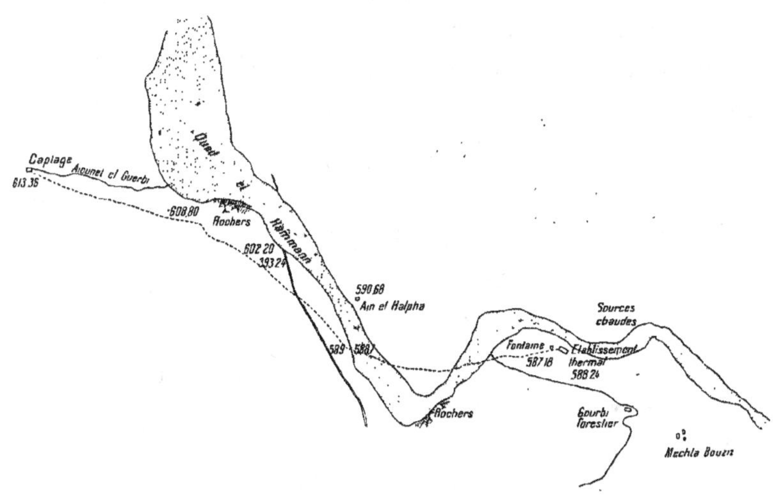

Fig. 61. — Ksennah : Plan.

Le Dr Lestage a publié un travail sur les eaux du Ksennah, qui ont
été analysées par MM. Amsler et Perron, mais nous n'avons pu retrouver sous le même nom qu'une seule des sources qu'il décrit, l'Aïn el
Djerab. Ainsi l'Aïn el Kebir et l'Aïn Srir n'ont pu nous être indiqués ;
il est vraisemblable que l'Aïn el Kebir représente H. M'zara, qui est la
source principale ; il est encore à remarquer que les températures et
les compositions des sources ont changé depuis la visite du Dr Lestage,
comme le montrent les chiffres suivants : .

		TEMPÉRATURE	S	RÉSIDU SEC
Aïn el Kébir / Aïn Srir	Lestage.	58°,2	0,160	4,656
Aïn M'Zara / Aïn el Halfa	Hanriot	54°,8 / 71°	0,0058 / 0,0053	5,460 / 5,470

H. M'Zara. — La source est située sur la rive gauche de l'Oued, environ à 30 mètres d'élévation. Quatre émergences principales sortant au-dessus d'un travertin ont été captées et réunies. L'eau est amenée à l'établissement par une conduite en fonte de $0^m,18$, qui traverse l'Oued sous une garniture de maçonnerie.

La température au captage est 54°,8, et à l'établissement 50°,9. L'eau est très abondante. Un dosage d'acide sulfhydrique a donné :

$$S = 0,0058.$$

Voici les résultats de l'analyse complète :

Résidu sec à 160°.....................	5,460
— au rouge.....................	5,230
Ca	0,4020
Mg.....................	0,0662
Na.....................	1,505
K.....................	0,0032
$Fe^2O^3 + Al^2O^3$.....................	0,0030
CO^3.....................	0,0847
SiO^3	0,0632
SO^4	0,6950
Cl.....................	2,485
Lithium.....................	0,0024

Je mets en regard l'ancienne analyse du Dr Lestage, bien que, je le répète, il n'est pas certain qu'elle s'applique à la même source.

Résidu sec.....................	4,656
Ca	0,8799
Mg.....................	0,120
K.....................	0,132

Na................................	0,335
CO^3................................	1,910
SiO^3................................	pas de traces
SO^1................................	0,967
Cl................................	0,300

On voit que le sulfate de calcium a été en partie remplacé par du chlorure de sodium.

Fig. 62. — Ksennah : Établissement.

L'établissement, situé sur la rive droite de l'Oued, est tout récemment construit. Très élégant, de style mauresque, éclatant de blancheur sous sa peinture à la chaux, il se compose d'un pavillon central surmonté d'une coupole et flanqué de deux ailes.

Le pavillon central comprend une pièce d'entrée où débouche la canalisation de l'eau. Celle-ci est distribuée par un système de vannes aux différentes piscines, qui sont également dans le pavillon central. Elles sont au nombre de trois, mesurant $2^m,4 \times 1^m,4$. Ces piscines sont doublées de dalles en verre cannelées, disposition très élégante qui doit contribuer à les maintenir propres.

Les piscines ne sont pas à eau courante : à l'arrivée à l'établissement, l'eau marque 50°,9, température trop élevée pour en permettre l'utilisation directe. On remplit donc la piscine et on y laisse refroidir l'eau, ce qui exige une heure au moins ; il s'ensuit que le nombre des bains que l'on peut donner chaque jour se trouve fort réduit. Il serait très utile, quand la station sera alimentée en eau froide, qu'une prise fût réservée à chaque piscine ou au moins à la salle de distribution, en sorte que l'on puisse, par mélange, obtenir immédiatement une eau à température convenable.

L'aile de droite comprend deux chambres de repos destinées aux baigneurs ; l'aile de gauche, une chambre et une cuisine réservées aux Européens.

Les environs n'offrent aucune ressource ; un poste forestier indigène est seul à peu de distance ; les Arabes apportent généralement leurs tentes et campent aux alentours ; les Européens n'ont que la ressource de la chambre que nous avons mentionnée plus haut.

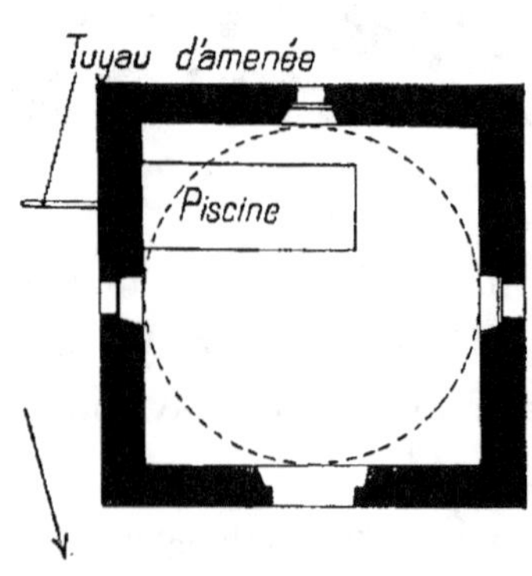

Fig. 63. — Ksennah-Djerab : Plan.

Il est question de faire venir à l'établissement l'eau de la source « el Guerbi », située à 1.500 mètres de là. C'est, paraît-il, une eau potable de bonne qualité qui compléterait l'installation hygiénique de la station (voir p. 131).

Aïn el Djerab. — La source Aïn el Djerab est située environ à 500 mètres de la précédente, au fond d'un petit ravin très encaissé. Elle est captée et amenée par une canalisation d'une centaine de mètres à un petit établissement distinct comprenant une chambre unique surmontée d'une coupole et contenant une piscine mesurant 2 mètres de longueur sur 1 mètre de large. La température

Fig. 64. — Ksennah : H. Djerab.

de l'eau au captage est 45°. Arrivée à la piscine, elle n'a plus que 40°,8. Un dosage d'acide sulfhydrique nous a donné :

$$S = 0,0115.$$

Elle a cependant une composition saline très analogue à celle de H. M'zara.

Résidu sec à 160°....................	5,440
— au rouge..................	5,220
Ca....................................	0,4185
Mg...................................	0,0691
Na....................................	1,4023
K.....................................	0,0056
Li....................................	0,0016

$$Fe^2O^3 + Al^2O^3 \dots\dots\dots\dots\dots\quad 0,0030$$
$$CO^3 \dots\dots\dots\dots\dots\dots\dots\quad 0,0974$$
$$SiO^3 \dots\dots\dots\dots\dots\dots\dots\quad 0,0632$$
$$SO^4 \dots\dots\dots\dots\dots\dots\dots\quad 0,6992$$
$$Cl \dots\dots\dots\dots\dots\dots\dots\dots\quad 2,4992$$

Cependant sa température différente et son chiffre plus fort en soufre lui assignent une origine et des propriétés thérapeutiques spéciales. Son nom même (source des Galeux) montre que les indigènes ont su, en dehors de toute analyse, utiliser sa forte teneur en soufre pour le traitement de la gale et des affections cutanées.

Aïn-Ecchine. — Au nord de la source M'Zara, la colline devient à pic, et la source Aïn el Ecchine sort directement d'une fente du rocher à une dizaine de mètres de hauteur au-dessus du sentier qui surplombe l'Oued el Hammam. On avait maçonné dans ces rochers un tuyau de fonte formant une saillie de 2 mètres environ et qui transformait cette source en une cascade à pic.

Quelques mètres plus bas, une clôture en planches, sans toit, permettait au baigneur de recevoir cette douche improvisée. La température de l'eau, recueillie au niveau du chemin était de 37°,9. Cette source est donc vraisemblablement celle que le Dr Lestage a désignée sous le nom d'Aïn Meskine et à laquelle il attribue une température de 38°. C'est la moins sulfureuse ; nous avons trouvé :

$$S = 0,0025.$$

Résidu sec à 160° 5,430
—   au rouge 5,160

$$Ca \dots\dots\dots\dots\dots\dots\dots\quad 0,3778$$
$$Mg \dots\dots\dots\dots\dots\dots\dots\quad 0,0682$$
$$Na \dots\dots\dots\dots\dots\dots\dots\quad 0.5039$$
$$K \dots\dots\dots\dots\dots\dots\dots\dots\quad 0,0068$$
$$Li \dots\dots\dots\dots\dots\dots\dots\dots\quad 0,0056$$
$$Al^2O^3 + Fe^2O^3 \dots\dots\dots\dots\dots\quad 0,0030$$

$$CO_3 \ldots\ldots\ldots\ldots\ldots\ldots\ldots\ldots\ldots \quad 0,1616$$
$$SiO_3 \ldots\ldots\ldots\ldots\ldots\ldots\ldots\ldots\ldots \quad 0,0872$$
$$SO_4 \ldots\ldots\ldots\ldots\ldots\ldots\ldots\ldots\ldots \quad 0,6910$$
$$Cl \ldots\ldots\ldots\ldots\ldots\ldots\ldots\ldots\ldots \quad 2,4850$$

Le soir de notre visite, nous avions couché dans un gourbi à côté du hammam, et avons été réveillés au milieu de la nuit par un fracas épouvantable. Une partie du rocher, sans doute miné par l'eau minérale qui suintait un peu partout, s'était éboulé, entraînant l'installation si pittoresque de la douche, dont les débris jonchaient la vallée le lendemain matin.

Il ne me paraît pas prudent de la rétablir, et cependant il serait fâcheux que les indigènes, qui apprécient fort la douche, soient privés de ce puissant moyen thérapeutique. Il serait donc bon d'annexer à l'établissement une douche en pluie ou mieux un jet de douche que la grande hauteur des sources captées rendrait facile à installer. Toutefois l'eau à 50°,9 ne saurait être utilisée directement. Il serait facile de la refroidir, soit par mélange avec de l'eau froide, soit en lui faisant traverser une longueur suffisante de tuyaux de fonte disposés en jeux d'orgue.

Aïn el Halfa. — Cette source est située à 6 ou 700 mètres en amont des précédentes, sur le bord même de l'Oued. Elle sort directement du rocher; les indigènes ont creusé dans le sable un trou pour la recevoir, et c'est dans cette piscine improvisée qu'ils se baignent.

Sa température est la plus élevée de tout le groupe; elle atteint 70°, et c'est la raison pour laquelle certains indigènes continuent à s'y baigner, malgré l'établissement confortable élevé à côté. Ils ne peuvent cependant l'utiliser qu'en la mélangeant avec l'eau de l'Oued.

L'analyse complète a donné :

$$S = 0,0053.$$

Résidu sec à 160° 5,470
  —   au rouge 5,230

Ca 0,3985
Mg 0,0704
Na 1,4416
K 0,0132
Li 0,0056
$Fe^2O^3 + Al^2O^3$ 0,0380
CO^3 0,0764
SiO^3 0,0632
SO^4 0,6992
Cl 2,5063
Lithium .... traces

Il résulte de ce qui précède que les diverses sources du Ksennah ont des compositions salines tout à fait analogues ; mais l'hydrogène sulfuré et la thermalité, qui représentent les éléments les plus actifs, diffèrent à chaque source et permettraient certainement à un médecin d'en tirer des effets variés.

On voit, en outre, que l'Administration a su réaliser un établissement d'ensemble permettant de tirer de ces eaux le maximum d'effet thérapeutique ; il ne reste plus qu'un point à aborder, la construction d'une route permettant aux Européens malades de s'y transporter. C'est la source sulfureuse la plus près d'Alger : par son abondance, sa température, la richesse de sa minéralisation, elle est certainement appelée à un grand avenir, le jour où elle sera accessible.

Quant aux maladies qui en sont justiciables, ce sont toujours les mêmes : les rhumatismes, la syphilis, les affections cutanées et articulaires, la scrofule, sont celles qui y sont le plus habituellement traitées. Mais il y aurait lieu d'en essayer l'efficacité (surtout pour la source Ecchine) dans les tuberculoses laryngées et pulmonaires. Seule l'observation pourra affirmer le succès que l'analogie de composition avec les eaux européennes permet seulement de prévoir. Tel était l'avis du Dr Rotureau, du Dr Lestage, de la Commission d'enquête médicale, en un mot de tous ceux qui ont visité celte station [1].

Aussi ne pouvons-nous qu'applaudir au choix qui a été fait de celte station pour les essais du traitement de la syphilis que j'ai mentionnés plus haut (p. 76). H. M'Zara possède un établissement bien compris, une alimentation parfaite en eau potable ; des baraquements vont y être établis pour loger les malades et, sous l'habile direction du Dr Artigues, toutes les conditions de succès seront réunies pour tenter cet essai, qui peut avoir des conséquences importantes pour le traitement de la syphilis en Algérie.

1. Gilet, « Sur l'eau d'Hammam Siam en Kabÿlie » (*Gaz. méd. Alg.*, 1860, pp. 9, 28). Dr Lestage, *Études sur les eaux thermales d'Hammam M'Zara* (Ksennah), 1890.

AÏN EL HAMMAM SIDI MOHAMED

La commune de Zemmorah possède une importante source sulfureuse, située à 15 kilomètres de Mendez et à 12 kilomètres de la demeure
du caïd des Beni Yessaad. Le pays est très accidenté et complètement
dépourvu de routes. Seul, un sentier arabe difficilement praticable conduit au hammam.

La source est située dans un ravin au fond duquel coule un oued. Son
débit est très important, environ 700 litres par minute ; sa température
est de 30°,4.

L'eau est nettement sulfureuse : un dosage fait à la source nous a
donné :

$$S = 0^{gr},032 \text{ par litre.}$$
$$\text{Alcalinité} = 8^{cc} \text{ d'acide normal.}$$

Voici les résultats de l'analyse complète :

Extrait sec à 160°................. 23,0703

Ca.................................. 1,757
Mg................................. 0,1344
Na................................. 6,9480
K.................................. 0,5950
SiO³............................... 0,0400
CO³................................ 0,1680
SO⁴................................ 3,2340
Cl................................. 10,6200

Cette eau est donc, comme celle de Mentila, une des plus minéralisées
de l'Algérie, sulfureuse, chlorurée sodique et sulfatée calcique, et vien-

drait en tête de ces deux classes d'eaux, si l'importance prépondérante du soufre au point de vue thérapeutique ne nous avait conduits à la ranger parmi les sulfureuses.

Fig. 65. — A. et H. Sidi Mohamed.

Le médecin de colonisation de Zemmorah lui reconnaît des propriétés thérapeutiques énergiques. Il a constaté son efficacité contre diverses manifestations arthritiques, contre les éruptions cutanées, les bronchites et les laryngites chroniques. Du reste, les indigènes y accourent en foule; même l'hiver, ceux du voisinage s'y rendent fréquemment; mais, l'été, plusieurs centaines d'Arabes campent continuellement aux alentours.

Il n'existe aucune installation. L'eau est collectée dans deux trous creusés dans le sol, où les indigènes se baignent et où ils font également baigner les chevaux, les mules et les bestiaux atteints d'affections cutanées. Aussi, avant la fin de la journée, le hammam est converti en une mare de boue souillée des déjections des animaux, dans laquelle les indigènes continuent quand même à se baigner.

Il y a lieu de faire cesser cet état de choses. La composition et la réputation de ces eaux valent la peine que l'on y construise un établissement. Celui-ci pourrait se composer de deux piscines, l'une pour les hommes, l'autre pour les femmes, précédées l'une et l'autre d'une salle de repos servant de vestiaire. L'eau est assez abondante pour alimenter deux piscines ; en tous cas, il serait facile d'en augmenter la quantité par un captage, car on remarque tout autour des suintements d'eau thermale.

Pour répondre aux habitudes des indigènes et préserver les piscines de la souillure, il serait bon d'établir plus bas une troisième piscine, alimentée avec le déversoir des deux précédentes, et réservée aux animaux.

On voit que le projet ci-dessus ne comporte aucune installation pour les Européens ; c'est que les voies d'accès actuelles sont impraticables pour nos malades, et que la construction de routes accessibles aux voitures devra précéder tout aménagement destiné aux colons. A ce moment, l'eau ne fera pas défaut, et un grand avenir est certainement réservé à cette station.

AIN MEKEBERTA

Cette source est située à 5 kilomètres de Mazouna, à 25 kilomètres de la gare d'Inkermann, et à 118 kilomètres de Mostaganem ; elle est reliée avec cette ville par une route carrossable. A partir de Mazouna, il n'y a

Fig. 66. — Mazouna.

plus qu'un chemin de traverse à travers les rochers et qui devient même dangereux quand les pluies ont rendu le terrain glissant.

La source sort sur le flanc d'une colline qui domine un ravin profond. Elle est fort peu abondante (on lui attribue 10 litres à la minute) et diminue, paraît-il, encore l'été ; mais aucun travail de captage n'a été effectué, et il est vraisemblable que l'on pourrait augmenter beaucoup le débit par quelques recherches.

La température de la source est 20°,5.

Un dosage d'hydrogène sulfuré fait à la source a donné :

$$S = 0,024.$$

Les glairines et barégines sont abondantes autour de la source.

Voici les résultats de l'analyse complète :

Résidu sec à 160°	6,658
Ca	0,6792
Mg	0,1904
Na	0,9420
K	0,0160
$Al^2O^3 + Fe^2O^3$	0,0108
CO^3	0,2687
SiO^3	0,0351
SO^4	3,2163
Cl	1,0062

Il existe un établissement dont les piscines sont d'origine romaine, situé environ 40 mètres plus loin ; mais il est actuellement complètement en ruines et les conduites qui amenaient l'eau sont bouchées. Il se composait de deux pièces mesurant 4 mètres de long sur 3 de large et contenant chacune une piscine. En outre, un réservoir contenant 250 litres et construit près de la source, alimentait à la fois les bains et les douches.

Cette eau paraît convenir aux maladies de peau, malgré sa faible thermalité ; mais elle est également employée en boisson pour le traitement des affections pulmonaires.

Il serait urgent de relever l'établissement tombé en ruines. Cette eau est à la fois sulfureuse et saline, et sa proximité de Mostaganem, dans une région où les eaux minérales sont peu abondantes, la signale d'autant plus à l'attention de l'Administration que le site délicieux et salubre de Mazouna lui assure une place parmi les stations estivales indispensables à la plaine brûlante du Chélif et à la région si fiévreuse de la Macta et de l'Hillil.

Du reste Mazouna est un centre indigène important, possédant une Zaouïa renommée, et l'installation d'un établissement thermal, surtout si on le relie à la ville par un chemin praticable, ne peut que contribuer au développement de la région [1].

1. X***, « Notice sur la source sulfureuse M. Keberta » (*Gaz. méd. Alg.*, 1874).

SIDI BOU ABDALLAH

Le Hammam Sidi bou Abdallah est situé dans la commune mixte de Clinchant, à 15 kilomètres de Souk el Mitou (Bellevue) et à 7 kilomètres de la gare projetée de Sidi Khettab, à laquelle on doit le relier par une route de voiture.

La source est au pied de la colline qui est presque à pic en cet endroit, sur la rive gauche de la Mina, près de son confluent avec le Chélif.

L'eau minérale sourd dans le lit même de la Mina formant quatre groupes de sources. Mais chacun des orifices qui les composent se déplace, paraît-il, à chaque crue de la rivière. Les plus importantes étaient ainsi réparties en février 1906 :

Source 1 en amont, température			50°,5
— 2 a	—	—	44°,5
— 2 b	—	—	46°
— 3	—	—	46°,5
— 4 a	—	—	46°,5
— 4 b	—	—	47°,3
— 4 c	—	—	46°,5

En outre, diverses sources, beaucoup moins importantes et à température plus basse, se rencontrent assez loin en aval, mais toujours dans le lit de la rivière.

La façon dont se déplacent annuellement les sources, la similitude de leur température et de leur alcalinité permettent de présumer qu'elles proviennent toutes d'une même nappe.

Les documents officiels lui attribuent un débit de 40 litres à la minute ; il m'a été impossible d'en faire aucune évaluation, même approximative. Au moment de ma visite, la Mina, débordée peu auparavant, venait à peine de rentrer dans son lit, et l'eau arrivait presque à la hauteur des dernières sources.

L'analyse de la source la plus chaude, qui est la plus en amont, m'a donné les résultats suivants :

S dosé à la source	0,0006
Alcalinité	4^{cm3} d'acide normal
Résidu sec	1,025
Ca	0,088
Mg	0,041
Na	0,230
CO^3	0,164
SiO^3	0,030
SO^4	traces
Cl	0,410

La quantité d'hydrogène sulfuré est très faible, et j'ai dû opérer sur 500 centimètres cubes d'eau pour avoir une réaction mesurable avec la liqueur d'iode ; toutefois je considère cet acide sulfhydrique comme étant réellement un des éléments constitutifs de l'eau. Il faut en effet remarquer que l'eau est à peine sulfatée, qu'elle ne stagne pas ; les conditions de sulfuration par réduction des sulfates ne peuvent donc être invoquées ; enfin les autres sources ont présenté sensiblement la même teneur en soufre.

Aucune installation n'existe actuellement pour l'utilisation de ces eaux ; dans la belle saison, les indigènes creusent dans le sable des trous qui constituent une baignoire primitive dans laquelle ils se plongent ; on peut concevoir la quantité d'eau qui se perd ainsi.

Cependant ces eaux sont très fréquentées : pendant huit mois de l'année, vingt à trente baigneurs s'y rendent chaque jour, et leur nombre atteint une centaine à certains moments de l'année. Les rhumatismes, la syphilis et les maladies de poitrine seraient, au dire des indigènes, améliorés par l'emploi de ces eaux.

On ne peut songer à faire à cet endroit un établissement permanent

Fig. 67. — Sidi bou Abdallah : Les sources.

à cause des crues du fleuve ; dès lors, deux solutions se présentent : la meilleure consisterait à rechercher les sources, à les capter, puis à les conduire en aval par une canalisation à un endroit à l'abri de toute inondation et où l'on pourrait construire un établissement dans la forme ordinaire. La température trop élevée de l'eau (50°) rend facile le transport à quelque distance.

La deuxième solution, beaucoup moins coûteuse, consisterait à construire, dans le lit même de la rivière, une ou deux piscines en pierres cimentées où serait reçue l'eau. Mais à chaque crue de la Mina, cette installation rudimentaire serait compromise, et devrait être nettoyée et réparée.

Quelle que soit la solution adoptée, elle doit être complétée par un abri pour les indigènes et par quelques chambres pour les colons qui s'y rendent déjà chaque année et y viendront davantage quand la gare de Sidi Khettab sera ouverte.

Cette dernière partie de l'installation doit être sur le coteau, suffisamment éloignée de la rivière dont l'insalubrité est notoire. Les sources d'eau douce ne manquent pas, paraît-il, dans la montagne ; c'est à côté de l'une d'elles que devrait être édifiée cette construction.

AIN KEBERTA

La source Aïn Keberta est située sur la commune mixte de Clinchant à 5^{km},500 de Bouguirat et à 3^{km},500 de Nouvion. Elle émerge d'un rocher calcaire presque sur le sommet de la colline.

Aucun travail n'a été fait pour protéger cette source qui sourd au fond d'une cuvette naturelle creusée dans le rocher et abritée seulement par quelques branchages.

Le débit est notable. Le questionnaire indique 40 litres à la minute ; il y a là une erreur manifeste ; le débit réel ne paraît pas dépasser 4 ou 5 litres.

Il nous a été impossible de le mesurer exactement, la source se déversant de la piscine par de nombreux orifices ; en outre il y a des infiltrations évidentes que l'on voit réapparaître un peu plus loin, et qui cessent quand on vide la cuvette.

La température, prise au fond de celle-ci, nous a donné 24°,5.

L'eau est très sulfureuse et son odeur se perçoit de loin dans la campagne ; le dosage d'hydrogène sulfuré effectué sur place nous a donné :

$$S = 0,047 \text{ par litre.}$$

Voici les résultats de l'analyse complète :

Ca	0,752
Mg	0,144
Na	0,513
CO_3	0,090
SO_4	1,957
SiO_3	0,030
Cl	0,839
Total	4,325

Les eaux sulfureuses sont rares dans cette région, et celle-ci pourrait rendre de grands services. Les indigènes ne l'apprécient guère cependant, sans doute à cause de son peu de thermalité, peut-être aussi à cause du manque de toute installation. Ils l'utilisent cependant contre les maladies de peau, chez l'homme et chez les animaux.

Ils s'en servent couramment pour laver la laine, comme en témoignent des flocons de laine et des déchets de toute sorte qui viennent souiller l'eau.

Il y aurait lieu de la capter et d'y construire une installation sommaire comprenant une piscine, de préférence à des baignoires, étant donnée la faible quantité de l'eau et sa température basse qui ne permet guère d'y rester immobile.

Mais sa composition fait prévoir des applications, soit pour l'usage interne, soit en gargarismes ; il faudrait donc réserver sur le captage une buvette permettant la prise directe de l'eau, tandis qu'à l'heure actuelle on ne peut avoir que l'eau qui sort contaminée de la piscine.

Les terrains avoisinants appartiennent, paraît-il, à l'État ; ce serait donc une condition très favorable pour édifier cette construction.

AIN BAROUD

L'Aïn Baroud est une source sulfureuse située à Mouzaïa-les-Mines, environ à 2 kilomètres de la gare, dans la direction de la plâtrière. Elle paraît peu connue et nullement appréciée par les indigènes, sans doute parce qu'elle est froide.

La source sourd dans le creux d'un rocher, sur le bord d'un petit oued, et à un niveau peu élevé au-dessus de celui-ci. Je m'y suis rendu une première fois en février 1906 ; à ce moment, la source était noyée dans le courant. J'y suis retourné au mois d'avril 1907. Cette fois la source était à découvert ; mais les infiltrations de l'eau douce étaient tellement évidentes qu'il m'a paru inutile de faire des prélèvements, et ce n'est qu'au mois de mai que j'ai pu m'en procurer.

La source est peu abondante ; son débit est évalué par le service des mines à $0^l,025$ par minute ; il était certainement bien supérieur au moment de notre visite. Sa température est de $13°,5$.

A son odeur, l'eau est nettement sulfureuse ; toutefois une pièce d'argent placée dans la source n'y noircit pas, ce qui indique l'absence d'acide sulfhydrique libre.

Le soufre y est à l'état de monosulfure ; l'eau se colore nettement en rouge par le nitroprussiate.

Un dosage à l'iode fait à la source même a donné :

$$H^2S = 0,006 \text{ par litre.}$$

L'analyse complète a donné les résultats suivants :

Extrait sec à 160°	0,7085
Ca	0,0395
Mg	0,0285
$Fe^2O^3 + Al^2O^3$	0,0065
Na	0,352?
K	0,0533
S	0,0053
SiO^3	0,0240
Cl	0,0222
SO^1	0,0034

Il s'agit donc d'une eau riche en monosulfure de sodium. De telles eaux sont rares en Algérie. Celle-ci, à proximité de Blidah, pas bien loin d'Alger, dans un joli site de montagne, mériterait d'être aménagée.

Un captage l'isolant du ravin suffirait pour la fournir à l'état de pureté, et probablement à en augmenter le débit. Il y aurait lieu alors de l'essayer dans les affections des voies respiratoires, où elle donnerait vraisemblablement des succès [1].

1. Dr BERTHERAND, « Mouzaïa-les-Mines, près Médéah » (*Gaz. méd. Alg.*, 1858).

HAMMAM MANSOURAH

Sous le nom de Hammam Mansourah ou Azigal, le rapport du Comité d'études décrit une source située sur la commune mixte de Mansourah, à 26 kilomètres de Bordj bou Areridj.

Ces sources sont au nombre de deux :

1° Source de la piscine des femmes ; température 25° ; débit, « comme la moitié du petit doigt ». C'est dans la mare formée par l'écoulement de cette source que se baignent les femmes ;

2° Source de la piscine des hommes ; température 26° ; débit, « grosseur du bras ». Il existe deux piscines mal établies.

Les eaux paraissent avoir été peu étudiées ; le service des mines les décrit comme sulfureuses et le Dr Rotureau comme carbonatées. Elles doivent être peu importantes, car on n'a pu nous renseigner exactement sur leur emplacement.

H. GOSBAT

Le Hammam Gosbat est situé sur la commune mixte des Ouled Soltan, à 14 kilomètres de N'Gaous ; une route actuellement en construction permet d'effectuer en voiture la moitié de la distance.

La source, abondante, jaillit presque au sommet de la colline. Elle est captée et se rend par des conduits en terre à un établissement très simple, récemment construit.

La température de l'eau prise à son arrivée à l'établissement est 40°,8. L'eau est fortement sulfureuse et devient rapidement blanche par exposition à l'air. Un dosage d'hydrogène sulfuré a donné :

$$S = 0,0080.$$

Voici le résultat d'une analyse complète :

Résidu sec à 160°	4,698
Ca	0,0742
Mg	0,0273
Na	1,6339
K	0,0110
Li	0,0008
$Fe^2O^1 + Al^2O^3$	0,0030
CO^3	0,156
SiO^3	0,0619
SO^1	0,0273
Cl	2,0803

Le Hammam est construit environ 30 mètres plus bas ; il se compose de deux bâtiments semblables entre eux contenant chacun une piscine ; l'une

est gratuite ; pour l'autre, on demande une légère rétribution de 0 fr. 10 ;
un café maure est à proximité ; enfin un logement pour le gardien est
situé à 200 mètres de là ; chaque piscine mesure 2 mètres de long sur
1 mètre de large et 1 mètre de profondeur. L'eau y est courante, mais,
comme l'arrivée de l'eau et le trop-plein sont contigus, l'eau n'est pas
renouvelée dans la baignoire que l'on ne vide qu'exceptionnellement;
aussi a-t-elle au fond un dépôt de terre et de feuilles. Il y aurait ici grand
avantage à appliquer la disposition que j'ai indiquée (page 35).

H. Gosbat est très fréquenté par les indigènes pendant les mois d'avril,
mai et juin ; il n'est pas rare d'y voir deux cents malades à la fois. Ce
sont toujours les rhumatismes, la syphilis, les maladies de peau qui
viennent demander leur amélioration à la station thermale. Le traitement consiste surtout en bains ; toutefois les malades boivent aussi une
petite quantité d'eau qui les purge fortement. Il serait donc utile d'installer un robinet sur la conduite pour leur permettre de faire usage
d'une eau non contaminée.

L'établissement actuel est suffisant ; tout au plus pourrait-on y aménager des douches que la hauteur des sources rendrait faciles à installer.
Mais il y aurait lieu de se préoccuper de l'écoulement de l'eau thermale
qui forme dans le fond de la vallée un véritable marécage qui contribue
fortement à l'insalubrité de la région, déjà fiévreuse par elle-même.
L'oued n'est pas loin, et une canalisation, ou même un simple fossé
suffirait pour ce travail d'assainissement.

Située sur la commune mixte de la Calle, cette source n'est qu'à quelques kilomètres de la frontière tunisienne.

Elle est à 2 kilomètres des mines de Kef oum Teboul.

Il existe deux sources presque contiguës. La première sort du rocher en laissant tout autour d'elle un abondant dépôt ocreux. Sa température est 34°,9. Un dosage d'hydrogène sulfuré a donné :

$$S = 0,0016.$$

Elle ne paraît pas utilisée.

La deuxième source est plus importante (débit 50 litres par minute); elle a une teneur en soufre sensiblement la même que la première source, avec une température de 35°,6.

L'analyse de l'eau a donné :

Résidu sec à 160°	0,512
— au rouge	0,490
Ca	0,0364
Mg	0,0153
Na	0,1247
K	0,0056
$Fe^2O^3 + Al^2O^3$	0,0050
CO^3	0,0489
SiO^3	0,0430
SO^4	0,0329
Cl	0,1775
Lithium	néant

Il s'agit donc d'une eau à peine minéralisée.

Au-dessous de la source se trouve un bassin en pierres non cimentées recouvert de branchages. C'est là que les indigènes viennent se baigner, et ils y viennent nombreux.

Le jour de notre visite, trois Arabes étaient plongés dans cette piscine exiguë, et une dizaine d'autres attendaient patiemment leur tour. Il serait bon d'y construire une ou deux piscines abritées, permettant aux indigènes de prendre leurs bains dans de meilleures conditions.

H. SIDI TRAD

Le Hammam Sidi Trad est situé sur la commune mixte de la Calle, Douar Meradia. Il est environ à 40 kilomètres de la Calle, presque sur la frontière de la Tunisie. On s'y rend par la route du Tarf à Souk Ahras, jusqu'au village de Toustain. A partir de ce point, un sentier de 18 kilomètres conduit à travers la forêt au Hammam Sidi Trad.

Deux sources voisines viennent sourdre sur le flanc du coteau. La première à une température de 63°,9 avec une teneur en acide sulfhydrique :

$$S = 0,0035 \text{ par litre.}$$

La deuxième, moins abondante, a une température de 60°,7 et une teneur en acide sulfhydrique :

$$S = 0,0042.$$

L'analyse a été effectuée sur l'eau de la première source :

Résidu sec à 160°	0,434
— au rouge	0,426
Ca	0,0374
Mg....	0,0111
Na........	0,0909
K..........	0,0022
Li............	0,0012
$Fe^2O^3 + Al^2O^3$	0,0015
CO^3	0,1690

SiO^3 0,0758
SO^4 0,0246
Cl 0,0568

Les deux sources sont utilisées pour les bains.

L'établissement, en mauvais état, se compose d'une cabine réservée aux femmes et contenant un appareil à douches, et de deux cabines réservées aux hommes. En outre, on utilise la température très élevée de la source pour faire une véritable étuve à sudation.

A côté, existe un café maure, actuellement en ruines, mais où loge cependant le gardien. Les bains sont gratuits et attirent un grand nombre d'indigènes, dont une partie vient de Tunisie.

La commune a l'intention de faire reconstruire le hammam qui, dans l'état actuel, est manifestement insuffisant.

Situé dans la commune mixte des beni Salah, à 7 kilomètres de la route de Bou Hadjar à Bône (on la quitte au kilomètre 65) le Hammam Reguema est construit sur le flanc d'un coteau au bas duquel coule l'Oued el Hammam qui ne l'envahit pas même dans ses plus fortes crues.

Fig. 68. — Reguema : Captage et piscines.

La source est captée et débouche dans une chambre où elle coule à l'air libre en émettant d'abondantes vapeurs ; l'air de la pièce atteint 40°. Aussi les indigènes utilisent cette sorte d'étuve pour prendre des bains de vapeur.

En même temps, l'eau se refroidit. Au captage, elle marque 49°,8, tandis que dans les piscines elle n'a plus que 44°,5 et 42°,5.

Elle est sulfureuse ; nous avons trouvé :

$$S = 0,0030 \text{ par litre.}$$

L'analyse complète a donné :

Résidu sec à 160°....	1,090
— au rouge	1,064
Ca	0,0157
Mg...........................	0,0043
Na	0,4058
K........	0,0017
$Fe^2O^3 + Al^2O^3$....	0,0060
CO^3........................	0,1692
SiO^3...	0,0480
SO^4	0,0575
Cl.....	0,2769

Au sortir de la salle de refroidissement, l'eau se rend dans deux piscines situées quelques mètres plus loin. Celles-ci mesurent 4 mètres de longueur sur 3 mètres de largeur et $1^m,20$ de profondeur. Elles sont voûtées et de construction romaine ; elles ont été restaurées récemment. Une des piscines est réservée aux indigènes, et l'autre aux Européens. En effet, à proximité se trouve un bâtiment communal confortablement installé qui peut, moyennant autorisation, servir de refuge aux Européens de la commune qui fréquentent le Hammam Reguema.

L'eau des piscines est trop chaude pour que l'on puisse y séjourner quelque temps, et les indigènes ne font guère que s'y plonger ; ils utilisent de préférence la chambre de sudation. Ces eaux sont décongestionnantes, et paraissent très utiles dans les maladies des organes pelviens de la femme. Bien entendu, on obtient également des résultats dans le traitement des affections cutanées ou rhumatismales.

Le trop-plein des piscines alimente un bassin situé quelques mètres
plus bas et qui sert de lavoir. Cette disposition suffit pour empêcher les
indigènes de laver leur linge ou de baigner leurs animaux dans la piscine et conserve celle-ci dans un état de propreté suffisant.

Fig. 69. — II. Reguema : Maison communale et chambres pour baigneurs.

HAMMAM TASSA

Le Hammam Tassa est situé dans la commune mixte de Souk Ahras, dans le douar Zarouria, à 15 kilomètres de Souk Ahras sur la route du Kef. La source est, paraît-il, dans la montagne, à quelques kilomètres de là. Les indigènes affirment qu'on l'entend couler sous terre et qu'il sort parfois de la vapeur de diverses fissures de rochers, dans le voisinage de l'endroit où l'on entend la chute d'eau ; mais la source visible est le long de la route, près de l'ancien établissement, actuellement en ruines.

D'autres émergences assez nombreuses se remarquent tout le long de l'Oued, sur les deux rives. Une seule est utilisée sur l'autre rive. Elle est reçue dans un trou creusé dans le sable et forme une piscine où bêtes et gens se plongent à l'envi.

La source la plus importante a un débit qui était évalué autrefois à 120 litres à la minute. Il est actuellement réduit au tiers ou au quart. Sa température est 39°,7. Le dosage d'hydrogène sulfuré fait à la source indique :

$$S = 0,0044.$$

Voici les résultats de l'analyse complète :

Résidu sec à 160°....................	1,964
Ca.............	0,2992
Mg...............................	0,0325
Na...............................	0,4056

K 0,0328
Li 0,0024
$Fe^2O^3 + Al^2O^3$ 0,0040
CO^3 0,2630
SiO^3 0,0265
SO^4 0,0246
Cl 0,7313
S 0,0044

La deuxième source a une température et une richesse en H^2S presque identiques, malgré son passage à travers l'Oued.

$$\text{Température} = 38°,9$$
$$S .... = 0,0038.$$

Il existait autrefois, entre la route et la colline, très rapprochées en cet endroit, un petit établissement comprenant deux piscines couvertes, précédées chacune d'une chambre de repos; mais la toiture s'est effondrée, remplissant les piscines où l'eau n'arrive plus, et les baigneurs doivent se contenter comme baignoire, du caniveau qui passe sous la route. Ils ont bouché avec des pierres sèches l'extrémité qui se déversait dans l'Oued. L'eau s'amasse au-dessus de ce barrage improvisé assez haut pour que l'on puisse s'y baigner.

Malgré ces conditions déplorables, ces eaux sont très recherchées par les indigènes. Il y aurait donc lieu de relever l'établissement tombé en ruines. Toutefois l'administrateur fait observer avec raison que l'espace est très étroit entre l'Oued et la colline, dont les éboulements compromettraient à nouveau la construction. D'autre part, la localité est fiévreuse. Il estime donc, et nous sommes de son avis, qu'il serait préférable de transporter l'établissement à quelques centaines de mètres en aval, sur un terrain plus propice.

YOUKS LES BAINS

Ce hammam a pris le nom de la commune dans laquelle il est situé, à 500 mètres du village, à 10 kilomètres de la station du même nom, et à 19 kilomètres de Tébessa.

La source, captée jadis par les Romains, est amenée à l'établissement par une conduite qui date de cette époque. L'ancienne piscine romaine est complètement en ruines, mais la commune a fait édifier un peu plus bas un établissement pour les indigènes et un autre pour les Européens. Le débit de la source est évalué à 50 litres par minute.

Le hammam arabe contient deux piscines ayant 3 mètres de longueur sur $1^m,50$ de largeur, précédées chacune d'une chambre de repos. Elles ont une alimentation indépendante et peuvent être complètement vidées par la partie inférieure.

La température de l'eau à l'entrée de la piscine est 34°. Un dosage de soufre a donné :

$$S = 0,0100 \text{ par litre.}$$

Voici les résultats de l'analyse :

Ca	0,0882
Mg	0,0293
Na	0,0228
K	0,0004
$Fe^2O^3 + Al^2O^3$	0,0020
CO^3	0,0630
SiO^3	0,0151
SO^4	0,0781
Cl	0,0426

La station paraît très fréquentée ; le gardien estime qu'il vient journellement une moyenne de 50 indigènes par jour ; l'été, ceux-ci sont souvent forcés d'attendre longtemps leur tour pour pouvoir pénétrer dans la piscine.

Les usages sont toujours les mêmes : maladies cutanées principalement ; rhumatismes et syphilis secondairement.

Il est intéressant de noter que l'usage interne de l'eau fait partie du traitement.

L'établissement européen est situé à une trentaine de mètres du précédent. Il se compose de quatre chambres semblables, contenant quatre piscines pareilles aux précédentes, précédées chacune d'un vestiaire. La température de l'eau y est 33°,8. Ce hammam a un gardien spécial qui est un pépiniériste du voisinage et qui utilise le trop-plein des eaux à irriguer ses plantations. Il estime qu'il vient en moyenne dix baigneurs par jour à l'établissement, la plupart habitant Tébessa.

H. SIDI YAHIA

Cette source, qui paraît avoir été très en vogue autrefois, est aujour-
d'hui de minime importance. Jaillard, qui l'a visitée en 1872, lui attribuait un débit de 120 litres à la seconde et une température de 58°.
Elle a aujourd'hui un débit faible, et nous n'avons trouvé à l'eau qu'une
température de 34°,6. Jadis, deux piscines mesurant 3 mètres sur 1^m,50
recevaient les baigneurs; elles sont maintenant délaissées, les tuyaux qui
y amenaient l'eau ayant été bouchés par les dépôts calcaires.

Le Hammam Sidi Yahia est situé à 54 kilomètres de Tébessa, sur la
commune de Morsot et à 45 kilomètres de la gare de ce nom. Une
bonne route permet de parcourir en voiture 30 kilomètres jusqu'à l'ancienne smala de spahis de El Meridj. A partir de là, un sentier arabe
de 15 kilomètres mène à la source, qui n'est qu'à 2 kilomètres de la
frontière tunisienne, et est fréquentée autant par les Tunisiens que par
les Algériens.

L'eau a donné à l'analyse :

Soufre des sulfures	0,0064 par litre
Extrait sec à 160°	10,3786
— au rouge	9,9763
Ca	0,6542
Mg	0,0931
Na	3,2685
K	0,0075
$Al^2O^3 + Fe^2O^3$	0,0040

$$CO^3 \dots \dots \dots \dots \dots \dots \dots \dots \dots \dots \dots \quad 0,2189$$
$$SiO^3 \dots \dots \dots \dots \dots \dots \dots \dots \dots \dots \quad 0,0404$$
$$SO^4 \dots \dots \dots \dots \dots \dots \dots \dots \dots \dots \quad 0,4688$$
$$Cl \dots \dots \dots \dots \dots \dots \dots \dots \dots \dots \dots \quad 5,1972$$

Les piscines étant inutilisables, les indigènes se baignent dans une grotte naturelle où sort la source.

Le traitement consiste dans des bains alternés avec des dévotions au marabout de Sidi Yahia, situé à 12 kilomètres de là. Il passe pour guérir les maladies des reins et de la vessie, la stérilité chez la femme et les affections rhumatismales.

Ces eaux sont très fortement minéralisées et doivent être très actives ; il est regrettable de voir toute l'installation aussi dégradée. Il faudrait d'abord revoir le captage pour retrouver la température d'autrefois et l'ancien débit de l'eau, puis réparer les piscines ou construire de toutes pièces un nouvel établissement.

AIN TAMERSIT

L'Aïn Tamersit a été visité, je crois, pour la première fois en 1897 par M. Bodard, pharmacien-major de l'armée, qui a donné les indications suivantes : Cercle de Kenchela, tribu du Djebel Cherchár, à 6 kilomètres N.-O. du village indigène d'Ouldja, à 90 kilomètres S.-E. de Kenchela. En suivant ces indications, nous sommes arrivés à une autre source, le Hammam Chabora. Quant à l'Aïn Tamersit, il est situé à 7 kilomètres du village de Keirana ; Ouldja est 30 kilomètres plus loin.

Deux sources voisines portent toutes deux le nom d'Aïn Tamersit : Tamersit Guerbir et Tamersit Keirgis.

Tamersit Guerbir. — La première, la plus importante, sort au milieu de l'Oued, et son point d'émergence se déplace chaque année au moment des crues. En 1907, il était environ 20 mètres plus en aval qu'en 1903. Le sol de l'Oued est formé d'un schiste noirâtre sur lequel l'eau sulfureuse laisse un dépôt de soufre qui s'étend sur 300 mètres environ.

La température relevée par nous a été de 25°,6 (M. Bodard indique 28°). Le débit est 90 litres à la minute.

L'eau est extrêmement sulfureuse ; c'est une des plus riches en soufre que nous ayons rencontrée en Algérie. Le dosage a donné :

$$S = 0,0720.$$

Or comme terme de comparaison :

<pre>
Barèges contient..................   0,016
Cauterets César..................   0,009
Eaux-Bonnes   0,012
Luchon..........................   0,0405
Évian Cachat....................   0,51
</pre>

M. Bodard en a donné l'analyse suivante :

<pre>
Hydrogène sulfuré.........................   0,0476
Monosulfure sodique.......................   0,0196
Carbonate de calcium......................   0,1365
    —   magnésium...................... 0,0910
    —   sodium......................... 0,2960
Sulfate de calcium........................   0,0625
    —   sodium......................... 0,0580
Chlorure de sodium........................   0,3342
    —   potassium...................... 0,0876
Silice....................................   0,0235
Matières organiques.......................   0,0996
Résidu fixe à 120°........................   1,2665
</pre>

ce qui correspond à :

<pre>
Ca   0,073
Mg.......................   0,026
Na.......................   0,376
K........................   0,044
CO³......................   0,315
SiO³   0,033
SO⁴......................   0,1240
Cl.......................   0,248
S   0,0526
</pre>

De notre côté nous avons trouvé :

<pre>
Extrait sec à 160°...............   1,320
    —   au rouge...............   1,170

Ca   0,0814
Mg......................   0,0376
Na   0,3880
K........................   0,0030
Li.......................   0,0008
</pre>

$$Fe^2O^3 + Al^2O^3 \dots \dots \dots \quad 0,0030$$
$$CO^3 \dots \dots \dots \dots \quad 0,2410$$
$$SiO^3 \dots \dots \dots \dots \quad 0,0341$$
$$SO^1 \dots \dots \dots \dots \quad 0,1439$$
$$Cl \dots \dots \dots \dots \quad 0,3266$$

La minéralisation de l'eau paraît donc notablement accrue depuis l'époque où M. Bodard l'a analysée.

La source est très fréquentée par les indigènes, qui lui attribuent une action spécifique contre la syphilis, principalement dans ses manifestations cutanées.

Tamersit Keirgis. — Il existe une deuxième source, située à 200 mètres de la première, mais dans la vallée d'un autre oued, affluent du premier, et de l'autre côté d'une colline qui forme éperon entre les deux vallées. Elle sourd aussi dans le lit de l'oued, au fond d'une sorte de cuvette ardoisée dans laquelle sont creusées plusieurs piscines ayant 1 mètre de longueur et de largeur et $0^m,5$ de profondeur. Cette deuxième source est plus abondante que la première, et, dans ce pays où l'eau est rare, elle est employée pour l'irrigation de l'oasis. Sa température est sensiblement la même, $25°,6$, mais elle est moins sulfureuse :

$$S = 0,0480.$$

L'analyse a donné :

$$Ca \dots \dots \dots \dots \quad 0,1121$$
$$Mg \dots \dots \dots \dots \quad 0,0496$$
$$Na \dots \dots \dots \dots \quad 0,3339$$
$$K \dots \dots \dots \dots \quad 0,0030$$
$$Li \dots \dots \dots \dots \quad 0,0009$$
$$Fe^2O^3 + Al^2O^3 \dots \dots \dots \quad 0,0020$$
$$CO^3 \dots \dots \dots \dots \quad 0,098$$
$$SiO^3 \dots \dots \dots \dots \quad 0,0291$$
$$SO^4 \dots \dots \dots \dots \quad 0,2920$$
$$Cl \dots \dots \dots \dots \quad 0,2343$$

Elle est employée par les indigènes pour les mêmes usages que la première.

HAMMAM CHABOURA

Voici une source intéressante que nous avons rencontrée par hasard en cherchant l'Aïn Tamersit, qui cependant en est à près de 60 kilomètres. Cette dernière source avait été indiquée à 6 kilomètres du village d'Ouldja.

Nous nous sommes donc rendus dans cette localité en partant de Kenchela, qui est trois à étapes de là. A Ouldja, Aïn Tamersit était complètement inconnu, mais on nous signala une source chaude dans la montagne, pas bien loin de là. En réalité, il y avait encore plus de 30 kilomètres, par des pistes souvent impraticables à mulet. L'accès serait certainement moins pénible par Sidi Nadji, au départ de Biskra.

Le Hammam Chaboura est à 2 kilomètres de la Mechta Raski. La source est située dans un ravin escarpé. Elle sort, abondante, dans une sorte de grotte naturelle ayant $1^m,50$ de côté sur $0^m,60$ de profondeur, et surplombée par le rocher qui forme un toit assez bas pour que l'on doive prendre son bain couché dans la piscine ; on recommande aux baigneurs de tenir la tête hors de la grotte, des cas d'asphyxie mortelle ayant été observés, et de fait, il se dégage assez abondamment de l'acide sulfhydrique pour rendre l'air de la grotte irrespirable.

La température de l'eau est 39°. Un dosage d'hydrogène sulfuré fait à la source a donné :

$$S = 0,0043.$$

L'hydrogène sulfuré y paraît libre, tant à cause de l'odeur intense de l'eau, que de ce fait qu'une lame d'argent y noircit instantanément.

25

Voici le résultat de l'analyse de l'eau :

Extrait sec à 160°	1,430
— au rouge..................	1,180
Ca	1,157
Mg.............................	0,0472
Na.............................	0,3376
K.............................	0,0016
$Fe^2O^3 + Al^2O^3$	0,0030
CO^3.............................	0,0187
SiO^3	0,0328
SO^4......................	0,5017
Cl.............................	0,1207

Le trop-plein de la piscine s'écoule en cascade et vient former un peu plus bas, dans une anfractuosité du rocher, une deuxième piscine à l'air libre, abritée seulement par un gourbi en roseaux, et dont la température est plus basse.

Malgré l'endroit désert où jaillit cette source, elle est, paraît-il, fréquentée par les indigènes qui lui attribuent, outre les propriétés banales contre les douleurs et les boutons, une action spécifique contre l'épilepsie et la stérilité.

Voici une légende que nous avons recueillie sur place et qui confirme, à la fois son efficacité dans ce cas, et le danger que l'on court en ne tenant pas la tête hors de la grotte.

Un très vieux sultan de Sidi Nadji, ayant une épouse très jeune, se désolait de n'en pas avoir d'enfant. On lui conseilla de se rendre avec elle à Chaboura, où un marabout célèbre faisait des miracles en tous genres. Le marabout ordonna à la femme de se plonger dans la source sacrée, lui recommandant sous les peines les plus graves de tenir la tête hors de la grotte sans se retourner. Lui-même, pour conjurer les mauvais génies, se plaça contre le rocher du fond, étendant les pans de son burnous au-dessus de la jeune femme. Le succès fut complet, et chaque printemps, la sultane se rendait à Chaboura et voyait s'accroître sa famille. La troisième année, le sultan mourut; la femme continua son pèlerinage et le miracle se répéta chaque année. Le marabout mourut à son tour. L'année suivante, le pèlerinage eut encore lieu et son successeur se prêta de bonne grâce à répéter le miracle, mais pendant le bain la sultane se retourna et vit avec horreur que le marabout était nègre ; l'année d'après, et ce fut la dernière, elle accoucha d'un enfant noir. Le rocher qui surplombe la piscine n'est, paraît-il, que le burnous du marabout changé en pierre.

Cette légende, quoique fortement gazée, est encore très explicite sur les vertus de l'eau.

L'administration se propose, paraît-il, de faire quelques travaux d'aménagement à Chaboura. Il me paraît indispensable que la piscine ne soit pas couverte ou au moins qu'une très large ventilation soit ménagée entre les murs et le toit, si l'on ne veut s'exposer aux accidents asphyxiques qui ont lieu dans la grotte actuelle.

HAMMAM EL BIBAN

La source des eaux thermales du Hammam el Biban est située sur la commune mixte de ce nom, sur la rive gauche de l'Oued Chebba, au pied de la chaîne de montagne de Azerou, à l'altitude de 510 mètres. L'accès actuel a lieu par la route nationale d'Alger à Constantine, à 6 kilomètres de la gare des Portes de Fer et à 11 kilomètres de celle de M'Zita, puis on suit une piste d'environ 600 mètres de longueur, mais qui traverse l'Oued à gué.

La source est très abondante; son débit est évalué à 60 litres par minute; sa température est 90°. Elle est très fortement sulfureuse.

Arrivée au laboratoire, elle contenait un dépôt dont le poids était de $1^{gr},6055$ par litre et qui a donné l'analyse :

Ca	0,7327
Mg	0,0092
$Al^2O^3 + Fe^2O^3$	0,0177
SiO^3	0,0951
SO^4	0,0232
CO^3 (par différence)	0,7276
	1,6055

L'eau séparée du dépôt a présenté la composition suivante :

Extrait sec à 160°	16,140
— au rouge	15,730
Ca	0,6584
Mg	0,0995

Na 5,1830
K 0,0500
$Fe^2O^3 + Al^2O^3$ 0,0040
SiO^3 0,0936
CO^3 0,5665
SO^4 1,1146
Cl 8,2928

L'aménagement actuel, fait par les indigènes, est des plus rudimentaires. Les eaux sont conduites, en partie par de simples rigoles, ce
qui permet à l'eau de se refroidir, dans quatre piscines abritées sous
des gourbis.

L'Oued étant infranchissable pendant la période des hautes eaux, et
le hammam étant fréquenté toute l'année à cause de sa température
élevée, il y aurait lieu de conduire souterrainement l'eau sur la rive
droite de l'Oued Chebba, et de construire un hammam près de la route
nationale, à proximité d'un village qu'il est question de créer en cet
endroit.

HAMMAM G. RULE

Le rapport du comité d'études médicale mentionne, sous le nom de *Hammam G. Rule*, une source ayant une température de 21°,3 et un débit considérable et située à 400 mètres d'Hammam Salahin.

Cette source serait souveraine pour les maladies de péau. Nous n'avons pu avoir sur place aucun renseignement sur cette source ; ce nom est totalement inconnu, et nous avons parcouru les environs de H. Salahin sans trouver aucune source qui corresponde à cette description.

Eaux chlorurées sodiques

La plupart des eaux thermales algériennes sont riches en chlorure de sodium et en sulfate de chaux et pourraient indistinctement être comprises dans ces deux catégories d'eaux. Nous rangeons dans la classe des chlorurées sodiques celles qui, n'étant pas sulfureuses, renferment plus de sel que de sulfate et qui contiennent au moins $0^{gr},7$ de chlore par litre.

Mais il faut nous rappeler que, parmi les sulfureuses, il en est qui sont très riches en chlorure de sodium ; ce sont :

	RÉSIDU SEC	CHLORE
Aïn Mentila	58,63	32,709
H. Sidi Mohamed	22,91	10,620
H. Salahin	9,24	3.919
A. Mekeberta	6,5	1,006
H. Ksennah	5,46	2,485
A. Keberta	4,34	0,839
H. Gosbat	4,70	2,080

On voit que, bien que nous ayons rangé ces eaux dans la classe des sulfureuses, le chlorure de sodium y joue le rôle d'un élément minéralisateur des plus importants.

Voici la liste des chlorurées sodiques algériennes :

	RÉSIDU SEC	CHLORE
H. Mélouan	29,6217	15,839
H. Beni Guechat ..	15,17	8,100
M'ta Melaht	12,800	7,4550

Bains de la reine...	10,223	5,317
N'bails Nador......	5,000	2,2720
Ouarka	5,465	2,1570
H. Sidi Ghir	3,126	1,5857
H. Zerguin	6,350	1,314
H. Bou Taleb......	3,150	1,136
Bou Akas.........	2,810	1,116
Ouled Ghalia	2,4158	0,9395
Amamras	2,190	0,8946
A. Madagre........	2,126	0,7425
Figuig............	1,300	0,5325
Djelfa............	1,63	0,4235

En outre, l'Algérie possède une longueur de côte considérable, que l'on peut envisager comme une vaste piscine chlorurée sodique, mais les bains de mer paraissent peu en vogue chez les indigènes, et en tous cas ne sont pas employés dans un but thérapeutique.

Les eaux chlorurées sodiques sont employées exclusivement en bains ; exceptionnellement, elles sont utilisées à l'intérieur pour leurs propriétés laxatives. Outre les applications générales qui ressortent de leur thermalité, elles trouvent une indication spéciale chez les scrofuleux et agissent comme toniques et reconstituantes chez les anémiés et les paludéens.

HAMMAM MÉLOUAN

H. Mélouan est la station thermale la plus proche d'Alger, dont elle n'est distante que d'une quarantaine de kilomètres ; elle n'est qu'à 7 kilomètres du centre important de Rovigo. On y accède par un che-

Fig. 70. — H. Mélouan : Vue générale.

min de fer sur route qui met trois heures pour faire les 32 kilomètres qui séparent Alger de Rovigo. La durée de ce trajet pourra aisément être réduite de moitié au moins, le jour où Hammam Melouan deviendra

26

une station importante qui contribuera pour une large part au succès du chemin de fer.

A partir de Rovigo, une route bien entretenue et où il serait facile de prolonger la voie ferrée, suit le torrent et mène jusqu'à la station thermale qui se trouve dans un site superbe, ombragé et au pied des montagnes.

Le climat est tempéré par l'altitude (168^m) et la proximité de la mer. Je relève dans l'ouvrage de M. Valby les températures maxima et minima de chaque mois suivantes (moyenne mensuelle) :

Août............	29,7	21,1	Février..........	16,6	9,4
Septembre.......	28,1	19,7	Mars.............	17,9	10,4
Octobre.........	24	16,2	Avril............	20,3	12,2
Novembre........	20,1	12,2	Mai..............	23,2	15
Décembre........	16,5	9,5	Juin.............	26,2	17,9
Janvier.........	15,7	9,5	Juillet..........	29,7	20,6

Je n'ai pu savoir sur place par qui, ni comment avaient été relevés ces chiffres qui sont sensiblement identiques à ceux que présente la ville d'Alger (service météorologique).

Or, une note de la brochure de M. Valby (page 29) permet de supposer que les chiffres qu'il donne ont été relevés à Alger et non à H. Mélouan. Quoi qu'il en soit, il est indéniable que le climat est plus tempéré qu'à Alger, et surtout que les nuits y sont plus fraîches l'été, et que l'humidité y est moindre. Aussi la station reste-t-elle ouverte toute l'année, bien que la saison ait lieu surtout d'avril à septembre.

L'eau minérale sourd un peu partout dans la vallée dont elle transforme le fond en un véritable marécage ; un captage bien fait mettrait fin à cet état fâcheux, cause d'insalubrité, en même temps qu'il accroîtrait le volume de l'eau mise à la disposition des baigneurs. Actuellement, trois sources seulement sont utilisées : la *source du Marabout Sidi Sliman*, la source *du Milieu* et celle des *Européens*. Elles sont à une centaine de mètres l'une de l'autre, sur une ligne droite parallèle à la rivière.

La source du Marabout est de beaucoup la plus importante ; elle est formée par divers suintements qui se déversent dans une piscine en maçonnerie ayant $2^m,10$ de long sur $1^m,10$ de large et $0^m,60$ de profondeur. La plus importante de ces sources y arrive par une conduite

Fig. 71. — H. Mélouan : Source Sidi Sliman

cimentée. Sur la face opposée se trouve un trou qui sert de déversoir, mais l'eau s'écoule un peu partout à travers les pierres mal jointes.

Le fond de la piscine est formé par des dalles sur lesquelles le gardien répand du sable, qu'il est censé renouveler de temps en temps.

Cette piscine est renfermée dans le marabout auquel elle doit son nom ; elle est précédée d'une salle de repos où les malades se déshabillent. Enfin, en dehors se trouve un figuier sacré, séculaire, surchargé d'amulettes.

Cette source a un débit faible. Le service des mines l'a évalué à $2^l,08$ par minute, lui assignant une température de 44°.

Notre visite a eu lieu en janvier 1906, à la suite de grandes pluies et de neiges dont on voyait encore des restes dans la montagne ; or, nous avons trouvé :

$$\text{Température} = 38°,5.$$

Le débit n'a pu être déterminé exactement, ce qui est du reste sans intérêt, étant données les nombreuses infiltrations dont on ne tient pas compte, mais il était compris entre 4 et 5 litres. Du reste, de l'avis même du gardien, la source n'avait jamais autant coulé.

L'analyse des eaux d'Hammam Mélouan a été faite bien des fois. Voici celles que nous avons pu nous procurer :

	TRIPIER	SIMONNET	FLAGEOLLOT	MARIGNY
Acide carbonique libre.........			reconnu	0,0825
Chlorure de sodium......... ...	26,0690	25,9795	26,3500	26,0750
— de magnésium.......	0,4350	0,3262		0,1752
— de potassium........	0,2438			
— de calcium	traces			
— d'ammonium.........	traces			
Carbonate de chaux...........	0,1350	0,1070		0,3259
— de fer..............			traces	
Bicarbonate de chaux.........		0,1170		
Carbonate de magnésie........	traces	0,0800		0,0644
Bicarbonate de magnésie......			0,0150	
Sulfate de chaux.............	3,1260	2,8275	2,6100	2,5759
— de fer.................	0,0025			
— de magnésie..........		0,1870	0,2690	
Matières organiques	traces			0,2636
Silice......................		0,0150	0,0400	indét.
Silice gélatineuse.............	traces			0,0250
Arsenic....................	traces			
Oxyde de fer..................		0,02		0,0150
Phosphate de chaux			traces	
	30,0113	29,5422	29,4010	29,6084

Ces analyses paraissent correspondre à des compositions différentes ;

mais si on les calcule en ions, on voit au contraire combien elles sont comparables entre elles.

	TRIPIER	SIMONNET	FLAGEOLLOT	MARIGNY
Ca........................	0,973	0,8888	0,797	0,9099
Mg........................	0,110	0,1414	0,081	0,1151
Na........................	10,269	10,223	10,34	10,271
K.........................	0,127			
Fe........................	0,015	0,013		
Cl........................	16,241	16	15,91	15,931
SO_4....................	2,207	2,13	2,036	1,9073
SiO_3...................		0,018	0,0480	0,0300
CO_3....................	0,081	0,0898	0,101	0,245
CO_2 libre.............				0,0825

Voici les résultats que nous a donnés l'analyse faite sur l'eau que nous avons rapportée (Sidi Sliman).

Extrait sec à 160° 29,6217

Ca....................	0,9011
Mg....................	0,1021
Na....................	10,276
K.....................	0,0903
$Al_2O_3 + Fe_2O_3$	0,0030
CO_3	0,0989
SiO_3	0,0017
SO_1	2,087
Cl	15,839
As	Traces

Ces chiffres sont plus faibles que ceux de nos devanciers ; il en ressort, ainsi que des variations de débit et de température, que l'eau du marabout est insuffisamment captée et reçoit des eaux superficielles.

Que dire alors des autres sources dont l'aménagement est encore plus rudimentaire. Il est très vraisemblable que ces eaux sont prises dans la même nappe que les précédentes ; mais, comme leur débit est plus faible, leurs températures et leurs compositions se sont trouvées encore plus fortement diminuées.

Le service des mines leur assigne les constantes suivantes :

	DÉBIT	TEMPÉRATURE
Source du Milieu..........	0,40	39°
Piscine des Européens.....	0,73	39°,3

Or nous avons trouvé comme températures 34°,5 et 36°, avec des résidus secs de 28.17 et de 28,53.

Fig. 72. — H. Mélouan : Sources du Milieu et des Européens.

La piscine des Européens laisse un dépôt ocreux abondant, qui est essentiellement formé de carbonate de c   t de fer, renfermant une quantité notable d'arsenic. Enfin, il s'y   abondamment des gaz ; nous en avons recueilli ; ils nous ont donné à l'analyse :

Az^2.......................	95
O^2.......................	1
CO^2.......................	4

Par la forte proportion d'azote qu'elles contiennent, ces eaux pourraient donc être rangées parmi les azoades. Il serait donc intéressant d'y rechercher l'argon et l'hélium.

Les deux piscines du Milieu et des Européens sont abritées par de simples abris en planches.

Il n'y a rien à dire de l'installation actuelle, car les ignobles baraques qui prétendent à ce nom doivent disparaître.

Fig. 73. — H. Mélouan   Les gourbis où logent les baigneurs.

La ville de Rovigo est concessionnaire des sources d'H. Mélouan pour quatre-vingt-dix-neuf ans ; elle cherche à les affermer à une société. Or la proximité d'Alger assure le succès à cette station, pourvu que l'installation soit convenable. Ce serait une énorme ressource pour les habitants de la capitale, que d'avoir à proximité un endroit relativement frais pendant l'été, et offrant toutes les ressources thérapeutiques de l'hydrothérapie chaude et salée. Pour cela, il faudrait construire un établissement spécial pour les Européens, entièrement séparé de celui de Sidi Sliman, qui serait réservé aux indigènes ; je crois que le captage de l'eau minérale en fournirait abondamment. Peut-être devrait-on construire l'établissement à mi-côte pour éviter le voisinage de l'Oued malsain. Il y faudrait installer des baignoires et une salle de douches, un hôtel propre et spacieux, et enfin continuer le tramway jusqu'à H. Mélouan.

Fig. 74. — H. Mélouan : L'établissement.

J'ai déjà eu l'occasion de dire que le voisinage de l'Oued est malsain ; un drainage convenable de la vallée l'améliorerait certainement ; mais l'eau de l'Harrach n'est pas potable ; elle est chaude (jusqu'à 26°) ; elle renferme un résidu sec de 1 gramme avec 0,018 de nitrates ; elle est donc certainement contaminée, et il y aurait lieu d'assurer à la station une eau pure.

Or à quelques kilomètres, au col de Talaka, se trouvent de nombreuses sources fraîches (13°), fort peu chargées en sels (0,2547 par litre) et qui pourraient être conduites à H. Mélouan.

Actuellement, Mélouan est très fréquenté, mais à peu près uniquement par les Juifs et les Arabes ; une rétribution très modeste de 0 fr. 05 est due pour chaque bain ; mais la location d'une chambre étroite, humide et malpropre varie de 3 à 5 francs par jour, selon la saison.

D'après le gardien de l'établissement, ces eaux guérissent toutes les maladies, y compris la stérilité ; ce qui n'a rien d'étonnant, étant donnée la promiscuité qui y règne. J'aurais voulu me procurer des renseignements médicaux plus précis ; le médecin de Rovigo m'a déclaré que l'on ne l'appelait que très exceptionnellement à Mélouan, principalement en cas de décès, et que ses propres malades ne le consultaient guère sur l'opportunité d'une cure à Mélouan ou sur les soins qu'il conviendrait d'y prendre.

J'ai pu examiner une dizaine de malades ; c'étaient tous des rhumatisants.

Le Dr Payn, médecin militaire, résume ainsi les indications d'H. Mélouan dans les affections chirurgicales : « Souvent je les ai prescrites à l'occasion de rétractions, de cicatrices difformes et douloureuses, d'ostéodymes, d'ostéites déterminées par des coups de feu, avec esquilles restées dans les parties. L'action du bain ou de la douche faisait bientôt sortir les corps étrangers ou les portions d'os à éliminer.

« Les indigènes, surtout les Juifs, viennent journellement demander à H. Mélouan la cicatrisation d'anciens ulcères, de dartres invétérées, de même que la résolution d'anciens engorgements scrofuleux. »

H. Mélouan paraît peu fréquenté par les enfants scrofuleux ; nous n'en avons pas trouvé un seul cas parmi les nombreuses observations que rapporte le Dr Valby, et cependant la nature de ces eaux, fortement chlorurées sodiques, ainsi que leur thermalité font supposer qu'elles auraient sur ces enfants une action reconstituante analogue à celle de Salies. Nul doute pour moi que le jour où une installation convenable permettra aux familles d'y villégiaturer, H. Mélouan, situé à la porte d'Alger, ne devienne un lieu de plaisance et de santé pour les familles de la grande ville.

On boit peu l'eau d'H. Mélouan. Bertherand la considère cependant comme purgative à la dose de deux ou trois verres.

Valby a constaté à la suite de son emploi une élimination d'acide urique et d'urates, qui ne s'est pas reproduite dans d'autres expériences. L'urée est également augmentée, non seulement par l'usage interne de l'eau, mais encore par l'action seule des bains. Ces expériences, à peine ébauchées, montrent cependant que l'eau de Mélouan a une action profonde sur la nutrition et lui présage de nouvelles applications, peut-être du côté de la thérapeutique des maladies du foie.

Dr PAYN, « Hammam Mélouane, près Rovigo » (*Gaz. méd. Alg.*, 1856, p. 40, 47, 62, 65).

VILLE, ingénieur des mines, « Notice sur les eaux thermales d'H. Mélouane (*in Revue maritime et coloniale*, avril 1864).

GARREAU, « L'eau minérale d'H. Mélouane et l'eau de la mer, — Observations critiques par M. Vatone » (*Gaz. méd. Algér.*, 1871).

Dr PUZZIN, « Les eaux d'H. Mélouane » (*Gaz. méd. Alg.*, 1878).

Dr BERTHERAND, *Rapport sur H. Mélouane:* 1° *valeur médicale des eaux;* 2° *leur conduite à la plaine;* 3° *climat de Rovigo*, 1879.

Dr VALBY, *Les eaux chlorurées sodiques de H. Mélouane*, 1905.

M'TA MELAH

Cette source est située à 6 kilomètres de l'Arba, sur le bord de l'Oued Djemmaa, dans le même massif montagneux que H. Mélouan.

Les sources sont peu importantes, à température basse (18°) ; débit, 20 litres à la minute. Voici leur composition :

Résidu sec à 160°.............	12,800
— au rouge..............	12,575
Ca.........................	0,2871
Mg........................	0,0194
Na........................	4,4226
K.........................	0,0080
$Fe^2O^3 + Al^2O^3$..............	0,0090
CO^3......................	0,0512
SiO^3......................	0,0278
SO^4......................	0,5470
Cl.........................	7,4550

L'installation est des plus sommaires : une piscine rudimentaire, où se baignent un grand nombre d'Arabes, chaque mardi et chaque vendredi. On leur attribue une grande efficacité contre la fièvre et les rhumatismes.

BAINS DE LA REINE

Cet établissement est peut-être le plus ancien de l'Algérie ; ses eaux, connues sous le nom d'Hammam Sidi Dederop, étaient utilisées par les Arabes bien avant la prise d'Oran par les Espagnols ; et, lors de la conquête, nous avons trouvé cette station tout installée.

Fig. 75. — Bains de la Reine : L'établissement.

En tout cas, c'est la première eau algérienne qui ait demandé à l'Académie la consécration officielle ; son autorisation date de septembre 1842.

Cet établissement est situé à Mers el Kebir, à 3 kilomètres d'Oran, sur le bord de la mer, resserré entre elle et la falaise, dont il est séparé par la route d'Oran.

La source principale sort dans une grotte circulaire de 7 mètres de diamètre sur 3 mètres de hauteur ; elle est captée directement dans le rocher. Le service des mines lui assigne un débit de 60 litres à la minute avec une température de 55°.

L'analyse a donné les résultats suivants (mines) :

Résidu sec	10,223
Chlorure de sodium	7,223
Bromure de sodium	0,083
Chlorure de potassium	0,034
Chlorure de magnésium	1,247
Chlorure de fer	0,036
Carbonate de chaux	0,405
Sulfate de chaux	0,510
— de magnésie	0,600
Silice	0,085

Ce qui correspond à :

Ca	0,312
Mg	0,430
Na	2,864
K	0,018
Fe	0,017
CO_3	0,243
SiO_3	0,070
SO_4	0,840
Cl	5,317
Br	0,064

L'eau serait trop chaude pour être utilisée telle que : elle est pompée et envoyée dans quatre réservoirs situés en haut de l'établissement où elle se refroidit ; en outre, il existe une source froide peu minéralisée qui est mélangée avec la précédente.

L'établissement comprend deux groupes de constructions ; le premier, édifié sur une plate-forme qu'il a fallu conquérir sur la mer, contient : douze cabines de bains, une piscine, un bain arabe, un jet-douche, une salle de massage.

Il existe en outre un établissement de première classe comprenant une douche et plusieurs cabines avec une baignoire, de dimensions exiguës.

Enfin un hôtel comprenant six chambres est adjoint à l'établissement; mais, vu la proximité d'Oran, les malades préfèrent habituellement se loger en ville.

La saison est de mars à octobre ; toutefois l'établissement reste ouvert toute l'année. En pleine saison, il reçoit journellement quatre cents baigneurs dont près de moitié sont des enfants.

Fic. 76. — Bains de la Reine : Vue générale.

La forte thermalité de ces eaux les indique dans les affections rhumatismales et dans les dermatoses sèches. Elles sont toniques et excitantes et conviennent à ce titre contre les dyspepsies et l'anémie causées par la chaleur ou l'infection palustre ; elles sont au contraire contre-indiquées chez les nerveux et les hémoptysiques ; le nombre considérable d'enfants qui les fréquentent nous montre leur remarquable efficacité dans le rachitisme ; elles agissent dans ce cas comme l'eau de Salies.

Il est tout au moins curieux de remarquer que ces deux eaux renferment une forte proportion de brome. Étant donné que l'établissement dispose de plus d'eau qu'il ne peut en utiliser, au moins l'hiver, il pourrait faire des eaux mères analogues à celles de Salies, qui rendraient les mêmes services aux personnes qui ne peuvent se déplacer pour faire leur cure aux bains de la Reine.

Fig. 77. — Les bains de la Reine : L'établissement.

Mers el Kebir est à la porte d'Oran, dans une situation splendide. Cette station aurait certainement un grand avenir avec une installation plus confortable et une direction médicale effective. Si l'espace ne lui était pas étroitement mesuré, la douceur du climat permettrait d'y créer une station d'hiver de premier ordre [1].

1. Dr BERTHERAND, « Les Bains de la Reine sur la route de Mers el Kebir » (*Gaz. méd. Alg.*, 1857, p. 152).
Dr CAUQUIL, *Aperçu sur les ressources thérapeutiques des Bains de la Reine*, 1870.

HAMMAM DES OULED GHALIA

Le village de Beni Hindel, pittoresquement situé au sommet du massif montagneux de l'Ouarsenis, possède, à quelques kilomètres de son centre, une station hydrominérale bien installée, connue sous des noms variés (H. des Ouled Ghalia, H. Sidi Selimane, H. el Hamé). De plus, un climat exceptionnel, dû à son altitude élevée (1.890 mètres) et à l'abondance de ses eaux, en fait la meilleure station climatérique pour l'été que nous ayions rencontrée en Algérie; ajoutons enfin que le paludisme y est inconnu.

Située à 70 kilomètres d'Orléansville, station de la ligne d'Alger à Oran, elle se trouve en communication avec la plaine du Chélif, une des régions les plus brûlées et les plus paludéennes de l'Algérie.

Un service de voitures automobiles qui la reliait en moins de deux heures avec le chemin de fer, permettait de s'y rendre aisément. Un malheureux accident vint interrompre ce service qui sera certainement repris, à moins que le développement de l'importante mine de zinc qui est au sommet de la montagne ne fasse construire une ligne de chemin de fer. Ce jour-là, Beni Hindel prendrait une grande importance comme point de convalescence ou de repos pour les colons éprouvés par la chaleur ou par le paludisme.

Les sources thermales sont divisées en deux groupes, séparés l'un de l'autre par quelques centaines de mètres seulement. Elles sont dans une gorge pittoresque, à 8 kilomètres du bordj, auquel elles sont reliées par une route carrossable bien entretenue.

Hamman te Djerab. — La première source que l'on rencontre sur la route, le H. te Djerab, ou bain des galeux, sourd le long de la montagne, et est conduite à quelques mètres de là dans un petit établissement de style arabe, qui ne renferme qu'une seule pièce, dont le centre est occupé par une piscine en maçonnerie.

Fig. 77 — Ouled Ghalia : H. Djerab.

C'est une construction fort simple, mais propre et hygiénique et qui pourrait servir de modèle pour les aménagements les plus modestes des sources thermales ; la dépense totale de l'installation n'a pas dépassé 1.000 francs, en utilisant, il est vrai, pour la construction la main-d'œuvre des prisonniers indigènes.

La température de l'eau à son entrée à la piscine est 36°,1 ; son débit est de 32 litres par minute. L'alcalinité est très faible, et l'hydrogène sulfuré, recherché avec grand soin à la source même, n'a pu être constaté.

A l'analyse, elle nous a donné les résultats suivants :

Extrait sec à 160°............	2,4158
Ca.........................	0,1727
Mg	0,0365
Fe........., ..., ...⎫ Al.............,..........,,.......... ..⎭	0,0018
Na......................,,.........	0,4293
K...............................	0,0649
CO³ faiblement combiné	0,2148
CO³ des carbonates neutres..	0,0058
SiO³.........................	0,0276
SO⁴	0,4385
Cl	0,9395

Ce petit hammam est très fréquenté, mais uniquement par les indigènes. Le Dᵣ Moret, de Beni Hindel, qui a eu souvent l'occasion d'en constater les effets, lui attribue une efficacité certaine dans les affections utérines, les maladies de peau, la syphilis.

Hammam Sidi Seliman. — A quelques centaines de mètres plus loin se trouvent les sources bien plus importantes de Sidi Selimane ou des Ouled Ghalia. Celles-ci sont nombreuses ; un certain nombre ont été captées et réunies pour alimenter l'établissement thermal ; mais d'autres, moins abondantes, sortent un peu partout du flanc de la montagne et permettraient d'augmenter au besoin la quantité d'eau utilisable. Le débit total est évalué à 70 litres à la minute.

Un peu plus haut, une source froide à grand débit tombe dans le ravin en formant une cascade de 18 mètres de haut. Le ravin, très encaissé en cet endroit et traversé par un ruisseau important, pourrait aisément être barré et donner naissance à une vaste piscine qui permettrait de faire de l'hydrothérapie froide et ne serait pas un des moindres agréments de ce site tout à fait exceptionnel en Algérie.

L'eau qui arrive à l'établissement est abondante et pourrait alimenter

un beaucoup plus grand nombre de baignoires; sa température est 40°.
Le service des mines l'indique comme sulfureuse. Toutefois le D^r Ba-

Fig. 79. — H. Ouled Ghalia : La cascade.

rillié, qui l'a analysée depuis, n'y signale pas le soufre; il lui attribue
comme composition :

Chlorure de sodium	1,5905
— magnésium	0,0270
— potassium	0,0320
Bicarbonate de chaux	0,3680
— magnésie	0,0249
A reporter	2,0415

Report	2,0415
Bicarbonate de fer	0,0080
Sulfate de chaux	0,2828
— magnésie	0,1416
Silice	0,0180
Total	2,4928

Ce qui correspond à :

Ca	0,1747
Mg	0,0397
Fe	0,0030
Na	0,6265
K	0,0167
CO^3	0,3017
SiO^3	0,0270
SO^4	0,3130
Cl	0,9995

Nous avons recherché d'une façon toute spéciale à la source l'hydrogène sulfuré sans pouvoir le constater ; il faut donc admettre que celui qui y a été signalé provenait de la réduction des sulfates, soit dans la bouteille, soit par des matières organiques qui souillaient l'eau avant son captage. L'alcalinité est très faible et n'a pu être déterminée avec certitude, même sur 500 centimètres cubes.

A l'analyse l'eau a donné :

Extrait sec à 160°	2,6735

Ca	0,1715
Mg	0,0239
Na + K	1,044
Fe	0,0025
Al	0,0035
CO^3	0,1937
SiO^3	0,0270
SO^4	0,3537
Cl	0,9420

On voit la très grande analogie que présente cette eau, comme température et comme composition avec la source Te Djerab, qui en constitue certainement une dérivation.

La commune a fait récemment construire un établissement confortable se composant de deux grandes chambres renfermant chacune une piscine

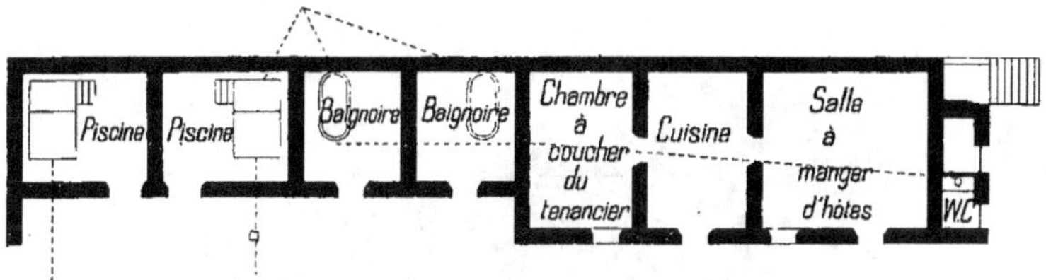

Fig. 80. — H. Ouled Ghalia : Plan de l'établissement.

de 2^m,50 de longueur sur 1^m,50 de largeur et de deux cabines contenant chacune une baignoire. L'installation serait complète si l'on y avait ménagé une salle de douches, que l'on devrait alimenter en eau froide et en eau chaude ; à côté se trouve un hôtel comprenant au rez-de-chaussée une vaste salle à manger, et au premier quatre chambres à coucher s'ouvrant sur un balcon.

Tout cet ensemble a coûté à la commune une somme de 15.000 francs, dont l'intérêt est dès à présent couvert par le fermage.

Le Hammam des Ouled Ghalia est très fréquenté par les indigènes, et nous y retrouvons les malades habituels des stations à thermalité élevée, les rhumatisants, les syphilitiques, et en plus un certain nombre de femmes atteintes d'affections pelviennes, chez qui le hammam produit une action décongestionnante marquée.

Mais Beni Hindel doit en plus constituer une station estivale pour les colons et les fonctionnaires algériens. Les ressources de l'hydrothérapie, froide ou chaude, si active comme reconstituant ; la minéralisation salée des eaux, la fraîcheur du climat et l'altitude de la station concourraient à lutter contre l'anémie consécutive à la grande chaleur longtemps prolongée ; les ressources du petit établissement thermal, le voisinage du village de Beni Hindel suffiraient pour attirer les colons; le seul obstacle au développement de cette station est le manque de communications qu'il faut souhaiter voir reprendre rapidement.

Fig. 81. — II. Ouled Ghalia : Vue générale.

HAMMAM ZERGUIN

A 25 kilomètres E. de Chellala, et à 2 kilomètres de la route qui relie
cette localité à Aïn Oussera, se trouve le Hammam Zerguin.

Il est situé sous terre, dans une grotte pittoresque où l'on decend par
dix-huit marches. Au fond se trouve une piscine de 2 mètres de long sur

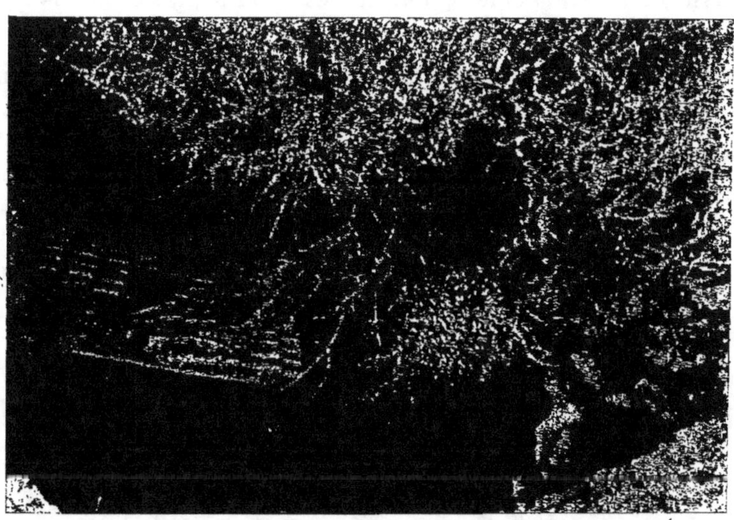

Fig. 81. — H. Zerguin : L'entrée du Hammam souterrain.

1^m,50 de large avec une profondeur moyenne de 1 mètre. Le débit
paraît être nul ; aucune source n'apparaît dans le fond et aucun écoulement n'est sensible. Le fond de la grotte est formé par un rocher ver-

tical ; il paraît qu'en plongeant sous ce rocher, on se trouve dans une deuxième grotte plus vaste, où la piscine est plus profonde ; mais cette excursion passe pour périlleuse ; ceux qui l'ont tentée ne sont pas tous revenus ; il est vraisemblable que l'air de la deuxième grotte doit être irrespirable.

D'après les indigènes, cette eau passe par des alternatives de chaleur et de froid ; elle se réchauffe pendant plusieurs années, puis revient à sa température initiale. De fait, le Dr Wattone lui assigne une température de 42°, tandis que nous n'avons constaté que 25°,2.

Il y a une dizaine d'années, le génie militaire essaya de faire sauter le rocher du fond pour réunir les deux piscines. Le coup de mine ne réussit qu'à déranger le régime de l'eau, car depuis ce moment la source n'a subi aucun réchauffement. L'eau est très légèrement alcaline (6 centimètres cubes d'acide normal par litre). Elle n'est nullement sulfureuse, bien que le Dr Wattone indique y avoir constaté du soufre à la source même ; mais il importe de se rappeler qu'il l'a visitée pendant une période de thermalité élevée et qu'il est possible qu'à ce moment la composition de l'eau fût différente. Remarquons en outre qu'elle est très sulfatée et stagnante. Il est donc possible que l'hydrogène sulfuré qui y a été constaté provint de la réduction des sulfates, favorisée par la température élevée de l'eau.

Voici la composition que nous lui avons trouvée :

Résidu sec à 160°	6,350
Ca	0,508
Mg	0,115
Na	1,800
K	0,155
CO^3	0,252
SiO^3	0,035
SO^4	1,314
Cl	1,930

C'est donc une eau chlorosulfatée fortement minéralisée.

Ce hammam est, et surtout a été très fréquenté par les indigènes pendant sa période de thermalité.

Dans cette région où l'eau est si rare, le Hammam Zerguin rend encore de très grands services, malgré le malencontreux coup de mine, qui prouve une fois de plus combien il faut être prudent dans les opérations de captage et d'aménagement des sources.

Si ces eaux ne se réchauffent pas, il y aurait lieu de voir si l'Oued Zerguin, qui passe à quelque distance et à un niveau supérieur, ne s'infiltre pas dans le hammam, dont on pourrait alors ramener la thermalité par des travaux de barrage.

L'installation est fort rudimentaire. En 1902, on a construit à l'entrée de la source un grand hangar pour abriter les baigneurs, qui préfèrent encore se reposer à l'ombre de deux grands bétoums séculaires surchargés d'amulettes et qui abritent l'entrée de la grotte.

HAMMAM N'BAILS NADOR

Ce hammam est situé dans la commune mixte de la Séfia, à 37 kilomètres de Guelma, à 500 mètres de la mine de Nador, et tout à côté de
l'emplacement du marché de la commune de la Séfia, qui se tient tous
les jeudis. Aussi, ce jour-là, le hammam est-il tout particulièrement
fréquenté.

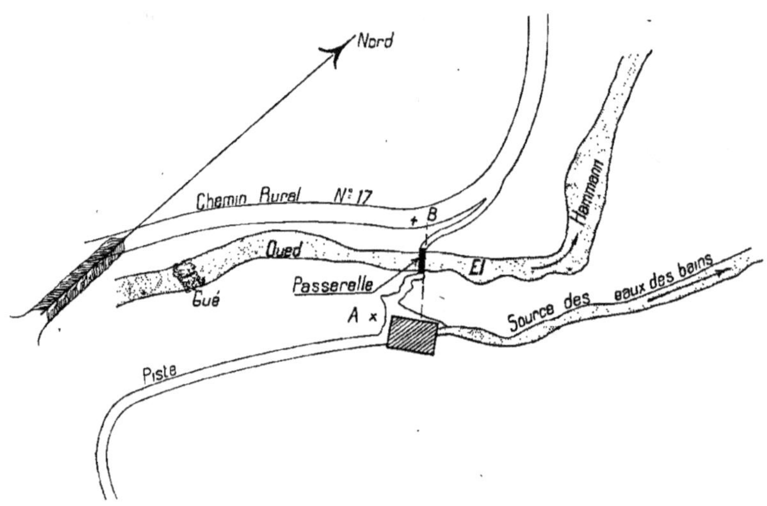

Fig. 83. — H. N'Bails Nador : Plan de la région.

Les sources sont captées profondément et arrivent directement dans
les piscines par une galerie d'origine romaine : nous n'avons pu voir leur
lieu d'émergence. Le service des mines leur attribue des températures

comprises entre 30 et 42°, avec un débit de 120 litres par minute.
Voici la composition qu'il leur assigne :

Extrait sec..............................	6,193

Ca...................................	0,328
Mg	0,213
Na..................................	1,310
K...................................	0,098
CO^3.............................	0,506
SiO^2.............................	0,062
SO^4..............................	0,108
Cl	3,058
Matière organique..................	0,280

De notre côté nous avons trouvé :

Extrait sec à 160°..................	5,000
— au rouge	4,740

Ca..................................	0,4121
Mg.................................	0,0710
Na	1,4735
K	0,0011
Li..................................	0,0048
$Al^2O^3 + Fe^2O^3$................	0,0060
CO^3	0,0427
SiO^3.............................	0,0328
SO^4.............................	0,3578
Cl.................................	2,2720

Le hammam, d'origine romaine et récemment reconstruit, se compose de deux piscines contiguës destinées, l'une aux hommes, et l'autre aux femmes, ayant chacune 10 mètres de longueur sur 3 mètres de largeur. A l'entrée de chaque piscine, se trouve une salle de repos carrée, ayant environ 3 mètres, et où les baigneurs se déshabillent.

Ces piscines sont éclairées par de toutes petites fenêtres, en sorte que la ventilation est insuffisante et que la chaleur y est étouffante. Nous avons trouvé 42°,8 pour l'eau de la piscine, et l'air de la pièce marquait 36°,3.

L'eau thermale semble abondante sur la montagne de Nador ; on nous a signalé deux autres sources chaudes à quelques kilomètres de là ;

Fig. 84. — H. N'Bails Nador : Les thermes.

et, dans une galerie même de la mine, nous avons vu une source chaude débitant 2 litres à la minute et que les ouvriers utilisent pour les soins de propreté.

Les indigènes viennent très nombreux au hammam. Sans parler des jours de marché, où les piscines sont littéralement assaillies, on compte journellement entre vingt et cinquante baigneurs, presque exclusivement indigènes, qui viennent y soigner leurs rhumatismes et utiliser l'action tonique des bains pour lutter contre la malaria qui sévit dans la vallée.

L'installation du hammam est suffisante. La construction récente d'une maison commune sur la place du marché pourra permettre aux Européens, ou tout au moins aux fonctionnaires communaux, d'utiliser . action réparatrice des eaux.

H. DES AMAMRHAS

Le Hammam des Amamrhas ou « fontaine chaude de Kenchela » est
le vestige le plus important et le mieux conservé des établissements
thermaux romains que nous ayons rencontré en Algérie. Il est situé à
6 kilomètres environ de la ville, en contre-bas de la route qui mène à
Batna.

Fig. 85. — H. des Amamrhas : La piscine circulaire.

L'eau chaude sort partout dans la vallée, presque au niveau même de
l'Oued ; les températures des diverses sources sont comprises entre

60° et 61°,4 ; ce qui montre bien que l'on est en présence d'une même nappe thermale. La source principale débouche dans un bassin carré de 4 mètres, ayant 3 mètres de profondeur, et entouré de murs ; nous y avons noté une température de 60°,8 ; mais on nous affirme qu'elle est beaucoup plus élevée en été (le service des mines indique 75°). Il se dégage de grosses bulles de gaz, très nombreuses, qui sont principalement formées de gaz carbonique. L'eau n'est aucunement sulfureuse.

Une ancienne analyse du service des mines lui assigne comme composition :

Résidu sec	1,800
Ca	0,142
Mg	0,019
Na	0,499
CO_3 (des carbonates neutres)	0,045
SO_4	0,2104
Cl	0,824

De notre côté, nous avons trouvé :

Résidu sec à 160°	2,190
— au rouge	2,070
Ca	0,1400
Mg	0,0225
Na	0,6353
K	0,0120
Li	0,0073
$Fe_2O_3 + Al_2O_3$	0,0060
CO_3 (des carbonates neutres)	0,0414
SiO_3	0,0646
SO_4	0,3084
Cl	0,8946

Le hammam est situé environ à 200 mètres de là, ce qui permet à l'eau de se refroidir en route. Elle est amenée souterrainement jusqu'à l'ancien établissement romain dont les piscines sont admirablement conservées. De grandes dalles de marbre les entourent ; et on peut remarquer, encastré dans la muraille un autel de marbre où les Romains faisaient leurs sacrifices, pratique que les indigènes ont conservée.

Nous avons pu, en effet, sur ce même autel, observer les entrailles d'un poulet que des Arabes venaient de sacrifier pour assurer le succès de leur cure thermale.

Il existe deux grandes piscines, l'une rectangulaire mesurant 14 mètres

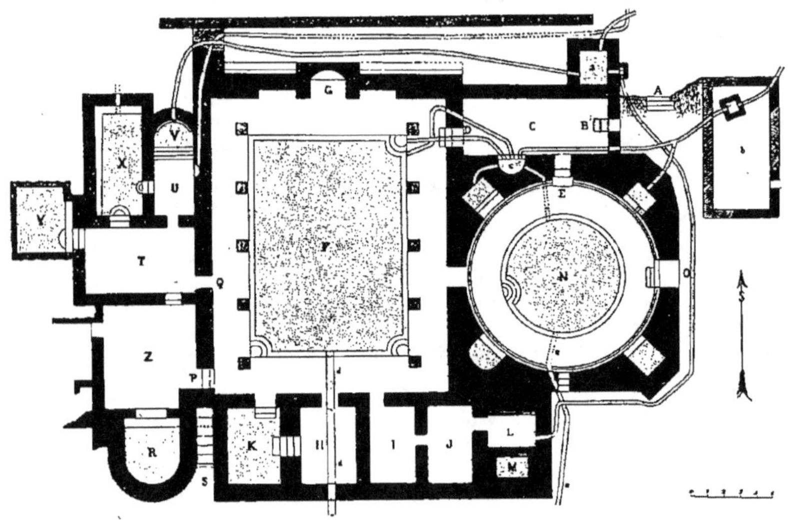

Fig. 86. — Kenchela : Plan des thermes romains.

de longueur sur 9 mètres de largeur et $1^m,50$ de profondeur ; la température de l'eau y est $44°,3$, et une piscine circulaire ayant $9^m,10$ de diamètre et $1^m,50$ de profondeur ; la température y est un peu plus élevée ($45°,3$).

Du temps des Romains, cet admirable établissement était couvert, et la piscine circulaire conserve encore un vestige de la voûte de pierre qui a résisté aux outrages du temps, et à ceux autrement graves des habitants de la région.

La vallée est semée de pierres qui en proviennent, et la fontaine chaude de Kenchela sert de carrière de pierres toutes taillées aux habitants de la région. On peut voir, à quelques mètres de la piscine carrée, un café maure construit tout récemment avec les débris arrachés à la piscine.

Cette eau est très appréciée par les indigènes qui viennent y soigner leurs rhumatismes et leurs ulcères de toute nature.

De temps immémorial, son usage avait été libre, mais depuis quelques années un individu, se prétendant propriétaire des thermes romains, en fait payer l'accès, ce qui indispose profondément les indigènes. I. serait fort désirable que cette question de propriété, évidemment contraire à la loi de 1851 sur les sources algériennes, soit rapidement tranchée, et que l'Administration prenne des mesures pour sauver ce qui reste des thermes romains, en attendant qu'un crédit permette de restaurer un des plus beaux vestiges de l'occupation romaine en Algérie.

HAMMAM BOU TALEB

Également connu sous le nom de Aïn Oulad-Séfian, le H. bou Taleb est situé sur la commune mixte de R'hira, à 28 kilomètres d'Ampère dans le même massif montagneux que H. Gosbat, mais sur un autre versant.

Fig. 87. — H. Bou Thaleb : La source.

La région est forestière et très accidentée, et de loin on reconnaît l'emplacement des sources à un abondant dégagem ent de vapeurs.

Les sources sont au nombre de trois. Deux se ta rissen t en été, tandis que la troisième a un débit constant.

Elles ont sensiblement la même température.

La première a 49°,9 ; elle n'est pas utilisée. La deuxième (température 49°,8) jaillit par trois émergences dans un bassin servant de piscine.

Enfin la source principale est captée sous terre et conduite dans une piscine carrée mesurant 2m,50 de côté sur 0m,50 de profondeur. Sa température est 49°,8.

Fig. 88. — H. Bou Thaleb : La piscine.

Les piscines ont une odeur nettement sulfureuse, et l'eau a été considérée comme telle par le service des mines. En puisant l'eau directement au griffon, M. Peytel n'a pu y constater la présence de l'hydrogène sulfuré.

L'analyse de l'eau a donné :

Résidu sec à 160°	3gr,150
Ca............................	0,3421
Mg	0,0529

$$
\begin{array}{ll}
\text{Na} \dots\dots\dots\dots\dots\dots\dots\dots\dots\dots & 0,7446 \\
\text{K} \dots\dots\dots\dots\dots\dots\dots\dots\dots\dots\dots & 0,0160 \\
\text{Al}^2\text{O}^3 + \text{Fe}^2\text{O}^3 \dots\dots\dots\dots\dots & 0,0070 \\
\text{CO}^3 \dots\dots\dots\dots\dots\dots\dots\dots\dots & 0,0921 \\
\text{SiO}^3 \dots\dots\dots\dots\dots\dots\dots\dots\dots & 0,0543 \\
\text{SO}^1 \dots\dots\dots\dots\dots\dots\dots\dots\dots & 0,8143 \\
\text{Cl} \dots\dots\dots\dots\dots\dots\dots\dots\dots\dots & 1,1360
\end{array}
$$

Malgré son installation rudimentaire, cette source attire de très loin les indigènes qui viennent y traiter leurs rhumatismes et leurs maladies de peau.

1. Dr ROUCHER, « Une excursion aux thermes de Hammam bou Taleb » (*Gaz. Méd. Alg.*, 1860, p. 119).

H. DES BENI GUECHAT

A 4 kilomètres de Fedj M'Zala, à 300 mètres environ de la route de Constantine, se trouve un groupe de sources important et fort curieux par son intermittence.

D'importants vestiges de piscines romaines attestent leur ancienneté, mais ils sont situés environ à 200 mètres à l'est de la source actuelle, dont le déplacement est ainsi précisé.

Les deux premières sources semblent avoir apparu il y a une trentaine d'années, et, au dire des gens du pays, leur débit a sans cesse été en diminuant.

La troisième source existait, paraît-il, avant les deux autres, puis avait disparu complètement, quand, au mois de février 1907, elle est revenue subitement, inondant tout sur son passage, puis son débit s'est régularisé. Au mois d'avril, lors de notre visite, elle représentait encore la plus importante des trois.

La première source est recueillie dans un réservoir en maçonnerie de plusieurs mètres cubes et sert à alimenter deux baignoires situées dans des chambres séparées et réservées aux Européens. Sa température est de 40°,7.

La deuxième source, affectée aux indigènes, a une température plus élevée, 53°,2. Elle se rend directement dans une piscine ayant 1^m,50 de longueur sur 1^m,20 de largeur et 0^m,60 de profondeur. Elle la remplit en une heure un quart, ce qui lui suppose un débit de 13 litres environ à la minute.

Les trois sources semblent avoir une composition identique; elles ne sont aucunement sulfureuses, contrairement à ce que l'on croit dans le pays. Elles m'ont donné des résidus secs de :

$$15^{gr},870 \; ; \; 15,213 \; ; \; 16,221.$$

L'analyse complète de la troisième source a donné :

Ca	0,908
Mg	0,110
Na	4,870
K	0,590
CO^3	0,408
SiO^3	0,047
SO^1	1,149
Cl	8,100

Il s'agit donc d'une eau chlorosulfatée calcique et sodique, fortement minéralisée et hyperthermale, vraisemblablement très active.

Il m'a été impossible de me procurer aucun renseignement sur son utilisation médicale; cependant les indigènes y viennent très nombreux pour soigner leurs « douleurs ».

L'installation actuelle est très primitive; outre les piscines que j'ai indiquées, la commune a installé à côté un café maure avec, au premier étage, une grande salle qui sert de dortoir pour les indigènes.

La forte minéralisation de cette eau permettant de préjuger leur activité, il serait bon de construire un établissement plus confortable, avec baignoires, piscines, douches, et, comme il faut refroidir l'eau, on pourrait installer une chambre de sudation.

L'intermittence des sources indique que l'établissement ne doit pas être construit sur leur emplacement actuel, mais plus bas, en sorte que si les sources viennent à se déplacer, il n'y ait à changer que la canalisation.

H. BOU AKKAZ

Autour du village de Fedj M'Zala, se rencontrent de nombreuses sources thermales, dont un groupe important se trouve à côté de la demeure de l'ancien caïd bou Akkaz, dont il a pris le nom.

Elle est située à 6 kilomètres au nord-ouest de Fedj M'Zala, à la partie supérieure du ravin où coule l'Oued bou Selah. Son débit est environ de 50 litres par minute, sa température 39°,7. L'eau passe pour sulfureuse; une recherche à l'iode ne nous a pas permis d'en déceler trace.

L'analyse complète a donné :

Résidu sec à 160°	2,810
Ca	0,244
Mg	0,059
Na	0,720
K	0,090
CO^3	0,288
SiO^3	0,025
SO^4	0,226
Cl	1,116

C'est donc une eau thermale, faiblement chlorurée sodique.

Cette source alimente deux piscines. La première, ayant 5 mètres de longueur sur 4 mètres de largeur et une profondeur de 0ᵐ,80; elle est réservée aux indigènes qui en font grand cas; au printemps, quarante ou cinquante d'entre eux viennent s'y baigner journellement. Ils n'utilisent pas l'eau en boisson.

Tout autour, sur le flanc du ravin, se trouvent de nombreuses grottes naturelles où ils s'installent pour plusieurs jours avec leur famille.

Fig. 89. — H. Bou Akkaz.

A côté se trouve une deuxième piscine ayant 2 mètres de longueur sur 3 mètres de largeur et $0^m,80$ de profondeur.

Celle-ci est réservée aux Européens qui semblent s'en désintéresser. Ces deux piscines sont abritées dans un bâtiment en pierres. Telle que, l'installation paraît suffisante, étant donnée la proximité du hammam des Béni Guechat, dont l'eau est autrement intéressante à tous points de vue.

AIN EL HAMMAM DE DJELFA

A 45 kilomètres S.-O. de Djelfa, et environ à 7 kilomètres N.-E. de Charef, émergent, dans le lit même de l'Oued el Hadjia, un nombre considérable de sources thermales qui portent le nom d'ensemble de Aïn el Hammam. Le temps nous a manqué pour visiter cette station, complètement isolée de toutes les autres, et dont la minéralisation et les propriétés ne nous avaient pas paru particulièrement intéressantes; mais un rapport détaillé de M. Guillot, pharmacien major à l'hôpital de Djelfa, nous donne des renseignements précis sur ces sources. Nous lui empruntons ce qui suit :

Les sources sont situées sur les deux rives et dans le lit même de l'Oued el Hadjia. M. Guillot en a relevé treize qu'il désigne par des numéros, mais il suffit de creuser un trou dans les bords de la rivière, entre les deux sources extrêmes, distantes de 200 mètres environ, pour faire jaillir une source thermale. Il s'ensuit qu'il est impossible d'évaluer le débit et que la position même des sources doit varier à chaque crue de la rivière.

Les températures sont assez variables, comme le montre le tableau suivant :

Nᵒ 1, température.......	28°	Nᵒ 8, température.......	38°
2, —	39°,4	9, —	38°,4
3, —	42°	10, —	37°,5
4, —	38°	11, —	37°
5, —		12, —	36°
6, —	34°	13, —	35°
7, —	41°		

Les deux sources les plus importantes, les seules qui fussent exploitées au moment du voyage de M. Guillot sont les sources 3 et 7. Ce sont aussi les plus chaudes, et il est vraisemblable que les autres ne sont que des infiltrations provenant de celles-ci.

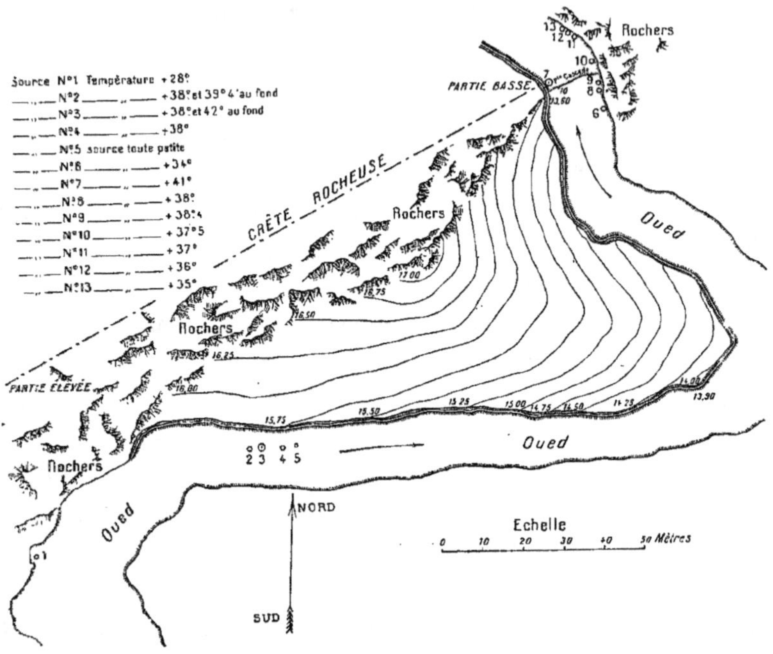

Fig. 90. — A. el II. de Djelfa : Plan des sources.

[La source 3 est située dans le lit même de l'Oued.

Les Arabes ont creusé dans le sable un trou de $3^m,50$ de longueur sur 2 mètres de largeur et $0^m,35$ de profondeur ; ils ont dressé une tente au-dessus de cette piscine improvisée. C'est l'eau de cette source dont nous donnons plus loin l'analyse.

La source 7 est sur la rive gauche de l'Oued. Elle débouche dans une sorte de conque naturelle, formée par les énormes blocs calcaires de la rive, et qui constitue une piscine primitive.

L'analyse de l'eau a donné les résultats suivants :

Résidu sec	1.632
Acide carbonique libre	0,067
Matières organiques	0,081
Silice	0,019
Carbonate de calcium	0,244
Carbonate de magnésium	0,104
Sulfate de calcium	0,228
Sulfate de magnésium	0,046
Sulfate de sodium	0,227
Chlorure de sodium	0,701

De cette analyse il ressort que les eaux de Aïn el Hammam de Charef sont chlorosulfatées, faiblement minéralisées, et que leur activité dépend surtout de leur thermalité.

Elles sont extrêmement appréciées par les indigènes qui y viennent en foule, et de fort loin (Bou Saada, Tiaret, Afflou) ; ils dressent leurs tentes sur le bord de l'Oued et vivent là avec leur famille jusqu'à ce qu'ils aient constaté l'amélioration produite par l'usage de cette eau, à laquelle ils demandent la guérison des affections rhumatismales, des arthrites anciennes et des maladies cutanées.

Il est certain qu'une eau thermale abondante devait rendre d'énormes services dans une région où l'eau, et surtout l'eau chaude, est rare. Depuis le rapport de M. Guillot, une piscine a été construite par les soins de l'autorité militaire.

AIN MADAGRE

La source Aïn Madagre est située sur la commune de Bou Tlelis, à 18 kilomètres de la gare de ce nom, dans un site des plus sauvages et d'un abord difficile.

Elle jaillit sur le bord de l'Oued Madagre, dans le creux d'un rocher, et presque au niveau de l'Oued.

Son débit est peu abondant (environ 20 litres par minute) ; sa température est de $30°,7$. Elle laisse autour d'elle quelques dépôts ferrugineux.

L'analyse a donné :

Extrait sec à 180°	$2^{gr},126$
Ca	0,1223
Mg	0,1014
Fe	0,0004
Al	0,0019
Na	0,4758
K	0,1172
CO^3	0,2747
SiO^3	0,0496
SO^4	0,3962
Cl	0,7425
AzO^3	0,0014

La source est peu fréquentée par les indigènes, qui l'utilisent en boisson contre les maladies d'estomac ; mais son faible débit et la difficulté de son accès rendront toujours son utilisation difficile. Il n'existe aucune installation autour de la source, qui aurait besoin d'être captée, comme le montre sa teneur élevée en nitrates.

Fig. 91. — Aïn Madagra.

HAMMAM SIDI CHIRGH

Ces sources importantes, également connues sous le nom de Sidi Cheikhs, sont situées à 5 kilomètres de Marnia sur la route de Nemours. Elles sont situées sur la rive gauche de la Mouïla, près du fleuve ; au sortir des piscines, elles forment un petit ruisseau qui fait tourner un moulin et se jette dans la Mouïla par une cascade d'une quinzaine de mètres.

Elles ont un débit considérable qui est évalué à 180 litres par minute ; les sources sont très nombreuses : les deux qui servent à l'alimentation de la piscine marquaient comme température 32°,4 et 31°,5 ; les sources extérieures, qui sont inutilisées, nous ont donné des températures variant entre 26°,3 et 33°.

Une ancienne analyse du service des mines lui assigne la composition :

Ca	0,1583
Mg	0,1945
Na	0,8421
$Fe^2O^3 + Al^2O^3$	traces
SiO^3	0,009
CO^3	0,0192
SO^4	0,3497
Cl	1,5961
Total	3,227

De notre côté, nous avons trouvé :

Extrait sec à 180°	3,126
Ca	0,1599
Mg	0,0512

Na.............	0,9701
K..............................	0,0368
SiO³..........................	0,0320
CO³ libre et faiblement combiné	0,2745
CO³ fixe	0,0087
SO⁴..........................	0,2215
Cl............................	1,1585

Il existe un établissement balnéaire construit par le génie militaire, et qui se compose d'une grande piscine ayant 20 mètres de longueur sur

Fig. 92. — Sidi Chirgh : La piscine.

7 mètres de large et une profondeur variant de 1ᵐ,25 à 1ᵐ,60. Cette piscine est partiellement recouverte par un hangar de 5 mètres de long, le reste étant à découvert. Sous le hangar se trouvent trois cabines, mais dépourvues de baignoires. Elles servent uniquement de vestiaire; les deux sources principales débouchent dans la piscine aux deux extrémités.

Malgré sa minéralisation très marquée, cette eau n'est guère utilisée par les Européens que pour les soins de propreté, probablement à cause de sa faible thermalité.

Les indigènes paraissent l'apprécier beaucoup et lui attribuent des propriétés très variées. Il est question d'y aménager un établissement à leur usage ; il serait important de capter avec soin quelques sources ; on arriverait peut-être à monter leur température de quelques degrés, ce qui augmenterait beaucoup leur efficacité.

L'existence d'une source minérale en plein Sud oranais est particulièrement intéressante, là où l'eau est rare, et où la température débilitante rend plus précieux encore les bienfaits de l'hydrothérapie.

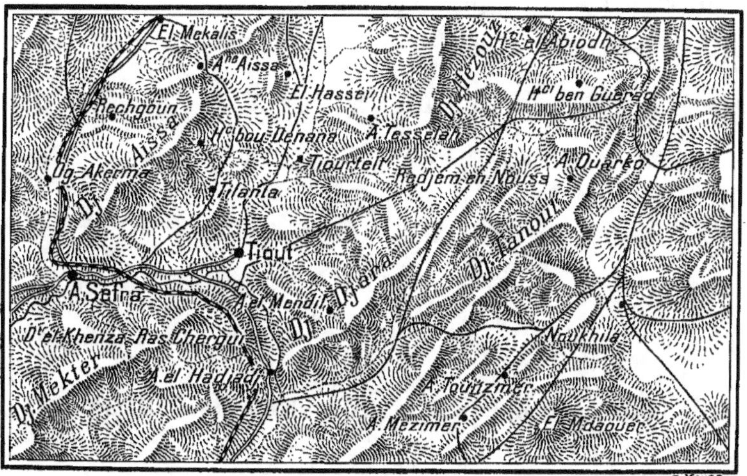

Fig. 93. — Il. Ouarka.

C'est ce qui explique le succès d'une station comme Aïn el Ouarka, perdue en plein désert, à 45 kilomètres de Tiout, qui en est le point le plus rapproché, sans route ni sentier qui indiquent le chemin. Les seuls points de repère sont formés par des pierres plates superposées que les Arabes ont disposées dans la montagne pour se retrouver.

On se demande comment des malades peuvent supporter de telles fatigues sans inconvénients graves ; et cependant il en vient beaucoup : des militaires, venant d'Aïn Sefra ou de Beni Ounif, des Ksouriens, venant du sud ou de la région de Tiaret, y accourent pour chercher un remède à leurs maux, car d'après eux ces eaux sont capables de guérir toutes les maladies sans distinction.

Les sources sont au nombre de deux, contiguës, et dont une seule était utilisée quand nous y avons été.

Elles sont situées dans le fond d'un vaste cirque, formé par des collines rocheuses, presque sur le bord d'un lac alimenté surtout par le trop-plein des sources minérales. Les sources sont captées et amenées souterrainement jusqu'à l'établissement. MM. Vidal et Delluc, qui les ont les premiers signalées, lui attribuent les propriétés suivantes :

Température....................	46°,5
Densité........................	1,0035
Résidu sec à 100° par litre.....	5,705
Ca.............................	0,5543
Mg	0,0256
SO_4...........................	1,140
Cl.............................	1^{gr},925

De notre côté, nous lui avons trouvé une température de 45°,2 et comme composition :

Extrait sec à 160°.............	5,465
Ca.............................	0,475
Mg	0,100
Na.............................	1,150
SiO_3...........................	0,041
CO_3 neutre	0,135
SO_4...........................	1,318
Cl.............................	2,157

C'est donc une eau chlorurée sodique assez fortement minéralisée.

Le génie militaire y a édifié un petit établissement thermal, élégante construction de style arabe, très simple, mais très suffisamment aménagée et parfaitement propre.

Autour d'une cour centrale se trouvent : d'un côté, une piscine et trois cabines de bains, de l'autre, quatre chambres à coucher, non meublées, mais pourvues d'une cheminée ; enfin un logement pour un gardien indigène, qui prélève une très minime cotisation sur les baigneurs.

En outre, il existe à peu de distance une source froide qui est utilisée comme eau de boisson, je n'ose dire comme eau potable. Voici en effet l'analyse qu'en ont publiée MM. Vidal et Delluc :

Résidu sec à 100°............... ..	1,975
Cl......................	0,644
SO⁴H².......................	assez fortes proportions
CaO...............	0,471
Magnésie.................. ...	traces
Azotates	traces

La cure a lieu toute l'année ; toutefois, il existe deux périodes préférées, avril et mai d'une part, octobre et novembre de l'autre, les autres mois de l'année étant ou trop chauds ou trop froids.

Le traitement, par suite de la difficulté de ravitaillement, dure autant que les provisions qu'a apportées l'indigène, six, huit, dix jours au plus. Il consiste en bains journaliers au nombre de deux ou trois, d'une durée moyenne de huit à dix minutes, suivis dans quelques cas de massages suivant la méthode arabe. Ces bains sont généraux ou locaux ; ce sont à la fois des bains d'eau chaude et de vapeur, les cabines étant fort étroites, complètement closes et laissant dégager des vapeurs abondantes.

Le bain est fatigant et procure un sommeil réparateur. Pendant tout le traitement, la nourriture doit être substantielle, ce qui contribue beaucoup à l'efficacité des eaux.

Quelles sont les affections justiciables des eaux de Aïn el Ouarka ? MM. Vidal et Delluc indiquent :

1° Les douleurs ou raideurs articulaires, les rétractions des muscles, les fausses ankyloses résultant de blessures, entorses, luxations ou autres violences extérieures ;

2° Le rhumatisme chronique, ancien, musculaire ou articulaire ;

3° Les ulcères atoniques anciens accompagnés de débilité générale ;

4° Les affections cutanées anciennes et invétérées, de nature dartreuse ;

5° Les engorgements des viscères abdominaux (congestion chronique du foie et de la rate avec un état cachectique consécutif au paludisme). Certains Ksouriens, en particulier ceux du Ksar de Tiout, atteints de paludisme chronique avec engorgement du foie et de la rate, vont faire des cures à Ouarka, cures dont ils reviennent améliorés ;

6° Les plaies anciennes compliquées de lésions osseuses ou de la présence de corps étrangers dont l'expulsion se fait attendre ;

7° Enfin les plaies récentes enflammées et suppurantes, le bain local devenant un meilleur traitement que tous les emplâtres employés en pareil cas par la médecine indigène.

J'ajouterai que les manifestations osseuses et cutanées de la syphilis doivent se trouver améliorées par l'emploi de ces eaux, conformément à ce que j'ai constaté dans des stations analogues.

J'ai eu l'occasion de voir un certain nombre de militaires ayant fait un séjour de quelques semaines à Ouarka, et tous ont affirmé le bénéfice qu'ils en avaient retiré au point de vue de la santé générale. Le repos, l'hydrothérapie chaude et salée sont des toniques parfaits à opposer à l'action débilitante de la chaleur, et c'est surtout à ce point de vue que H. Ouarka est intéressant.

Malheureusement, l'établissement est au fond de la cuvette formée par les montagnes d'alentour, montagnes déboisées et réfléchissant le soleil à ce point que la plupart des malades se baignent entre huit et onze heures du soir.

Étant donné que Ouarka est la seule station hydrominérale de la région, et que Aïn Sefra possède une garnison importante très éprouvée par la chaleur, il serait utile de créer à Ouarka une sorte de maison de convalescence pour les soldats. Il serait bon de la placer environ à 1 kilomètre de l'établissement thermal pour éviter les moustiques et la température trop élevée de la cuvette.

A cet endroit il existe déjà une petite oasis avec quelques palmiers. Enfin cette installation devrait être complétée par une route convenable permettant aux malades, même aux gens bien portants, d'accéder sans trop de fatigues aux eaux réparatrices.

1. VIDAL ET DELLUC, « Les eaux thermales d'Aïn el Ouarka, extrême Sud oranais » (*Archiv. méd. et pharm. militaires*, janvier 1903).

H. FIGUIG

Pendant que j'étais à Beni Ounif, le médecin major Guichard me dit que ses malades lui avaient souvent parlé d'un hammam existant à Figuig et qui n'avait encore été visité par aucun Européen. Nous nous

Fig. 94. — Hammam iguig : L'entrée de la piscine souterraine.

y rendîmes, et après bien des hésitations, les indigènes consentirent à nous mener au hammam.

Celui-ci est sous terre, à 6 mètres de profondeur ; on y descend par un escalier voûté d'une trentaine de marches qui conduit dans une première pièce ayant 4 mètres de longueur sur 2 mètres de largeur et 2 mètres de hauteur, et qui sert de vestiaire. La source est située dans la pièce voisine, qui est occupée en presque totalité par une piscine, ne laissant qu'une petite margelle sur le tour.

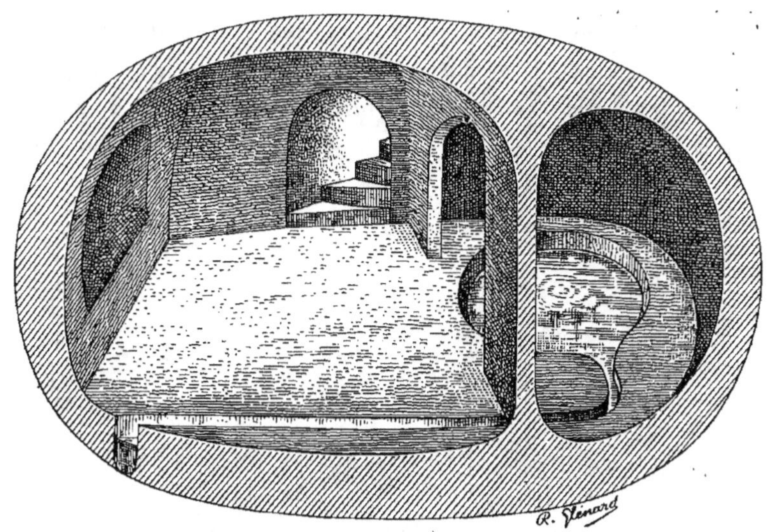

FIG. 95. — 11. Figuig : Le vestiaire et la piscine.

Je ne pus à ce moment emporter de l'eau, ni même en prendre la température, nos guides ayant protesté quand ils m'ont vu préparer mes instruments. La température est voisine de 35°. Quatre ans plus tard, le Dr Roger Glénard fut plus heureux et put m'en rapporter deux bouteilles qui ont servi à l'analyse. Voici la composition que je lui ai trouvée :

Résidu sec à 160°	1,300
— au rouge	1,2125
Ca	0,1049
Mg	0,0356
Na	0,3116
K	0,0048

$$Al^2O^3 + Fe^2O^3 \dots\dots\dots\dots\dots\dots\dots \quad 0,0050$$
$$CO^3 \dots\dots\dots\dots\dots\dots\dots\dots\dots\dots \quad 0,1560$$
$$SiO^3 \dots\dots\dots\dots\dots\dots\dots\dots\dots \quad 0,0278$$
$$SO^4 \dots\dots\dots\dots\dots\dots\dots\dots\dots \quad 0,0781$$
$$Cl \dots\dots\dots\dots\dots\dots\dots\dots\dots\dots \quad 0,5325$$

Il s'agit donc d'une eau thermale faible, légèrement chlorurée sodique. Elle est quand même fort estimée par les indigènes, qui l'emploient contre les douleurs et les affections cutanées. Il faut du reste remarquer qu'il n'existe aucune autre eau thermale dans un rayon très étendu.

Les eaux sulfatées

Les eaux sulfatées calciques sont fréquentes en Algérie; nous en avons déjà rencontré, parmi les eaux classées comme sulfureuses ou chlorurées, un certain nombre qui eussent pu aussi bien être rangées parmi les sulfatées calciques.

Étant donnée la faible solubilité du sulfate de calcium, ces eaux n'auront jamais une minéralisation aussi élevée que les chlorurées sodiques, et la teneur en acide sulfurique n'y varie qu'entre 0,4 et 1,41.

Nous y trouvons les eaux suivantes :

	RÉSIDU SEC	SO^4
H. Oued Hamimin	2,454	1,141
H. Djendel	2,24	1,1804
H. S. el Hadji	3,020	1,0981
H. Rh'ira	2,3484	0,879
H. Oued Ali	1,192	0,610
H. Ould Khaled	1,7804	0,5967
H. Sokna	2,048	0,338
H. Bou Sellane	1,68	0,472

Ces eaux, toutes thermales, sont habituellement employées en bains et exceptionnellement pour l'usage interne.

Au contraire, l'usage des eaux alcalines sulfatées s'est généralisé en France, surtout l'usage interne. Par leur élément sulfate de calcium, elles agissent sur le rein qu'elles décongestionnent ; elles ont une action diu_rétique considérable, en même temps que les carbonates qu'elles contiennent les rendent aisément assimilables. Le type de ces eaux est réalisé par les eaux de Vittel et de Contrexéville, dont je rappelle dans ce tableau les principaux éléments minéralisateurs :

	RÉSIDU SEC	ALCALINITÉ	Ca + Mg	K + Na	SO4	Cl	CO³ FIXE
Contrexéville (Pavillon)........	2,38	6	0,524	0,100	0,84	0,03	0,06
Vittel (Grande Source).........	1,74	6	0,278	0,144	0,57	0,060	0,025

Je me suis demandé si, parmi les eaux algériennes, quelques-unes présenteraient avec les précédentes une analogie suffisante pour qu'il y ait lieu d'essayer si elles auraient les mêmes propriétés thérapeutiques. J'ai calculé de la même façon que plus haut les éléments minéralisateurs de quelques eaux algériennes :

	RÉSIDU SEC	ALCALINITÉ	Ca + Mg	K + Na	SO4	Cl	CO³ FIXE
H. Sidi el Hadji..............	3,02	4	0,43	0,56	1,09	0,08	0,148
H. Oued Hamimin.............	2,35	4	0,61	0,03	1,410	0,08	0,053
H. Djendel	2,24		0,53	0,13	0,18	1,18	0,157
H. Sidi el Djoudi.............	3,259			0,206	1,591	0,484	0,193
H. Ould Khaled..............	1,73		0,26	0,33	0,59	0,40	0,176

On voit la très grande analogie que présentent ces eaux ; elle est surtout frappante entre Vittel et H. Ould Khaled, et je rapproche, dans un même tableau, les compositions de ces deux eaux.

	RÉSIDU SEC	Ca + Mg	K + Na	SO4	Cl
Vittel............................	1,74	0,278	0,144	0,57	0,060
H. Ould Khaled................,.........	1,73	0,260	0,33	0,59	0,40

Il y a encore un point qui accentue la similitude de ces deux eaux, c'est la présence du lithium, élément important de l'eau de Vittel ou de

Contrexéville, que j'ai pu également caractériser dans l'eau de H. Ould Khaled.

On ne connaît pas actuellement en Algérie d'eau sulfatée sodique ou magnésienne comparable aux sources purgatives d'Espagne ou de Hongrie ; du reste, celles-ci ne sont pas des sources jaillissantes, mais de véritables puits forés, souvent à de grandes profondeurs, et nous avons vu que l'on n'a guère utilisé jusqu'à présent en Algérie que les sources minérales naturelles.

La plupart des eaux salines sont utilisées par les indigènes comme purgatives, mais c'est habituellement le sel marin qui y est abondant : aussi ces eaux irritent violemment le tube intestinal et provoquent des vomissements. Je crois qu'avec quelques recherches, on arriverait à trouver une eau sulfatée magnésienne ou sodique, principalement sur le versant saharien, où la teneur en magnésie des eaux dites potables est souvent énorme. Il existe probablement des sources où les sels magnésiens sont en quantité suffisante pour que l'eau soit susceptible d'emplois thérapeutiques.

HAMMAM R'HIRA

Hammam R'hira est l'une des plus importantes parmi les stations algériennes. C'est l'une des premières mises en valeur après la conquête et.celle pour laquelle on a fait le plus de frais pour attirer les étrangers et les retenir.

FIG. 96. — II. R'hira : L'établissement.

Elle possède des eaux sulfatées calciques thermales assez faiblement minéralisées dont les propriétés thérapeutiques ont été le point de départ de la création de la station ; mais on y rencontre surtout des conditions de climat qui lui assurent une place importante parmi les stations hivernales. Aussi devons-nous envisager l'avenir de cette station, autant comme établissement hydrominéral que comme station d'hiver.

H. R'hira est à 12 kilomètres de la gare de Bou Medfa, à 100 kilomètres d'Alger; il faut malheureusement cinq heures pour effectuer ce parcours.

Fig. 97. — H. R'hira : Les sources chaudes.

L'établissement est à une altitude de 525 mètres qui, jointe à la proximité de la mer, lui assure une température relativement fraîche pendant l'été.

Les Romains avaient bâti autour de ces sources la ville de *Aquæ calidæ*, florissante sous le règne de Tibère, et qui, en l'an 32 de notre ère, était le « *rendez-vous général des malades et amateurs de bains* ».

Les ruines de cette ville étaient encore très importantes il y a deux cents ans : Schwann Thomas les décrit en 1738; mais déjà, au moment de la conquête, il n'en restait plus que des vestiges épars et quelques piscines, encore en assez bon état pour que l'on ait pu les utiliser après quelques réparations sommaires.

Les médecins militaires en profitèrent et y envoyèrent quelques malades qui furent logés sous la tente. Les résultats furent tels que, l'année suivante, l'autorité militaire décida la création d'un hôpital et d'un établissement, un peu rudimentaires, mais qui subsistent encore aujourd'hui.

Enfin, cinquante ans plus tard, Arlès Dufour construisit l'établissement civil actuel.

H. R'hira possède des sources nombreuses : la plupart sont thermales ; il existe en outre une source ferrugineuse froide.

Les sources thermales doivent être divisées en deux groupes :

Le premier, formé de deux émergences, jaillit de la partie la plus élevée du plateau ; elles ont une température de 70°, et laissent déposer par refroidissement un abondant précipité ferrugineux.

Jusqu'en 1878, on ne les avait pas utilisées à cause de leur éloignement ; maintenant elles concourent, avec une partie des autres sources, à alimenter les piscines inférieures.

Voici les résultats de l'analyse de ces deux sources :

	3	4
TEMPÉRATURE	67°,2	65°
Ca	0,483	0,355
Mg	0,030	0,0696
Na	0,261	0,351
Al	0,009	
Fe	0,001	0,026
CO_3	0,27	0,414
SiO_3	0,030	0,007
SO_4	0,917	0,893
Cl	0,329	0,322

Neuf sources ont des températures variant de 42 à 45°; enfin, celle qui primitivement alimentait l'hôpital militaire a une température de 51°.

Leur composition est sensiblement la même que celle des précédentes, comme le montre le tableau ci-dessous :

	1	2
TEMPÉRATURE	45°,2	45°
Ca....................................	0,4670	0,484
Mg...................................	0,0424	0,0480
Na....................................	0,2040	0,151
K.....................................	0,048	
Al....................................	0,002	
Fe....................................	traces	
Mn....................................	traces	
CO^3	0,270	0,242
SiO^3	0,037	0,009
SO^4	0,879	0,880
Cl	0,311	0,311

Leur débit est abondant, et varie entre 30 et 120 litres par minute, en sorte que l'établissement dispose actuellement de 450 mètres cubes d'eau par jour.

Les eaux sont légèrement alcalines, par le bicarbonate de chaux. Les eaux laissent, en effet, déposer dans les conduites des sédiments fort durs de carbonate de calcium.

On a beaucoup discuté pour savoir si elles étaient sulfureuses. Les premiers médecins militaires y reconnurent la présence de l'acide sulf-hydrique, qui fut contestée par leurs successeurs ; lors de notre visite, nous n'avons pu en déceler trace. Il paraît donc fort probable que l'acide sulfhydrique constaté par les premiers observateurs tenait à la réduction des sulfates, à une époque où le captage était insuffisant, et les sources chargées de détritus organiques qui provoquaient la réduction de ces sels.

Enfin, il existe deux sources froides. La première signalée, en 1848, par M. Panier est située à 1.500 mètres environ de l'établissement ; elle est captée et coule dans un réservoir, où elle laisse déposer une partie du fer qu'elle contenait. De là, elle est amenée souterrainement à l'établissement. Elle est connue sous le nom de source de l'État.

Sa température est de 19° ; son débit, assez variable, est en moyenne de 5 litres à la minute.

A l'analyse, elle a présenté la composition suivante :

CO^2 libre et faiblement combiné...	1,1600
Ca	0,392
Sr	traces
Mg	0,0375
Al	0,002
Fe	0,003
Mn	
Na	0,392
K	
CO^3 des carbonates neutres	0,356
SO^4	0,750
SiO^3	0,016
$P^2O^5 + As^2O^5$	traces
Cl	0,126

Cette eau est utilisée comme eau de table à l'établissement d'H. Rhira. Par la forte proportion de fer qu'elle renferme, elle constitue un agent thérapeutique précieux. Elle est gazeuse et se digère aisément ; mais elle ne se conserve pas en bouteilles ; tout le fer se dépose rapidement.

L'analyse bactériologique, effectuée par le Dr Armeilla en mai 1908, a donné par centimètre cube 100 colonies appartenant à une espèce banale (*bacillus mesentericus vulgatus*), sans germes pathogènes ou liquéfiant la gélatine.

En 1890, M. Allan découvrit, à 100 mètres de la précédente, une source gazeuse froide qu'il appela source Marcel, qui se fit jour dans les fondations d'un bâtiment qu'il se proposait de construire. Elle est captée directement dans la roche d'où elle sort. Elle a donné à l'analyse :

Résidu sec	3,345
CO_2 libre ou faiblement combiné	2,011
CO_3 des sels neutres	0,385
Ca	0,596
Mg	0,047
Na	0,300
Al_2O_3	0,073
SO_4	1,108
SiO_3	0,21
Cl	0,332

On voit qu'elle est beaucoup plus riche en chaux et surtout en acide sulfurique que la source de l'État.

Trois établissements reçoivent l'eau thermale : l'un militaire et deux civils, dont l'un est réservé aux indigènes.

L'hôpital militaire est des plus modestes. Il comprend trois piscines à eau courante et autant de baignoires ainsi qu'une installation de douches des plus médiocres.

La quantité d'eau qui lui est réservée est de 380 mètres cubes par jour, fournie par six sources débouchant au niveau même des piscines ; la température de l'eau est de 42°.

L'hôpital peut recevoir simultanément : 6 officiers ; 4 sous-officiers ; 20 soldats.

La durée de séjour est fixée à un mois et comprend annuellement trois séries, savoir : du 15 avril au 15 mai ; du 15 mai au 15 juin ; du 15 septembre au 15 octobre. Ces époques correspondent évidemment aux époques où le climat est le plus agréable à H. R'hira.

L'établissement civil comprend le grand hôtel des bains, dont les thermes occupent le sous-sol, disposition particulièrement avantageuse pour les malades, qui n'ont pas besoin de sortir de l'établissement pour suivre leur traitement.

Les thermes se composent de : cabines de bains avec baignoires, salles de douches comprenant : les douches ascendantes, en jet, en cercle, en pluie, douches vaginales, périnéales, douches d'Aix. Chaque salle de bain est précédée d'un cabinet de repos, chauffé par la circulation de l'eau minérale elle-même, qui se refroidit à la température convenable ;

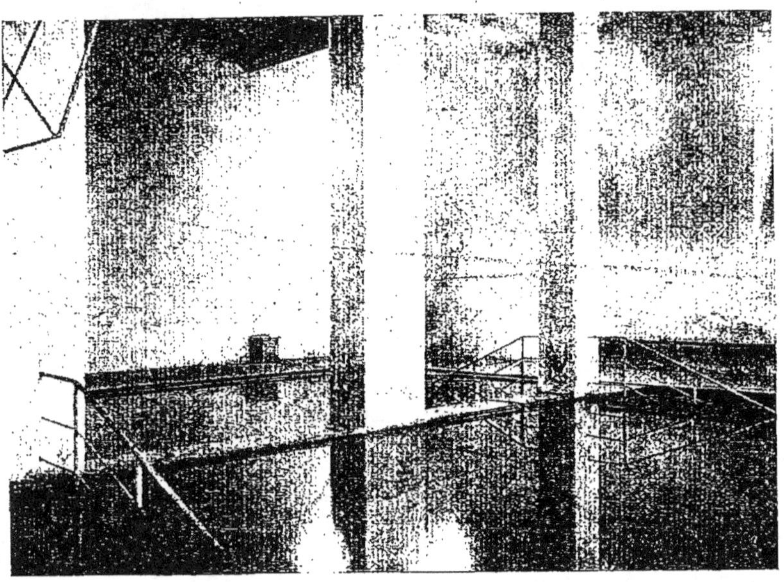

Fig. 98. — H. R'hira : Une piscine.

enfin deux grandes piscines à eau courante ont chacune 10 mètres de long sur 5 mètres de large et 1ᵐ,10 de profondeur ; l'eau y est abondamment renouvelée et est d'une limpidité parfaite.

Pendant l'été, le grand hôtel des bains est fermé et remplacé par l'hôtel Bellevue, situé 150 mètres plus loin, qui possède une installation analogue, mais plus modeste.

L'établissement indigène, complètement séparé des précédents, est situé à la partie inférieure du parc. Il se compose d'une cour carrée : trois côtés de cette cour sont constitués par des bâtiments servant d'hôtel ;

le côté sud est occupé par un grand bâtiment à coupoles contenant quatre piscines.

L'eau chaude dégage d'abondantes vapeurs qui atténuent encore la faible lumière provenant de quelques vitraux de couleur enchâssés dans la coupole. La nuit, chaque baigneur s'éclaire d'une petite bougie.

Deux des piscines sont tièdes, deux sont chaudes. Leur température

Fig. 99. — II. R'hira : L'établissement indigène.

varie suivant la quantité d'eau que l'Arabe, gardien des bains, y laisse arriver. Les deux premières varient de 37 à 41° ; la troisième monte à 43° ou 45° et la dernière atteint 47° à 50°.

Ces températures n'effrayent pas les indigènes, qui arrivent à supporter pendant plusieurs minutes l'immersion totale du corps dans une eau à 48° ; mais beaucoup se contentent d'y plonger le membre malade ou s'aspergent le corps avec l'eau minérale.

Les bains arabes attirent une quantité considérable d'indigènes que l'on peut évaluer à 20.000 par an. Les deux tiers sont des femmes, qui prennent souvent trois et quatre bains par jour.

Beaucoup d'Arabes préfèrent prendre leur bain en plein air. Au flanc du coteau, à 250 mètres environ des bains maures, la source Arlès Dufour sort du rocher. Les Arabes se baignent dans le bassin naturel

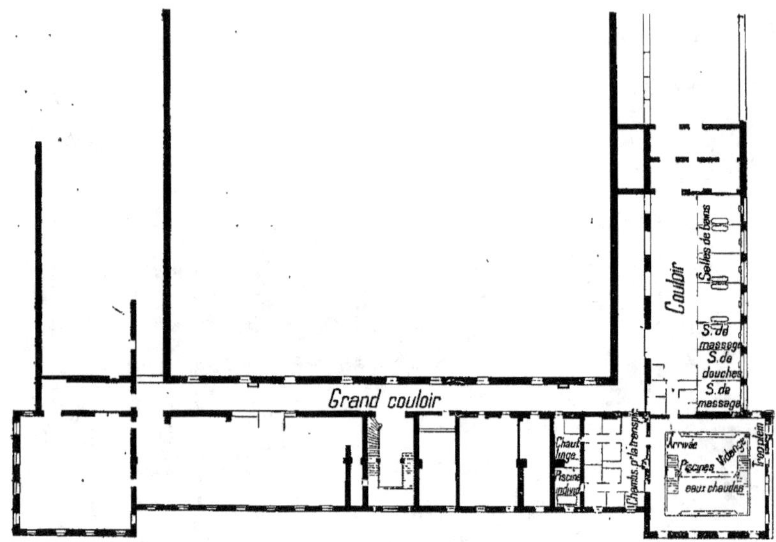

Fig. 100. — H. R'hira : Plan de l'établissement.

où elle jaillit ; ils y font des sacrifices en l'honneur de Sidi Sliman, y brûlent des cierges et surchargent les arbres des environs de talismans ou de petites poupées d'étoffe, remède souverain contre l'infamante stérilité (Dr G. Martin).

Quelles sont les affections qui relèvent de la cure de H. R'hira ?

En première ligne, nous devons citer les arthrites. Elles semblent être améliorées, quelle que soit leur origine : qu'elles proviennent d'un vice diathésique (rhumatisme, blennorragie), ou qu'elles soient consécutives à un traumatisme (contusion, entorse, luxation, fracture), qu'elles soient ou non compliquées d'hydarthrose.

Les rhumatisants viennent nombreux à **H. R'hira**, et les différentes formes s'en trouvent généralement bien, à condition que l'état général soit bon ; le traitement n'a au contraire aucune action bienfaisante, peut-être même provoque-t-il une aggravation, chez les rhumatisants débilités ou cachectiques.

La goutte ne paraît pas améliorée par un séjour à Hammam R'hira.

Les fractures, blessures anciennes, coups de feu, etc... n'ont généralement pas bénéficié de la cure à H. R'hira autant que l'on aurait pu s'y attendre, étant donnée la thermalité aussi élevée de l'eau. La statistique suivante, due au Dr Renard, résume ces indications :

	TOTAL	GUÉRISON	AMÉLIORATION	STATIONNAIRE	AGGRAVATION
Arthrites	42	11	29	2	
Hydarthroses	28	11			
Entorses	17	3	14		
Rhumatismes	410		330	60	20
Goutte	16		12	3	1
Luxations, fractures, blessures, nécroses, trajets fistuleux, etc.	162	17	65	38	6
Maladies de peau :					
Eczéma	26	3	15	8	
Psoriasis	12	4	4	4	
Acné	2			2	

Les sources froides peuvent être utilisées à l'intérieur, et le Dr Renard insiste sur l'action reconstituante d'une cure à **H. R'hira** ; les malaises gastro-intestinaux, la lassitude, l'irritabilité qui accompagnent l'anémie due à l'action débilitante de la chaleur, disparaissent comme par enchantement, par une cure à H. R'hira, avec l'action adjuvante de l'eau ferrugineuse.

Le Dr Martin a été plus loin. Se fondant sur une analogie de composition, du reste un peu lointaine, avec les sources de Martigny, Vittel,

Contrexéville, il a préconisé l'emploi interne de l'eau, dans les affections rénales en particulier, la donnant à jeun, à la dose maximum de 2 litres, suivant la technique employée à Contrexéville.

Les effets obtenus ont été les suivants : L'eau, légèrement constipante au début, produit rapidement un effet laxatif, en même temps qu'elle stimule l'appétit.

La diurèse s'accroît considérablement, entraînant une légère augmentation d'urée ainsi que d'acide urique, au moins au début. Au bout de peu de temps, cet acide tombe au-dessous de la normale. Elle paraît donc agir surtout comme eau de lavage, entraînant mécaniquement les matériaux devenus inutiles.

Tout autre est l'action des eaux dont Contrexéville est le type ; aussi l'eau d'H. R'hira n'a-t-elle donné dans le traitement des affections lithiasiques qu'une action incertaine. Le même traitement paraît plus actif sur la lithiase biliaire et sur la congestion hépatique, tant à cause de l'alcalinité des eaux que de leur action laxative.

Mais l'eau minérale n'est pas le seul agent actif de la cure à H. R'hira. Son climat particulièrement doux (sauf peut-être en février) y attire un grand nombre de malades, pour lesquels l'eau thermale n'est qu'un adjuvant.

Les convalescents, les neurasthéniques, les surmenés, les malades atteints de catarrhes des voies aériennes, les prétuberculeux, se trouveront particulièrement bien de ce climat doux et sec, qui leur permet de passer la totalité de la journée en plein air, dans un bain de lumière qu'un grand parc et le voisinage d'une forêt de pins rend particulièrement attrayant et salubre.

Comme on peut en juger par l'exposé précédent, la station Hammam R'hira mérite d'occuper une place des plus importantes, comme séjour d'hiver, tant à cause de la composition et la thermalité de ses eaux, que de sa situation climatérique.

Elle serait certainement la station préférée des rhumatisants et goutteux, qui cherchent une station hivernale où ils rencontreraient à la fois le climat et le traitement thermal.

Fig. 101. — H. R'hira : La source Arlès Dufour.

Mais, pour en faire une station de premier ordre, quelques améliorations s'imposent soit comme hygiène, soit comme établissement thermal :

1° Amener à l'établissement thermal une source d'eau naturelle potable, qui se trouve à 14 kilomètres environ. Dans ce cas, il serait peut-être possible de réaliser une entente entre le gouvernement le village Hammam R'hira et le propriétaire de l'établissement ;

2° Drainer les eaux chaudes qui s'échappent de l'établissement et faire disparaître les eaux stagnantes, véritables nids à moustiques, cependant assez rares dans cette région. La déclivité du sol rendrait ce travail facile et peu dispendieux ;

3° Améliorer l'établissement thermal ; actuellement les malades sont obligés de monter de nombreux escaliers, peu favorables aux enraidis par le rhumatisme et la goutte, et de passer en costume primitif de bain par le hall central, où se trouvent toujours des baigneurs et des employés.

Il serait facile de créer des bains, même des douches, à côté des chambres de l'hôtel, comme cela se pratique dans plusieurs établissements d'Allemagne, Wiesbaden par exemple ;

4° Construire un ascenseur pour desservir l'hôtel et les bains ;

5° Chauffer l'hôtel, soit avec le chauffage à vapeur, soit avec l'eau thermale elle-même ;

6° Desservir la station de Bou Medfa avec un service d'automobiles.

1. Dʳ Lelorrain, « H. R'hira près Miliana » (*Gaz. méd. Algérie*, 1856).

2. Berbrugger, « H. R'hira Aquæ calidæ », (*Revue africaine*, vol. VIII, p. 34, 1864).

3. Dʳˢ Besançon et Morin, « Les eaux thermominérales d'H. R'hira. Esquisse médicale. (*Gaz. méd. Algérie*, 1866).

4. Dʳ Besançon, « La saison des eaux à H. Rhira » (*Gaz. méd. Algérie*, 1868).

5. Dʳ Andréini, « Les eaux chaudes d'H. R'hira » (*Algérie médicale*, 1870).

6. Dʳ Besançon, « Hammam R'hira et Vichy » (*Gaz. méd. Algérie*, 1875).

7. Dʳ Colozzi, *Station thermominérale d'H. R'hira*, 1877.

8. Dʳ Dubief, *Note sur la station minérale d'H. R'hira*, 1878.

9. Dʳ Kobelt, *Hammam R'hira*, 1882.

10. Dʳ Lander Brunton, « Notice of Hammam R'hira » (in *The practitionner*, for april 1881 and november 1882).

11. Dʳ Lander Brunton et Dʳ Longuet, *Hammam R'hira, station d'hiver pour les goutteux et les rhumatisants.*

12. Dʳ Renard, *Résultats thérapeutiques d'H. R'hira*, 1882.

13. Dʳ Renard, *La station thermale d'H. R'hira*, 1896.

14. Cʜ. de Galland, *L'établissement thermal d'H. R'hira*, 1900.

15. Dʳ Barbaud, *Station hivernale d'H. R'hira*, 1909.

16. Dʳ G. Martin, *La station d'H. R'hira*, 1909.

17. Dʳ Brandt, *Hammam Rhira. A Winter bad station*, 1882.

18. Dʳ Bertherand, *Gaz. méd. Alg.*, 1856, p. 93, 113, 128, 139, 152.

HAMMAM OUED HAMIMIN

Situé à 9 kilomètres de la ville de Jemmapes, à laquelle il est relié par une bonne route, le H. Oued Hamimin possède une installation balnéaire qui constitue une ressource précieuse pour les habitants de cette ville. Il est situé dans un endroit très boisé et très riant qui est devenu un but de promenade, d'autant plus que l'établissement lui-même est placé au milieu d'un parc où divers jeux sont mis à la disposition des malades.

Les sources d'eaux thermales sont nombreuses, mais nous n'en retiendrons que quatre, qui seules sont utilisées, deux pour l'établissement, et deux pour les piscines communales.

Les deux premières sont situées dans le jardin, au-dessus de l'établissement qu'elles alimentent. On y descend par des puits, de $2^m,50$ de profondeur pour la première, et de 1 mètre pour la seconde. Leurs températures respectives ont été trouvées $45°,2$-$44°,3$. Leur débit total est évalué à 60 litres par minute.

Le service des mines en donne l'analyse suivante :

« (Le fer se dépose rapidement et n'a pas été dosé ; l'analyse ci-dessous est celle de l'eau séparée du dépôt.)»

Résidu sec...................... $2^{gr},454$

Ca	0,530
Mg	0,1176
Na	0,178
CO^3	0,232
SO^4	1,141
Cl	0,(97

L'établissement, situé en con-trebas des sources, se compose d'une piscine et de dix cabines ayant chacune une baignoire en marbre. Il y avait aussi une installation de douches, mais elle est actuellement hors d'usage. Enfin, un peu au-dessus des sources, existe un hôtel paraissant bien tenu, et qui permet aux malades de suivre leur traitement sur place; la plupart préfèrent cependant venir chaque jour de Jemmapes. Malheureusement la région n'est pas très saine; elle est infestée de moustiques, et la fièvre paludéenne y sévit l'été.

Les principales affections qui y sont traitées sont : le rhumatisme, la goutte, les névralgies, les affections des organes génito-urinaires.

Il n'y a pas de médecin à Oued Hamimin; mais la proximité de Jemmapes permet aux médecins de cette localité de suivre ceux de leurs malades qui y font un séjour.

Les sources communales sont situées de l'autre côté de la vallée au voisinage de l'Oued. Elles sont captées; j'ai constaté à leur émergence des températures de 40°,5 et 46°,6. Enfin, sur le bord même de l'oued, sourd une troisième source, dans une sorte de bassin naturel simplement recouvert de branchages; elle marquait 47°,2.

L'eau n'est aucunement sulfureuse. L'analyse a été faite sur l'eau de la deuxième source. Elle m'a donné :

Extrait sec à 100°....................	2,354
— au rouge	2,216
Ca....................................	0,5342
Mg....................................	0,0868
Na....................................	0,0279
K....................................	0,0014
$Fe^2O^3 + Al^2O^3$....................	0,0050
CO^3....................................	0,0530
SiO^3....................................	0,0404
SO^4....................................	1,4107
Cl....................................	0,0852
Pas de lithium.	

On voit que cette eau est de même nature que celle de l'établissement, bien que située sur l'autre rive de l'Oued.

L'eau des deux premières sources situées sur la rive droite est conduite à un établissement en aval, se composant de deux pièces contenant chacune une piscine ; mais cet établissement est délabré ; son toit s'est effondré et les conduites sont en partie bouchées. Il est urgent de le remettre en état.

1. Dr BERTHERAND, « Les eaux minérales de l'Oued Hamimin » (*Gaz. méd. Alg.*, 1868, p. 113).

COURENSON, *Opuscule sur le Hammam Oued Hamimin* (sans date).

HAMMAM OULD KHALED

Ces sources, plus connues sous le nom de « *Grandes* eaux chaudes de Saïda », sont à 14 kilomètres de Saïda sur la route qui mène à Mascara. Elles sont à 2 kilomètres de la station de Nazereg, ou plus exactement de

Fig. 101. — H. Ould Khaled : La piscine.

l'arrêt du chemin de fer d'Arzew à Aïn Sefra, car il n'existe aucun rudiment de gare en ce point.

Les sources sont, paraît-il, nombreuses. Elles viennent sourdre au fond d'un vaste bassin circulaire de 30 mètres de diamètre qui est, dit-on, très profond, et au centre où se trouvent les principales sources. Ce bassin est entouré d'un mur de maçonnerie d'un mètre environ de hauteur. Le niveau de l'eau y est réglé par un déversoir, où une dalle fait l'office de vanne. Sur les bords, l'eau n'a guère plus de $0^m,20$; mais le fond de la piscine est en pente rapide et les baigneurs ne peuvent guère s'aventurer à plus de 3 ou 4 mètres du bord.

L'eau qui s'écoule est chaude ; le service des mines indique un débit de 8 litres à la seconde avec une température de 45°. A l'époque où nous nous y sommes trouvés (23 février), quelques jours après une tourmente de neige, nous avons constaté un débit supérieur à 11 litres avec une température uniforme de 34° sur tous les points où nous avons pu accéder ; mais, d'après les dires des habitants d'une ferme voisine, la source est beaucoup plus chaude en été, et l'on ne peut s'y baigner tant que le soleil est levé.

Aussi est-ce la nuit que l'on prend les bains ; les malades entrent pêle-mêle dans la piscine, et les accidents, résultant de la température élevée de l'eau et de la profondeur du bassin, n'y sont pas rares et deviennent d'autant plus graves dans l'obscurité.

Le service des mines a publié en 1896 l'analyse de ces eaux qui leur assigne la composition suivante :

```
Résidu sec..........................  1,455

Ca..................................  0,190
Mg..................................  0,027
Na..................................  0,2870
CO³.................................  0,012
SO⁴.................................  0,559
Cl..................................  0,365
```

L'analyse effectuée sur un prélèvement fait par nous nous a donné (Peytel) :

```
Résidu sec à 160°...................  1,7884

Ca..................................  0,2191
Mg..................................  0,0475
```

Na	0,2972
K	0,286
Fe	0,0021
CO_2 libre	0,0062
CO_3 des carbonates neutres	0,1397
SiO_3	0,0572
SO_4	0,5958
Cl	0,4006

On voit donc que, malgré la température plus basse et le débit plus élevé, la minéralisation n'avait pas diminué, au contraire.

Aucun abri n'est préparé pour les baigneurs, et les rares maisons qui sont au voisinage ne sont pas disposées pour les héberger. Les indigènes viennent en grand nombre et dressent leur tente aux alentours ; mais beaucoup couchent sur la terre nue, entre le mur d'enceinte et le bassin. Bien que l'été, sous ce climat et à proximité de la piscine, le sol ne doive guère être froid, on se demande quel bienfait des rhumatisants peuvent retirer d'une cure ainsi conduite ; car, ici encore, ce sont les rhumatisants qui constituent la principale clientèle de ces eaux.

D'après ce que nous venons de dire, aucun Européen ne peut faire de cure à Hammam Ould Khaled, et cependant, dans la région, aucun établissement similaire n'est là pour y suppléer. C'est d'autant plus regrettable que le voisinage de Saïda, ville importante de garnison, assurerait à un établissement hydrothérapique modeste une clientèle rémunératrice, en même temps qu'il rendrait de grands services à la population européenne.

Il faudrait construire en aval une piscine de profondeur régulière et recevant des eaux refroidies où les malades puissent se baigner sans crainte d'accidents, et réserver quelques cabines avec baignoires individuelles pour les Européens. Il faudrait, en outre, construire quelques abris ou un café maure pour les indigènes, et quelques chambres où les Européens puissent se loger pendant leur traitement.

Dr Boncour, *Sources de Nazereg, Hammam Ould Khaled*, 1878.

H. SIDI EL DJOUDI

Dans la commune mixte du Guergour, à 55 kilomètres de Sétif et à peu près à la même distance de Bougie, se trouvent les sources très importantes de Sidi el Djoudi. Elles jaillissent, nombreuses, sur le flanc de la colline, sur la rive droite du bou Sillam et à la sortie des gorges du Guergour.

Voici les débits des différentes sources :

Nos 1	6¹,5	Nos 8	0¹,63
2	5,2	9	0.50
3	4,15	10	0,50
4	1,90	11	0,50
5	0,80	12	0,23
6	0,50	13	0,10
7	0,73		
	19,78		2,48

Soit un débit total de 22¹,26, qui pourrait être augmenté, car de nombreuses infiltrations chaudes se remarquent un peu partout sur le coteau jusqu'à 1 kilomètre de distance.

Les deux premières de ces sources sont seules utilisées à l'heure actuelle. Elles sont réunies en un captage unique où l'eau marque 43°,9. De là une canalisation conduit l'eau à une salle de bains réservée aux Européens, contenant une baignoire en ciment ayant 1ᵐ,70 de long sur 0ᵐ,80 de profondeur de 0ᵐ,75. Elle est alimentée par un gros robinet en cuivre qui servait, paraît-il, autrefois à des douches, grâce à une lance aujourd'hui disparue.

Un peu plus bas se trouve la piscine réservée aux indigènes et qui mesure $2^m,5$ sur 4 mètres, avec une profondeur variable, atteignant $1^m,30$ au plus creux. L'eau y marque une température de $43°,6$.

La piscine est contenue dans un bâtiment clos .de toute part, ne prenant jour que par la porte, insuffisamment aéré et où la température est étouffante.

Voici la composition de l'eau d'après le service des mines :

Résidu sec	3,259
CO_2 libre	0,012
Ca	0,556
Mg	0,096
Na	0,206
CO_3	0,193
SiO_3	0,012
SO_4	1,591
Cl	0,484

Nous l'avons, de notre côté, soumise à une analyse dont voici les résultats :

Extrait sec à 180°	3,319
Ca	0,581
Mg	0,080
Na	0,253
CO_3 libre et faiblement combiné	0,320
CO_3	0,240
SiO_3	0,012
SO_4	1,602
Cl	0,476

C'est donc une eau principalement sulfatée calcique.

La station paraît très fréquentée, malgré son état primitif. Le jour où nous nous y sommes rendus, et c'était au mois de mars, trente ou quarante enfants attendaient qu'on leur ouvrît la piscine. Les indigènes y viennent de fort loin pour leurs rhumatismes, les affections cutanées et la guérison des blessures anciennes pour lesquelles elle est très réputée.

La station du Guergour commence à avoir une clientèle européenne. J'ai vu à Sétif et à Bougie plusieurs personnes qui s'y étaient rendues pour des rhumatismes, une autre pour une sciatique, et toutes s'en étaient parfaitement trouvées.

Fig. 102. — Le Guergour : La source.

A 100 mètres de la source, existe un hôtel pour les Européens, plus confortable que ne le laisserait supposer le délabrement de l'établissement thermal.

Il serait donc à désirer que la commune fît les frais minimes d'une remise en état du hammam, à qui l'abondance et la thermalité de ses eaux assigne une place importante parmi les stations algériennes, et qui attirera les Européens, le jour où les moyens de communication seront plus faciles.

Sur la route qui conduit du Guergour à Sétif, nous avons relevé diverses sources minérales :

L'*Aïn Mala*, ferrugineuse, à 2 kilomètres du Guergour, l'*Aïn Sfa*, dans le douar Amimi, à 7 kilomètres du Guergour, près d'Aïn Roua. D'autres sources ferrugineuses, froides ou chaudes, sont, paraît-il, nombreuses dans la montagne. Ces sources, de faible débit, ne nous ont pas paru utilisables.

Fig. 103. — Le Guergour : Les piscines.

HAMMAM BOU SELLANE

A 22 kilomètres au sud-ouest de Sétif, et à 5 kilomètres de la gare de Hammam, se trouvent des sources chaudes, nombreuses, réparties çà et là dans la plaine. Les plus abondantes, au nombre de quatre,

FIG. 104. — Hammam bou Sellane.

sourdent sur la rive gauche d'un oued qui les recouvre dans ses débordements. C'est ce qui arrivait lors de notre visite, et nous avons dû effectuer nos prélèvements à une source située sur la rive droite, à 200 mètres de la rivière, et qui n'était pas inondée.

Le service des mines lui assigne un débit de 18 litres à la minute avec des températures variant de 41°,5 à 49°. Nous n'avons trouvé que 38°,5 pour la source que nous avons prélevée ; mais il ne faut pas oublier qu'aucun captage n'est effectué sur ces sources et que l'oued avait envahi une partie de la plaine.

L'analyse faite par M. Malosse a donné :

Résidu sec à 160°....................	1,68
Ca	0,1982
Mg..............................	0,0242
Na..............................	0,243
$Fe^2O + Al^2O^3$....................	0,0037
Cl...............................	0,358
SO^4.............................	0,472
SiO^3	0,070
CO^3.............................	0,107

Il s'agit donc d'une eau chlorosulfatée faiblement minéralisée, et qui doit agir surtout par sa thermalité.

Elle est très réputée parmi les indigènes contre les rhumatismes et les maladies de peau. Elle est en effet à peu près seule dans la région et rend des services dans cette plaine de Sétif, aussi brûlante l'été qu'elle est froide en hiver.

Aucune installation n'existe, et les indigènes prennent leur bain dans des trous creusés dans le sable sur le bord de l'oued et qui sont simplement recouverts de branchages.

Il est question d'y construire un hammam à l'usage des indigènes. Il serait bon de conduire l'eau un peu loin de l'oued, pour que le hammam ne soit pas exposé aux inondations ; enfin il faut prévoir quelques chambres que l'on puisse louer aux Européens que la proximité de Sétif ne manquera pas d'attirer.

---

1. Dr Roucher, « Notice sur les eaux thermales de Hammam Sétif » (*Gaz. méd. Alg.* 1859, p. 92).

AIN SOKMA

Les sources du Sokma sont situées dans le douar Ouled Zaïm, commune mixte des Eulmas, à 25 kilomètres de la gare de Saint-Arnaud, à laquelle elles sont reliées par une route carrossable.

Les sources sont situées au milieu d'une vaste plaine marécageuse, et débouchent dans une cuvette pouvant avoir 30 mètres de diamètre, et en partie garnies de joncs. Elles forment une véritable mare, dont la partie la plus creuse a environ $1^m,50$ de profondeur, et est fermée par une digue d'origine romaine, dans laquelle est ménagé un déversoir. C'est dans cette dépression que les indigènes viennent se baigner. Les nombreuses sources qui s'y déversent paraissent toutes appartenir à la même nappe; elles ont en effet des températures presque identiques : 43° ; 42°,6 ; 44°,5 ; 45°,3 ; 45°,4.

Quant à la température de l'eau au point le plus creux du bassin, elle est de 38°,5, et est la même au déversoir.

L'eau paraît très légèrement sulfureuse ; des dosages faits sur diverses émergences nous ont donné pour le soufre des chiffres variant entre 0,0010 et 0,0015,

Il serait toutefois possible, vu l'état de pollution de la mare, que ces sulfures proviennent de la réduction des sulfates, et que l'hydrogène sulfuré disparaisse quand les sources, convenablement captées, seront conduites dans un bassin cimenté.

Elle a donné à l'analyse :

Résidu sec à 160°.....................	2,018
Ca................................	0,284
Mg................................	0,002
Na.......	0,381
K...................	0,020
SiO³.............................	0,025
CO³.........................	0,168
SO⁴.............................	0,338
Cl................................	0,792

C'est donc une eau thermale chlorosulfatée. Elle a eu son heure de vogue, et les restes importants de piscines romaines, qui existent tout autour, montrent que les premiers conquérants savaient, mieux que nous, utiliser les eaux thermales.

Aujourd'hui, les piscines sont détruites et le hammam est une mare où croupissent des détritus de toute sorte. Les indigènes y viennent quand même en grand nombre, et la commune, qui possède tout autour un vaste domaine, doit y réaliser une installation modeste, mais propre. Un captage augmenterait beaucoup la quantité et la thermalité de l'eau ; une ou deux piscines couvertes, une chambre de repos, peut-être un café maure, compléteraient l'installation.

Si la commune ne peut faire la dépense d'un établissement même aussi modeste, elle pourrait affermer ses sources à une société, qui, moyennant une redevance minime, construirait l'établissement et assurerait aux baigneurs des conditions hygiéniques.

HAMMAM SIDI EL HADJI

Le Hammam Sidi el Hadji est constitué par une source chaude abondante, située à 2 kilomètres et demi de la station de la fontaine des Gazelles, entre el Kantara et Biskra.

Les sources débouchent dans un grand bassin circulaire de 12 mètres environ de diamètre, ayant deux émergences principales situées près des bords, et, paraît-il, une très forte au milieu du bassin. Celui-ci est d'origine romaine, comme en témoignent de nombreux vestiges, mais toute trace de construction a disparu. La température, prise aux deux émergences que nous avons pu atteindre, était 41°,4 ; 41°,3. L'eau n'est aucunement sulfureuse.

A l'analyse, elle a donné :

$$
\begin{array}{lr}
\text{Extrait sec à 160°} & 3,020 \\
\text{— \quad au rouge} & 2,790 \\
\end{array}
$$

Ca	0,3535
Mg	0,800
Na	0,5553
K	0,0015
$Fe^2O^3 + Al^2O^3$	0,0030
CO^3	0,1484
SiO^3	0,0493
SO^4	1,0981
Cl	0,8023

Pas de lithium.

Cette source est très fréquentée par les populations nomades qui reviennent du désert chaque printemps ; de plus, dans un rayon de 20 kilomètres, il existe une population fixe de 8 à 10.000 indigènes qui s'y rendent régulièrement; aussi la commune se propose-t-elle de faire quelques travaux d'aménagement, d'entourer tout le bassin d'un mur d'enceinte pour empêcher les Arabes d'y conduire les troupeaux. Il sera bon de construire à proximité un abri pour les baigneurs, et de couvrir une partie au moins de la piscine.

Enfin, le trop-plein de la piscine, au lieu de se perdre inutilement dans les sables avoisinants, pourrait être dirigé dans un bassin servant d'abreuvoir aux nombreux troupeaux qui fréquentent la région.

H. OUED ALI

Le hammam des Ouled Ali est situé sur le territoire des Beni Foughal, à 17 kilomètres de Guelma. Pour s'y rendre, on suit pendant 15 kilomètres la route de Guelma à Bône, puis on prend un sentier qui traverse l'oued à gué. Les sources sont situées à mi-côte; elles sont très nombreuses et peuvent être divisées en deux groupes bien distincts.

Les sources du premier groupe se déplacent fréquemment; nous y relevons les températures suivantes : la plus au nord marque 49°,7, puis 50°,9 ; 56° ; 56°,7. La deuxième source, celle qui a pour température 50°,9, est la plus abondante. Elle est conduite souterrainement à un petit établissement composé d'un bâtiment abritant une unique piscine, ayant 4 mètres de longueur sur 3 mètres et 0,60 de profondeur. Elle y arrive avec une température de 42°,3.

Une analyse du service des mines lui assigne comme composition :

Extrait sec	1,192
Ca	0,800
Mg	0,025
Na	0,026
K	0,014
CO_3	0,034
SO_4	0,610
Cl	0,053

De notre côté nous avons trouvé :

Résidu sec à 160°	1,295
— au rouge	
Ca	0,2835

$$Mg\dots\dots\dots\dots\dots\dots\dots\dots\dots\dots\dots\dots 0,0468$$
$$Na\dots\dots\dots\dots\dots\dots\dots\dots\dots\dots\dots\dots 0,0878$$
$$K\dots\dots\dots\dots\dots\dots\dots\dots\dots\dots\dots\dots\dots 0,0016$$
$$Li\dots\dots\dots\dots\dots\dots\dots\dots\dots\dots\dots\dots\dots 0,0007$$
$$Fe^2O^3{+}Al^2O^3\dots\dots\dots\dots\dots\dots\dots 0,0050$$
$$CO^3\dots\dots\dots\dots\dots\dots\dots\dots\dots\dots\dots\dots 0,144$$
$$SiO^3\dots\dots\dots\dots\dots\dots\dots\dots\dots\dots\dots 0,0023$$
$$SO^4\dots\dots\dots\dots\dots\dots\dots\dots\dots\dots\dots\dots 0,6005$$
$$Cl\dots\dots\dots\dots\dots\dots\dots\dots\dots\dots\dots\dots\dots 0,0426$$

Il s'agit donc d'une eau sulfatée calcique fortement thermale. Elle est utilisée uniquement en bains contre les douleurs et, nous a-t-on dit, contre les affections utérines. Les indigènes ne l'utilisent pas en boisson, probablement à cause de l'absence des carbonates qui en faciliteraient la digestibilité.

La station paraît du reste très fréquentée ; nous y avons vu une vingtaine d'Arabes attendant leur tour d'entrer dans la piscine.

Les Européens ne s'y rendent pas à cause de l'installation actuelle qui est trop primitive. Etant donnée la thermalité élevée de cette eau, il est regrettable que la population de Guelma ne puisse l'utiliser, et il y aurait lieu de prévoir l'installation d'une deuxième piscine, avec une cabine de bains réservée aux Européens, et une salle de repos formant vestiaire.

Il serait même préférable, étant donnée la disposition des lieux, de séparer complètement cette installation du hammam indigène, en l'établissant sur le deuxième groupe de sources.

Celui-ci sort d'un travertin situé à quelques centaines de mètres de là, et qui surplombe la rivière. Il comporte de nombreuses émergences dont la température varie de 56° à 56°,7.

L'analyse de l'eau a donné les résultats suivants ; .

$$\text{Résidu sec à 160°}\dots\dots\dots\dots\dots\dots 1,050$$
$$\text{—}\quad\text{au rouge}\dots\dots\dots\dots\dots 0,900$$

$$Ca\dots\dots\dots\dots\dots\dots\dots\dots\dots\dots\dots\dots 0,1200$$
$$Mg\dots\dots\dots\dots\dots\dots\dots\dots\dots\dots\dots\dots 0,0196$$

Na	0,0729
K	0,0016
$Fe^2O^3 + Al^2O^3$	0,0030
CO^3	0,1183
SiO^3	0,316
SO^4	0,4400
Cl	0,0426

Elle est donc de même nature, quoiqu'un peu moins minéralisée que la précédente.

A l'heure actuelle, ces eaux sont inutilisées et coulent directement à la rivière,

H. DU DJENDEL

Ce hammam est situé sur la commune mixte de l'Edough, à 8 kilomètres de la gare de Bou Maïza, mais aucun chemin praticable ne le relie à celle-ci. On y accède plus aisément par la route de Philippeville à Bône; il est à 3 kilomètres du pont de l'Oued el Kebir.

Les sources sortent d'un terrain plat et tourbeux; elles sont nombreuses, et, dans un certain rayon, il suffit de faire un trou en terre pour en voir sortir l'eau chaude.

Un certain nombre débouchent dans une piscine, vraisemblablement d'origine romaine, mesurant 4 mètres de longueur et de largeur, et ayant une faible profondeur, variable avec l'inégalité du fond.

Les températures des sources sont sensiblement les mêmes; nous avons trouvé : 42°,2 ; 42°,5 ; 42°,7 ; 43°.

De plus, il se dégage entre les dalles mal jointes de la piscine de nombreuses bulles de gaz, formées en grande partie de gaz carbonique.

L'eau est faiblement sulfureuse, vraisemblablement par décomposition des sulfates par la tourbe du terrain.

$$S = 0,0006.$$

L'analyse complète a donné :

Résidu sec à 160°.....................	2,2420
— au rouge.....................	2,0920
Ca...................................	0,4785
Mg...................................	0,0562

Na	0,1260
K	0,0048
$Fe^2O^3 + Al^2O^3$	0,0030
CO³	0,1570
SiO³	0,0543
SO⁴	1,1804
Cl	0,1846

Aucune installation autre que la vieille piscine romaine n'existe autour de la source, qui paraît cependant fort appréciée par les indigènes, à en juger par les nombreux baigneurs que nous y avons vu passer pendant les quelques heures où nous y sommes restés. On dit que la région est très fiévreuse. Ce serait une raison de plus pour mettre les baigneurs à l'abri d'un refroidissement, en couvrant la piscine, et surtout en construisant un abri où ils puissent se déshabiller.

Les eaux du Djendel passent pour avoir une efficacité spéciale contre les éruptions syphilitiques.

La région de Mila possède de nombreuses sources thermales dont la source des Ouled bou Hallouf est la plus importante.

Elle est située à 9 kilomètres au sud-ouest du village de Mila, dans le lit d'un ravin très profond et très encaissé, désigné sous le nom d'Oued el Hammam, et est reliée à Mila par un sentier presque impraticable en temps de pluie.

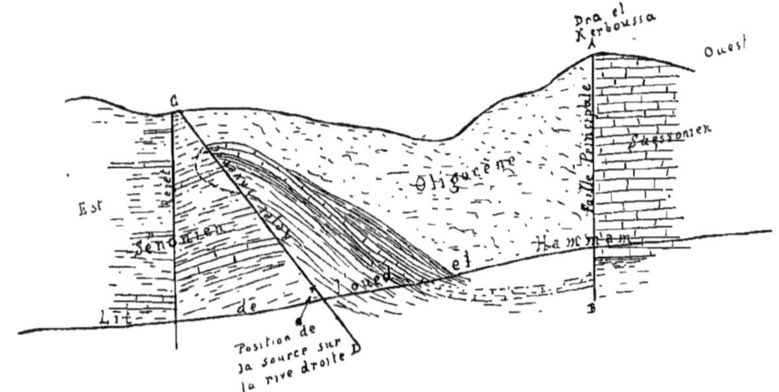

Fig. 105.— Terrains d'où débouche la source Bou Hallouf.

La source est captée et débouche directement dans les piscines. Elle a un débit considérable : 85 litres par minute. Sa température est de 45°.

L'analyse a donné :

Résidu sec à 180°.................... 3,260

Ca................................... 0,5622
Mg 0,0900

Na	0,3195
K	0,0215
Li	traces notables
$Fe^2O^3 + Al^2O^3$	0,0220
CO^3	0,1250
SiO^3	0,0600
SO^i	1,6744
Cl	0,3900

C'est donc une eau chlorosulfatée, analogue à celle de H. R'hira, ayant la même température et une minéralisation un peu supérieure.

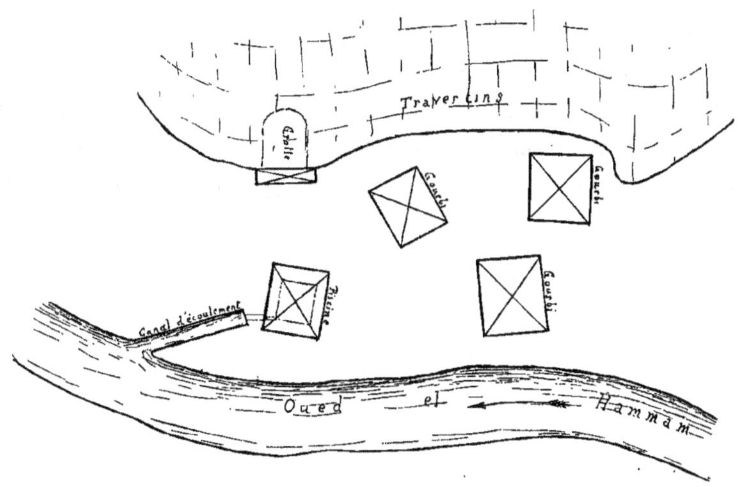

Fig. 106. — Plan de l'établissement de Bou Hallouf.

Je mets en regard les chiffres correspondants de cette dernière station.

Résidu sec	2,260
Ca	0,467
SO^i	0,879

L'installation est des plus rudimentaires. Elle comprend une simple piscine établie au lieu même d'émergence de la source et mesurant $2^m,80$

de longueur sur 2ᵐ,10 et 1ᵐ,25 de profondeur. Elle est construite en pierres de taille provenant de ruines romaines ; le fond est pavé en dalles brutes. Elle est recouverte par une cabane en moellons mesurant 4ᵐ,15 × 4ᵐ, n'ayant aucune croisée, mais une simple porte basse.

L'Administration s'est préoccupée de mettre cette source en valeur en expropriant les terrains situés aux alentours et y construisant un établissement confortable. Il serait peut-être plus simple de conduire l'eau thermale à un endroit du ravin moins encaissé, et où l'Administration dispose de vastes terrains ; la déclivité de la région et la température élevée de l'eau rendraient ce transport facile.

Les indigènes seuls fréquentent actuellement cette station ; on est donc sans renseignements spéciaux sur les indications thérapeutiques de cette eau, qui seront vraisemblablement les mêmes que celles de H. R'hira, et qui est destinée un jour à devenir une des plus importantes de l'Algérie.

Les eaux bicarbonatées

La caractéristique des eaux bicarbonatées est de tenir en dissolution des carbonates qui leur communiquent une réaction alcaline.

Presque toutes les eaux potables sont bicarbonatées et témoignent une légère alcalinité à l'hélianthine ; mais nous ne considérons comme eaux minérales que celles où cette alcalinité correspond au moins à $0^{gr},5$ de bicarbonate par litre.

Leur minéralisation peut tenir à des carbonates alcalino-terreux ou à des carbonates alcalins. Dans le premier cas, l'ébullition la fera disparaître en précipitant le carbonate neutre de chaux ou de magnésie ; au contraire, dans le cas des bicarbonates alcalins, l'ébullition pourra les décomposer, mais il se formera un carbonate alcalin neutre, qui a la même valeur alcalimétrique au point de vue de l'hélianthine.

La différence si prononcée que nous venons de voir exister au point de vue chimique entre ces deux sortes d'eaux, se rencontre également au point de vue thérapeutique. Les bicarbonatées sodiques s'assimilent aisément, sont stimulantes sur l'estomac, grâce à l'excès d'acide carbonique qu'elles renferment, tandis que les bicarbonatées calciques sont indigestes, s'assimilent mal et sont plutôt réservées à l'usage externe. Et de fait les eaux bicarbonatées calciques utilisées en Algérie sont toutes thermales et même hyperthermales ; ce sont :

	TEMPÉRATURE	EXTRAIT SEC	Ca + Mg	Na + K	CO^3	SO^4	Cl
H. Meskoutine		1,5025	0,2564	0,2823	0,213	0,156	0,396
H. Bou Hadjar............	63°,6	3,720	0,416	0,828	0,460	0,160	1,538
H. Bou Hanifia............		1,548	0,559	0,020	0,838	0,053	0,031

tandis que les eaux qui renferment des bicarbonates alcalins sont toutes froides. Ces eaux offrent un intérêt tout spécial pour l'Algérie; elles sont en effet souveraines dans les affections hépatiques, dans l'anémie provoquée par le paludisme, ou par les hautes températures prolongées : il n'y a qu'à voir le nombre des Algériens qui font chaque année une saison à Vichy.

Il ne saurait être question d'assimiler les eaux alcalines de l'Algérie à celles de Vichy ; mais des eaux, même d'efficacité secondaire, auraient une importance considérable pour les colons ou les indigènes qui ne pourraient se déplacer, sans compter qu'elles constitueraient, elles aussi, des eaux de table de premier ordre. Aussi avons-nous examiné avec un intérêt tout spécial toutes les sources alcalines qui nous ont été signalées. Nous résumons en un tableau les principales constantes de toutes celles qui nous ont paru présenter quelque intérêt.

	TEMPÉRATURE	RÉSIDU SEC	ALCALINITÉ	Ca + Mg	Na + K	CO^3 des CARBONATES NEUTRES	SO^4	Cl
Takitount......	18°	2,56	35	0,25	0,70	1,04	0,03	0,17
Ben Haroun	16°,7	4,07	40	0,512	1,114	0,98	0,75	0,69
Aïn Sennour......	16°	2,9	28	0,622	0,54	1,02	0,017	0,31
A. Garca..........	16°,9	1,87	22	0,19	0,47	0,51	0,53	0,07
Mouzaïaville	17°,5	0,97		0,28	0,099	0,28	traces	0,49
Bou Hadjar.......	19°	4,240	21	1,053	0,966	0,610	0,123	1,798
A. Bouira.........	15°,5		28	0,700	0,477	0,804	0,540	0,288
El Alfroun	16°	1,197	33	0,471	—	—	0,477	0,263

Je mets en regard la composition de quelques-unes des sources alcalines européennes les plus réputées.

	TEMPÉRATURE	RÉSIDU SEC	ALCALINITÉ	Ca + Mg	Na + K	CO^3	SO^4	Cl
Vichy-Célestins...	15°,2	8,22	57	0,35	1,54	»	0,22	0.34
Saint-Galmier-Ba-doit...	8°	2,88	35	0,39	0,29	»	0,14	0,30
Carlsbad...	30°	5,21	28	0,12	1,72	»	1,64	0,60
Châtel-Guyon...		7,55	40	0,09	1,41	»	0,41	2

On voit que Takitount est la seule qui se rapproche de Vichy par sa faible proportion d'éléments, autres que les carbonates alcalins. Son alcalinité représente presque celle de Vichy, les autres principes atteignant environ la moitié : en effet, en divisant par 2 les chiffres qui se rapportent aux Célestins on obtient :

	RÉSIDU SEC	ALCALINITÉ	Ca + Mg	Na + K	CO^3	SO^4	Cl
Vichy-Célestins (1/2)...	4,11	29	0,18	0,77		0,11	0,17
Takitount...	2,76	35	0,25	0,70	1,04	0,03	0,17

On peut donc dire que l'eau de Takitount représente moitié de la valeur de l'eau de Vichy. En tout cas, c'est parmi les eaux algériennes celle qui s'en rapproche le plus.

Quel parti en a-t-on tiré ? Il est insignifiant. On en vend quelques bouteilles qui sont utilisées, plutôt comme eau de table que comme eau médicamenteuse ; mais aucune tentative n'a été faite pour y réaliser un établissement hospitalier, et cependant la nature des eaux et le climat de la région, située en pleine montagne, sont bien faits l'un et l'autre pour combattre l'influence d'un été brûlant dans des régions souvent encore impaludées, ainsi que les dyspepsies et les hépatites qui en résultent.

Un tel essai serait d'autant plus tentant qu'il existe déjà un précédent : Ben Haroun, dont l'eau, un peu plus alcaline que celle de Takitount, est en même temps chlorosulfatée, a été le centre d'un camp volant établi en 1870, pour les soldats malades et surmenés. Les résultats ont été des plus satisfaisants, et cependant, l'établissement militaire disparut avec la fin de la campagne sans être remplacé par aucun établissement civil.

Enfin il est une classe spéciale d'eau carbonatée particulièrement intéressante, ce sont les ferrugineuses.

HAMMAM MESKOUTINE

Hammam Meskoutine est actuellement la station la plus florissante de l'Algérie. Située entre Constantine (111 kilomètres) et Bône (108 kilomètres), elle n'est qu'à 19 kilomètres de Guelma et est reliée à cette ville par la voie ferrée de Constantine à Tunis.

Ses eaux sont les plus chaudes de toute l'Algérie et peut-être du monde entier, sauf les geysers d'Islande (température 109°), qui ont quelques degrés de plus. Aussi ont-elles dû être utilisées de tous temps; les plus anciens vestiges d'établissement thermal que l'on y rencontre remontent aux Carthaginois. Les Romains y avaient construit des piscines et des thermes importants (*Aquæ Tibilitanæ*), entourés de villas, d'établissements militaires, dont on retrouve de nombreuses traces dans les environs.

Les Arabes se sont contentés d'utiliser les piscines romaines; mais ils ont doté H. Meskoutine d'une légende sur l'origine des eaux, qui vaut bien la peine d'être reproduite :

« Un seigneur de la tribu des Beni Khelifa, nommé Kassem, réputé pour sa sainteté, devint amoureux fou de sa sœur, la *belle Fatma*. Il lui signifia qu'il voulait l'épouser et que les noces se feraient dans trois jours. Les plus anciens de la tribu lui représentèrent en vain le sacrilège de sa décision; il leur fit couper la tête, et fit hâter les préparatifs de la noce.

« Enfin le jour fatal arriva. Au moment où le marabout venait de placer la main de Kassem sur la tête de sa sœur, le soleil se voila; un éclair fendit la nue et tous les éléments furent bouleversés. Le feu de l'enfer sortit des entrailles de la terre, les rivières s'élancèrent hors de leur lit, et, au milieu des convulsions de la nature révoltée, une nuit profonde se répandit sur la campagne.

« Le lendemain, quand le soleil parut à l'horizon, la tribu des Beni Khelifa n'existait plus.

Fig. 107. — H. Meskoutine : Le mariage arabe (Cônes représentant : Kassem, Fatma, le marabout).

« L'impie Kassem, sa sœur Fatma, le marabout Abdallah, les tolbas, tous les gens de la noce étaient restés pétrifiés, au lieu même où avait failli s'accomplir le plus exécrable forfait.

« Chacun peut voir aujourd'hui, en parcourant ce sol maudit, les témoignages vivants de la vengeance céleste.

« Mais que le vrai croyant y prenne garde et ne se hasarde pas dans un tel endroit sans recommander son âme à Dieu, car, quand vient la nuit, chaque pierre reprend sa forme primitive, la noce endiablée recommence, les danses continuent, on entend dans le lointain une musique infernale, et malheur à celui qui se laisserait entraîner dans cette ronde satanique : il irait augmenter le nombre des pierres qui couvrent le plateau du bain des maudits. »

En 1843, le médecin inspecteur Bégin, au cours de sa lutte contre

Fig. 108. — H. Meskoutine : Plateau des cônes.

le paludisme qui décimait notre armée, installa sur la rive gauche du Chedakra le premier hôpital militaire. D'abord en planches, il fut construit l'année suivante en maçonnerie et reçut dès lors pendant trois mois, chaque printemps, des malades, militaires ou fonctionnaires civils ; l'affluence était telle qu'un grand nombre d'entre eux devaient loger sous la tente (fig. 2).

En 1858, le Dr Moreau demanda et obtint une concession. Il fonda un établissement civil, début de la station actuelle, qu'il plaça sur la rive droite du Chedakra, sur le plateau, loin de l'Oued, pour éviter la malaria fréquente dans la vallée. Enfin en 1884, l'hôpital militaire disparut, et le concessionnaire civil hérita de la totalité des sources, constructions, et aménagements, à charge de recevoir gratuitement chaque année un certain nombre de malades militaires.

Le plateau d'Hammam Meskoutine est tout entier sillonné par une nappe d'eau souterraine, qui de temps en temps se fait jour en un des points les plus faibles, souvent avec grand fracas et avec un débit colossal, comme on l'a vu en 1903. Peu à peu, l'eau laissant un abondant dépôt calcaire, l'orifice se bouche et se transforme en un « cône », véritable stalagmite formée par les eaux. Il en existe un nombre considérable sur le plateau, qui représentent les anciennes sources, et auxquels la légende que j'ai rapportée attribue un mode de formation si bizarre.

Il s'ensuit que le nombre et le débit des sources est absolument variable. Actuellement elles sont sur la rive droite du Chedakra et divisées en huit groupes :

1° Aïn Srouna ;

2° Sources du Chedakra (ferrugineuse ; de la Grande Ruine ; Cascade du Nord) ;

3° Sources de la Grande Cascade ;

4° Source des Bains ;

5° Source du Pont ;

6° Sources de l'Est ;

7° Sources de la Ruine ;

8 Sources du Bou Hamdam.

1° **Aïn Srouna.** — Située dans le cirque formé par les crêtes des Beni Brahim, elle paraît avoir été utilisée par les Romains. Actuellement, elle sert surtout de lavoir aux indigènes.

Elle a une origine différente des autres sources, comme l'indiquent sa température et sa composition bien différentes. Voici l'analyse qu'en donne M. Cornutrait, pharmacien de l'hôpital de Guelma :

Résidu sec à 160°.. 0,258

Acide carbonique libre .... Nul
Carbonate de chaux... 0,0103
Sulfate de chaux 0,0098
Sel de magnésie.. 0,1125
. Acide sulfurique 0,0820
Chlore 0,0584

Du reste, elle n'est pas incrustante comme les autres sources.

2° **Sources du Chedakra.** — Elles sont très nombreuses et sortent

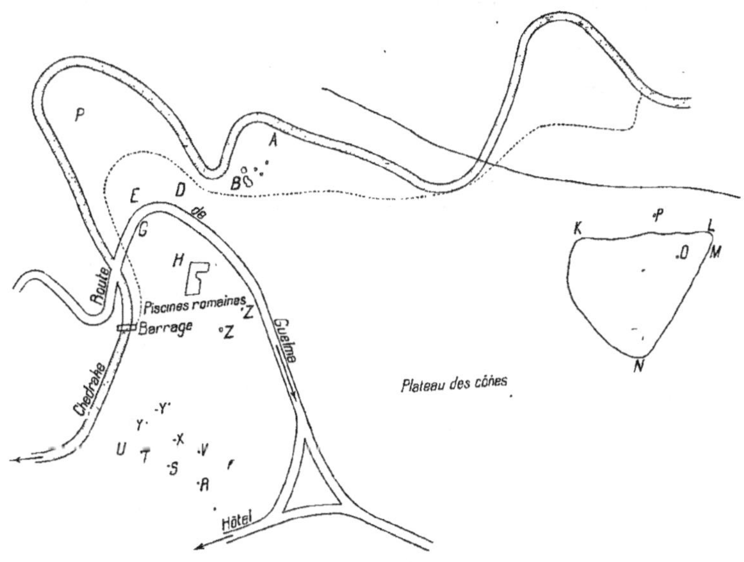

Fig. 109. — Plan de H. Meskoutine.

dans le lit de l'Oued sur une étendue de plusieurs kilomètres.

Leur température varie de 72 à 92°.

Analyse des sources ferrugineuses par M. Fégueux :

Résidu sec	1,2640
Carbonate de chaux	0,1746
— magnésie	0,0237
Sulfate de chaux	0,4292
— soude	0,0528
Chlorure de potassium	0,0406
— magnésium	0,0718
— sodium	0,3504
Oxyde de fer	0,0500
Silice	0,0125
Phosphate de chaux	0,0202
Iode	traces

Elles sont inutilisées.

3° **Sources de la Grande Cascade.** — Ce sont de beaucoup les plus importantes, les seules qui soient utilisées aujourd'hui. Leur débit est évalué à 1.800 litres par minute. Le trop-plein forme une grande cascade, qui a plusieurs centaines de mètres de largeur sur 30 mètres de hauteur.

La température des sources est 95-96°.

Analyse faite par Tripier en 1839 :

Ca	0,2278
Mg	0,0335
Na	0,2212
K	0,096
CO_3	0,182
SiO_3	0,0900
SO_4	0,3940
Cl	0,3262
As	0,0005
Sr	0,0007
Matières organiques	

L'analyse des gaz pris dans la veine liquide en ébullition a donné :

$$CO_2 = 97°$$
$$H_2S = 5$$
$$Az = 25$$

De mon côté, j'ai trouvé pour cette eau en 1908 :

Température = 98°
Soufre   = 0,002

Résidu sec à 160°	1,5025
— au rouge	1,3625
Ca	0.2271
Mg	0,0293
Na	0,2799
K	0,0024
SiO³	traces
Al²O³ + Fe O³	0,0090
CO³	0,2130
SiO³	0,0973
SO⁴	0,1563
Cl	0,3692

On voit qu'au bout de soixante-dix ans la composition et la température de l'eau n'avaient pas sensiblement varié.

4° Sources des Bains. — Ces sources alimentaient autrefois l'établissement militaire ; elles sont situées à côté de la source précédente.

5° Source du Pont. — Cette source, située à 60 mètres au-dessous de la précédente, est presque dans le lit du Chedakra, au pied du pont de la route de Guelma ; elle est plus froide que les précédentes. Elle a été captée et est utilisée après refroidissement pour l'alimentation. Voici sa composition d'après une analyse de M. Mérelle :

Bicarbonate de chaux	0,3366
— magnésie	0,0809
— strontiane	0,0019
— fer	0,0009
Sulfate de soude	0.3658
— chaux	0,1870
Chlorure de sodium	0.3558
— potassium	0,9375
— magnésium	0.0642

Iodure Fluorure } de sodium		traces
Arséniate de soude..................		0,00628
Phosphate de soude		traces
Silice		0,1211
Matières organiques		traces
Total.....................		1,6093

6° Sources de l'Est. — Ce groupe de sources naît sur le plateau des cônes, entre la route et la voie du chemin de fer ; il est inutilisé, et on

Fig. 110. — H. Meskoutine : Cascade du chemin de fer.

a dû creuser une tranchée pour conduire l'eau qu'il débite au ravin du Chedakra.

7° Sources de la Ruine. — Ce sont des sources d'un débit important : 360 litres par minute, ayant une température de 88-90°, qui forment la cascade du chemin de fer.

8° **Sources du bou Hamdam.** — Ce sont de petites sources thermales qui débouchent sur le bord de l'Oued bou Hamdam, à 50 mètres en aval du confluent du Chedakra.

Le débit total des diverses sources est évalué à 3.600 litres à la minute.

Les eaux d'Hammam Meskoutine sont donc des eaux hyperthermales, carbonatées calciques, faiblement sulfureuses et chlorurées sodiques ; ajoutons que certaines d'entre elles, actuellement délaissées, pourraient être utilisées pour l'usage interne, et servir d'adjuvant à la cure thermale.

L'établissement thermal comprend des piscines, une salle de douche et des bains de vapeur.

Les piscines militaires sont au nombre de quatre et sont alimentées, partie avec l'eau provenant directement de la source, partie avec de l'eau froide ; on peut donc y obtenir la température que l'on désire.

Un deuxième établissement, construit récemment près de l'hôtel, contient quatre autres piscines, alimentées par un réservoir situé sur la terrasse, et où se fait le mélange des eaux.

Le D' Piot, à qui nous avons fait de larges emprunts pour cette notice, définit ainsi l'action des eaux d'H. Meskoutine : « Celles-ci seront salutaires dans toutes les affections où il y aura lieu de stimuler l'activité circulatoire ; elles seront néfastes au contraire dans toutes les affections congestives, inflammatoires ou aiguës, qui ont au contraire besoin d'une activité circulatoire moindre.

Hammam Meskoutine est la seule station algérienne pour laquelle nous ayons trouvé une statistique complète des cas qui y ont été traités, statistique résumée dans le tableau que nous avons reproduit (p. 68), et qui nous renseigne en même temps sur les résultats obtenus.

Il importe toutefois de remarquer que cette statistique est celle d'un hôpital presque exclusivement militaire, pendant la période des combats fréquents.

Elle serait toute différente si nous avions celle de l'établissement actuel : nous verrions diminuer les traumatismes, et augmenter les affections utérines et même la tuberculose pulmonaire qui, contrairement à l'opinion du D⟨r⟩ Piot, paraît se trouver bien du climat et des eaux d'H. Meskoutine.

Aujourd'hui cette station reçoit autant d'hiverneurs que de véritables

Fig. 111. — H. Meskoutine : L'établissement.

malades. Elle est bien abritée, et l'hiver y est relativement doux. La région passe pour fiévreuse ; le fait a peu d'importance pour les hiverneurs européens, qui sont repartis avant que le paludisme ait fait son apparition.

1. D⟨r⟩ Hammel, « Hammam Meskoutine près Guelma » (*Gaz. méd. Alg.*, 1858).
2. Grellais, *Études archéologiques sur Guelma et Hammam Meskoutine*, 1852.
3. D⟨r⟩ Marty, « Les eaux d'Hammam Meskoutine » (*Bulletin du Comité d'études médicales de l'Algérie*, 1895).
4. D⟨r⟩ Moreau, *Eaux thermales d'H. Meskoutine*, 1858.
5. Muller, « Analyse chimique des eaux thermominérales d'Hammam Meskoutine » (*Mémoires de médecine militaire*).
6. D⟨r⟩ Piot, *Trois Saisons à Hammam Meskoutine*.
7. D⟨r⟩ Tripier, « Note sur les dépôts formés par les eaux thermales d'Hammam Meskoutine » (*Recueil des mémoires de médecine militaire*, t. XLVI, 1839) (2 mémoires).

HAMMAM BOU HADJAR

Hammam bou Hadjar est un centre important d'eaux minérales diverses, situé à 21 kilomètres d'Aïn Temouchent, et à 12 kilomètres de la gare d'Er Rahel. Une très bonne route y donne accès, et il est question, depuis bien des années déjà, d'y installer un tramway à vapeur qui aiderait grandement au développement de la station.

Les sources, très nombreuses, sont disposées en amphithéâtre, tout autour d'un fer à cheval de collines ayant environ 2 kilomètres de longueur, collines formées par un dépôt de carbonate de chaux abandonné par les eaux. D'après M. Bails, ces collines présentent sur toute leur longueur un raphé médian correspondant aux failles par où les eaux ont dû jaillir à l'origine, déposant les couches inférieures et élevant peu à peu leur niveau d'émergence. C'est un mode de formation analogue à celui du plateau des cônes de H. Meskoutine.

Presque partout aujourd'hui, la fente est comblée et obstruée ; çà et là, on trouve des cônes, indices d'anciens jaillissements ; mais parfois aussi la fente est béante, et l'on peut y reconnaître les couches successives de travertins, entremêlées, surtout vers le fond, de dépôts ferrugineux.

Trente sources environ sont cataloguées et doivent être classées en sources chaudes (les plus nombreuses) et sources froides. Leur débit est très variable ; il est en effet modifié chaque année par les dépôts que l'eau abandonne et qui viennent diminuer le débit. Ainsi en 1874, on l'évaluait à 58 litres à la minute ; il monta à près de 500 litres quand on capta les sources ; mais, quinze ans plus tard, il avait diminué de près de moitié, et

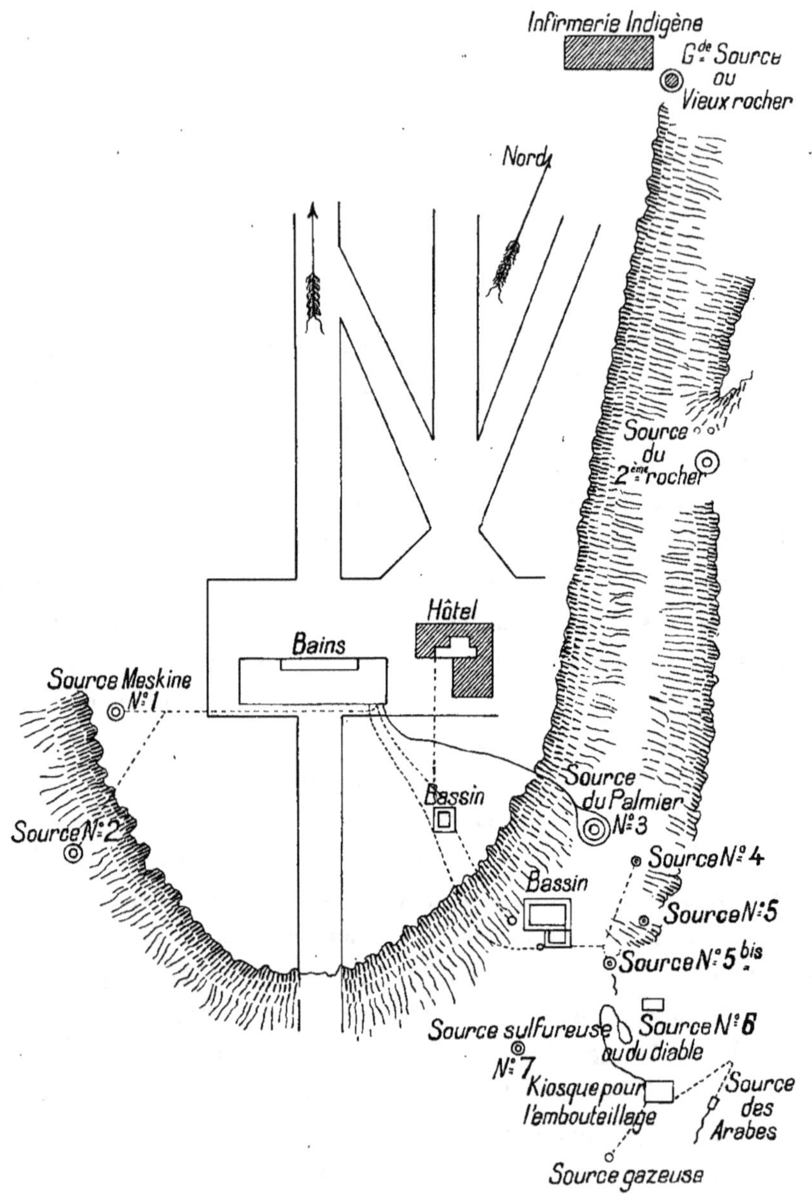

FIG. 112. — H. Bou Hadjar : Plan des sources.

actuellement, un certain nombre de sources dont les captages n'ont pas été entretenus ont disparu, ou sont réduites à un filet d'eau insignifiant.

L'une des plus importantes, située à l'entrée même du fer à cheval et tout près du village (source du Village), est réservée à la commune et sort d'un rocher isolé dans la plaine. Au pied se trouvaient les ruines d'un ancien établissement indigène que la commune se proposait de restaurer ; aussi ai-je fait une étude spéciale de cette source, qui n'avait pas été analysée jusqu'à ce jour.

Fig. 113. — H. Bou Hadjar : Le rocher.

Le rocher donne naissance à deux sources ; la plus abondante avait une température de 64°,8.

Celle à côté marquait 63°,6. Le débit de la principale est de 8 litres par minute. Le dosage d'alcalinité fait à la source m'a donné 16 centimètres cubes de liqueur normale par litre d'eau.

40

Voici le résultat de l'analyse :

Résidu sec	3,720
Ca	0,367
Mg	0,049
Na	0,828
Lithium	traces
CO^3	0,360
CO^3 des sels neutres	0,460
SiO^3	0,097
SO^4	0,160
Cl	1,538

Cette source a donc une composition analogue à celles qui alimentent l'établissement ; elle a été récemment captée et utilisée par l'infirmerie indigène.

Les autres sources sont divisées en sept groupes sur la branche orientale du fer à cheval, et deux groupes sur la branche ouest, comme le montre la figure ci-jointe (p. 312).

En outre il existe une autre chaîne de collines distante de 1.500 mètres de la précédente et où se trouvent quelques sources de faible débit. La plupart de ces sources ne sont pas utilisées ; les seules qui soient conduites à l'établissement sont les sources du Palmier (n° 3) et les sources 4, 5 et 5 *bis*, ainsi que les deux sources de l'Ouest, la source Meskine et du Figuier.

Voici les analyses des trois plus importantes, dues au service des mines :

	SOURCE MESKINE	SOURCE DU PALMIER
Débit à la minute	15 litres	210 litres
Température	56°	75°
Résidu sec	3,857	4,890
Ca	0,349	0,489
Mg	0,022	0,058
Na	1,017	1,282
Fe	0,060	0,060

CO^3	0,621	1,347
SO^4	0,097	0,072
SiO^3	0,084	0,084
Cl	1,577	1,495

M. Bassompierre, médecin chef de l'hôpital d'Oran, a bien voulu me communiquer des analyses effectuées en 1900 par M. Martaud, pharmacien major de première classe, que je reproduis ici :

	VIEUX BAINS	VILLA BÉZY	MESKINE OU TRANCHÉE	PALMIER	DIABLE	SIDI-AÏT
Température	64°	45°	50°	47°	50°,5	43°
Ca	0,329	0,225	0,326	0,337	0,359	0,217
Mg	0,0318	0,04	0,044	0,045	0,0300	0,058
Na	0,878	0,892	0,867	0,901	0,896	0,959
Li	traces	traces	traces	traces	traces	
Fe				traces		
CO^3 total	0,7348	0,732	0,7377	0,7422	0,828	0,437
SO^4	0,056	0,0426	0,0563	0,0657	0,0803	0,049
SiO^3	0,058	0,072	0,053	0,067	0,057	0,080
Cl	1,58	1,614	1,580	1,633	1,614	1,704
AzO^3			traces			0,0005
Iode					traces	
Total						

Enfin voici cinq analyses effectuées en 1895 par M. Imbert sur l'eau arrivée à l'établissement.

	DIABLE	MESKINE	PALMIER SOURCE	PALMIER PISCINE	DOUCHES
Ca	0,372	0,257	0,337	0,337	0,448
Mg	0,0505	0,036	0,018	0,026	0,036
Na	0,827	0,894	0,914	0,906	1,039
Li	traces	traces	traces		
CO^3	1,030	1,270	1,066	0,878	1,293
SiO^3	0,110	0,111	0,092	0,92	
SO^4	0,070	0,059	0,058	0,058	0,059
Cl	1,754	1,505	1,546	1,558	1,813

Il existe, en outre, une source froide gazeuse, tout à fait en dehors des sources précédentes, qui peut jouer un rôle dans le traitement des malades qui viennent à Bou Hadjar. Elle a à peu près la même composition que les précédentes :

TEMPÉRATURE 21°,5

	MARTAUD	MINES	IMBERT
Ca.	0,401	0,437	0,448
Mg	0,0386	0,208	0,065
Na	1,116	1,360	1,074
Li	traces		traces
Fe	traces no-tables	0.031	traces
CO^3 total		2,907	1,491
SiO^3	0,0804	0,093	0,092
SO^4	0,05	0,057	0,058
Cl	1,864	1,608	1,774
		5,683	

Fig. 114. — Bou Hadjar : La source froide.

Lors de notre visite, nous lui avons trouvé :

$$\text{Température} = 19°$$

Alcalinité par litre................	21^{cc}
Résidu sec à 160°..................	$4^{gr},240$
Ca	0,452
Mg...............................	0,061
Na...............................	0,966
CO³ fixe..........................	0,610
— libre et des bicarbonates.......	0;892
SiO³.............................	0,031
SO⁴	0,123
Cl...............................	1,798

Bien que la forte proportion des chlorures et des sels de magnésie qu'elle renferme lui communique une saveur peu agréable, cette eau est embouteillée ; elle est fort gazeuse et est utilisée comme alcaline.

Fig. 115. — H. Bou Hadjar : Infirmerie indigène et établissement communal.

Elle rend des services importants dans la région qui est dépourvue de toute eau analogue.

Il existe à Bou Hadjar deux établissements ; l'un, communal, dépendance de l'infirmerie indigène, ouvert en 1909, et l'autre, établissement particulier à l'usage des Européens.

L'établissement thermal proprement dit est situé au centre du fer à

Fig. 116. — 11. Bou Hadjar : Établissement thermal.

cheval de collines, au milieu d'un parc bien ombragé. Il comprend à la fois les thermes et un hôtel assez spacieux et convenablement aménagé ; en outre, la proximité du village important (4.000 habitants) de Bou Hadjar permet aux malades peu fortunés de s'y loger, et de venir suivre leur traitement à l'établissement thermal.

Celui-ci comprend huit cabines de bains alimentées par les sources Meskine et du Figuier, et une piscine à eau courante fournie par la source du Palmier. Il y a, en outre, une installation de douches, où l'eau est fournie par les sources nᵒˢ 2 et 3, sous une pression de 3 atmosphères. Ces douches peuvent être données chaudes ou froides.

Il n'y a pas de médecin attaché au H. Bou Hadjar, mais la proximité du village où réside un médecin, assure aux malades les soins nécessaires. Bou Hadjar possède donc tous les éléments de prospérité nécessaires ; il ne lui manque que des moyens de communication plus faciles et peut-être une hygiène de la station mieux comprise.

La principale utilisation de l'eau de Bou Hadjar consiste dans la pratique thermale ; l'usage interne est exceptionnel, sauf pour la source froide. Le Dr Abadie l'a employée en injections hypodermiques, à des doses qui ont pu atteindre 400 centimètres cubes, renouvelées tous les trois jours. Les résultats n'ont pas été encourageants.

Ici comme partout, ce sont les rhumatisants qui forment la principale clientèle de la station thermale, puis viennent les malades atteints de névralgies et particulièrement de sciatique. D'après le Dr Izard, l'endocardite rhumatismale récente (?), les affections utérines et péri-utérines seraient justiciables de la cure de Bou Hadjar.

Ajoutons enfin que des tentatives de traitement de la tuberculose pulmonaire semblent avoir complètement échoué, ce qui n'a rien de surprenant.

1. BAILLS, *Notice sur les sources thermales et minérales et sur la géologie et la minéralogie du département d'Oran*, 1906.

2. GAUGIER, *Un établissement thermal à Hammam bou Hadjar*, 1873.

3. Dr IZARD, *Contribution à l'Étude des eaux thermales de Hammam bou Hadjar*, thèse de Montpellier, 1909.

HAMMAM BOU HANIFIA

Le Hammam bou Hanifia est situé sur la commune mixte de Mascara, à 20 kilomètres de cette ville.

Le chemin de fer d'Arzew à Saïda comporte une station de ce nom ;

Fig. 117. — H. Bou Hanifia : Source du Palmier.

l'établissement thermal en est distant de 5 kilomètres environ, et y est relié par une voiture qui fait le service régulier de chaque train.

Les sources sont situées sur la rive droite de l'Oued el Hammam ;

elles sont divisées en deux groupes : les unes sortent du flanc de la colline, et alimentent les bains indigènes ; les autres jaillissent en plaine, et sont destinées à l'établissement européen.

Le débit des sources est considérable, à ce point que la plus importante n'est pas utilisée. La source du Palmier se rend aux bains

Fig. 118. — H. Bou Hanifia : Source des Européens.

indigènes ; elle a un débit de 10 litres par seconde ; le service des mines lui attribue une température de 61°,5 ; nous avons constaté 64°,5. Elle est amenée aux anciens bains par une rigole aérienne en bois où elle se refroidit notablement, en sorte que, quand elle arrive à l'établissement, elle ne marque plus que 48°.

La source réservée aux bains européens est entourée d'un enclos en maçonnerie. Sa température est de 66°. Elle arrive à l'établissement par une conduite en maçonnerie ayant environ 400 mètres de longueur. Cette conduite se bouche fréquemment ; près de la source, les dépôts

qui s'y forment sont ferrugineux, tandis qu'ils sont principalement calcaires un peu plus loin.

L'analyse effectuée par le service des mines sur la source du Palmier
a donné :

Ca	0,004
Mg	0,0137
Fe	traces
SiO^3	0,048
CO^3 neutre	0,8383
SO^4	0,052
Cl	0,0303
Extrait sec	1,56

Celle que nous avons faite a porté sur la source réservée aux Européens;
elle nous a donné :

Alcalinité par litre : 28^{cc}

Résidu sec à 160°	1,548
Ca	0,525
Mg	0,034
Na	0,020
Fe	traces
SiO^3	0,024
CO^3 des carbonates neutres	0,838
SO^4	0,053
Cl	0,031

L'établissement arabe se compose d'une grande piscine fermée, prenant à peine jour sur l'extérieur. C'est une véritable étuve, où l'eau a une
température de 46°, et où l'air atteint 40°. Il y a en outre deux autres
piscines plus petites, où la température de l'eau ne dépasse pas 43°.

Ces piscines présentent une disposition fort curieuse.

L'eau y arrive par un conduit formé de deux planches clouées à
angle droit, et qui traverse la piscine à une hauteur de 1^m,50 environ au-

dessus du niveau de l'eau. Quand les baigneurs veulent prendre une douche, ils placent une grosse pierre dans la conduite ; l'eau déborde, constituant ainsi une pluie improvisée. Cet exemple montre avec quelle faveur les indigènes accueilleraient une installation de douches, qui serait bien facile à réaliser dans cette station, où les sources sont à un niveau

FIG. 119. — H. Bou Hanifia : L'établissement indigène.

bien supérieur à celui de l'établissement. Enfin, pour compléter l'installation, il existe deux chambres de repos, délabrées et malpropres comme tout le reste du bâtiment.

L'établissement réservé aux Européens n'est guère plus confortable ; il n'existe ni baignoires individuelles, ni salle de douches ; en tout deux piscines où l'eau atteint la température de 40°.

La cure à Bou Hanifia varie entre trois et quinze jours ; au mois de mai, l'affluence est considérable ; mais l'établissement reste ouvert toute l'année, et lors de mon passage, en février, j'ai eu l'occasion d'y voir une vingtaine de malades, indigènes et colons.

A quelque distance de la station thermale, se trouvent : un café maure pour les indigènes et un caravansérail comportant treize chambres pour les Européens.

Au point de vue de l'hygiène, il y aurait beaucoup à redire sur la façon dont est tenu l'établissement.

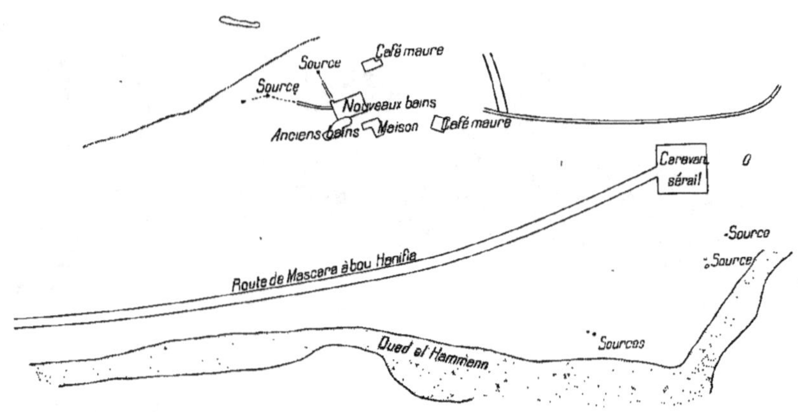

Fig. 120.— H. Bou Hanifia : Plan de la région.

Les abords des piscines sont d'une malpropreté repoussante ; l'hôtel est insuffisant, comme étendue et comme tenue, pour attirer et retenir les Européens ; l'eau potable y est détestable ; enfin l'hôtel est trop près du fleuve, et les moustiques y sont, paraît-il, assez fréquents. Cette situation doit prochainement être modifiée. La commune, qui est propriétaire de l'établissement et de l'hôtel, se propose de les transformer. Je crois qu'il faudrait les reporter près des sources, quitte à refroidir l'eau de celles-ci pour l'usage thermal.

Malgré toutes ces défectuosités, Bou Hanifia est très fréquenté, et je crois cette station appelée à un grand avenir. Il y vient chaque année 18.000 Arabes et 3.000 Européens. Il n'y a pas de médecin sur place, même pendant la saison ; toutefois, le médecin de Thiersville y vient régulièrement une fois par semaine donner des consultations.

Quelles sont les maladies qui relèvent de la cure de Bou Hanifia? En première ligne, les rhumatismes.

Mais, nous dit le Dr Rotureau, les affections de la peau, la syphilis, la dysenterie, la stérilité et les engorgements abdominaux y sont aussi efficacement traités.

Fig. 121. — II. Bou Hanifia : L'établissement européen.

TAKITOUNT

La source Aïn Hamza, plus connue sous le nom de Takitount, est située dans la commune de ce nom, près de la route de Sétif à Bougie, à 41 kilomètres de Sétif (2 kilomètres de Tizi N'bécheur) et à 49 kilomètres de la mer. C'est la plus intéressante des eaux alcalines froides de l'Algérie.

La source elle-même sort du flanc du coteau, à quelques mètres d'une petite rivière, et à une centaine de mètres en contre-bas de la route ; elle est captée et coule d'une façon continue sans l'interposition d'aucun réservoir.

La source est louée à un concessionnaire, qui fait sur place la mise en bouteilles, mais une portion de l'eau s'écoule librement à la disposition des indigènes.

Le service des mines lui assigne un débit de 3 litres à la minute, avec la composition suivante :

Acide carbonique libre.............	0,925
— — des bicarbonates .	0,8445
CO_3 des carbonates neutres.........	0,8445
Ca...............................	0,2084
Mg..............	0.0312
Na...............................	0,447
K + Li...........................	traces
$Fe_2O_3 + Al_2O_3$....	0,002
SiO_3	0,016
Cl...............................	0,135
SO_4	0,0226
Total...........	2,252

Lors de ma première visite, le 3 février 1906, le débit était considérablement accru, et le concessionnaire nous déclara n'avoir jamais vu la source débiter avec une pareille abondance. Comme à ce moment la terre était couverte de neige, je supposai que le captage était insuffisant, et que la source s'était accrue d'infiltrations d'eau superficielle. Voici les constantes que je trouvai pour cette eau :

Température $= 18°$

Débit à la minute .... $9^l,250$
Alcalinité en acide normal .... 35^{cc}
Acide carbonique (libre et bicarbonates) .... $1,320$

L'analyse a donné les résultats suivants :

Résidu fixe à 160' .... $2,563$

Ca .... $0,2488$
Mg .... $0,0037$
Na .... $0,7082$
Lithium .... $0,0013$
$Fe^2O^3 + Al^2O^3$ .... $0,0068$
Cl .... $0,1721$
SO^4 .... $0,0342$
CO^3 des carbonates neutres .... $1,0427$
SiO^3 .... $0,0195$

De ces chiffres il ressort que, malgré l'augmentation de débit, le captage de la source Takitount est bon, et que l'eau n'a pas varié de composition.

Le 14 février 1907, Takitount fut le siège d'un éboulement important qui recouvrit la source et les quelques constructions qui avaient été édifiées à côté. Je m'y rendis le 18 avril suivant : la source était déjà déblayée en partie, et l'embouteillage était recommencé sous un hangar provisoire en paille. La source coulait encore plus abondamment que l'hiver précédent, et les qualités de l'eau avaient sensiblement diminué. J'ai, en effet, trouvé :

	1906	1907
Température	18°	18°,7
Alcalinité	35,5	34
CO_2	1,320	1,260
Résidu sec	2,563	2,517

Un nouvel envoi, effectué trois mois plus tard, m'a montré que la perturbation n'avait pas duré, et que l'eau était revenue à sa composition habituelle.

Fig. 122. — Takitount : Embouteillage.

Mais de nouveaux éboulements sont imminents et il me paraît bien difficile de les éviter, à moins de travaux extrêmement coûteux. Le captage actuel est bon ; le plus simple serait de déplacer l'embouteillage, en conduisant l'eau souterrainement à quelques centaines de mètres en aval, à un endroit où l'éboulement ne soit pas à craindre.

L'embouteillage est convenablement effectué ; les bouteilles sont nettoyées à la rinceuse mécanique, avec projection d'eau à l'intérieur. Malheureusement, le concessionnaire utilise de vieilles bouteilles quel-

conques, de Vichy ou de Vals, dont la propreté est souvent douteuse.
Un certain nombre, qui ont contenu de l'huile, du pétrole ou même
du vin, doivent être rejetées. Il serait à souhaiter que, dans un avenir
prochain, l'augmentation de la vente de l'eau minérale soit suffisante
pour alimenter une verrerie, et que l'eau soit embouteillée dans des bouteilles neuves, fabriquées en Algérie. Ce serait une garantie de pureté
pour l'eau minérale, en même temps qu'une source de richesse pour le
pays.

Nous sommes donc en présence d'une eau bicarbonatée sodique,
pauvre en chaux et en magnésie, et ne renfermant que peu de chlorure
de sodium. Comme je l'ai fait remarquer au début, cette eau présente
sensiblement la composition de l'eau de Vichy réduite à moitié.

Elle est utilisée à peu près uniquement comme eau de table. Après une
certaine vogue, sa vente s'était complètement arrêtée ; elle semble
reprendre actuellement. D'après les renseignements qui nous ont été
fournis par le concessionnaire, la vente, qui était de 30.000 bouteilles
en 1903, est montée à 110.000 en 1906. Elle prendrait un beaucoup plus
grand développement, sans la majoration de prix considérable que lui
impose le transport. De Takitount à Sétif ou à Bougie, le transport ne
peut se faire que par voiture, et sur une mauvaise route de montagne.
Or il y a 41 kilomètres pour Sétif, et 49 pour gagner la mer. En outre, les
tarifs de chemin de fer sont tels, que l'eau ne peut être transportée en
Algérie un peu plus loin sans une augmentation excessive.

Ainsi, l'exploitant prélève 0^f,05 par bouteille. Celle-ci revient donc
avec le verre et le bouchon à 0^f,20 sur place. Rendue à Sétif, il faut
compter 0^f,30, à Constantine 0^f,35 et à Alger 0^f,40 ; c'est-à-dire plus
cher que ne coûtent certaines eaux de Vals et de Vichy, que l'on y débite
couramment, et dont certaines sont de qualité inférieure. Celles-ci
reviennent moins cher, parce que le transport par mer coûte très bon
marché, et parce que, sur les chemins de fer français, ces eaux bénéficient d'un transport dégressif avec la distance.

42

La vraie solution serait l'établissement d'une voie ferrée de Sétif à Bougie comme il en a déjà été question ; mais ne pourrait-on, dès à présent, étant donné qu'il s'agit de l'intérêt et de la santé du pays, obtenir des compagnies de chemins de fer algériens un tarif de faveur pour les eaux algériennes, en sorte que celles-ci puissent être consommées à bas prix un peu partout en Algérie.

La source appartient à l'État, qui en retire déjà un petit bénéfice (1.200 francs de location). Le fermage s'accroîtra rapidement avec le débit de l'eau ; ainsi, en dehors même du côté hygiénique, le gouvernement général a intérêt à favoriser le développement de cette station.

Il y aurait un autre moyen d'abaisser le prix de transport ; ce serait d'expédier l'eau en bonbonnes, comme on le fait pour l'eau d'Evian par exemple, mais l'eau étant gazeuse perdrait de ses qualités par le transport ainsi effectué, sans compter que toute garantie d'origine se trouverait supprimée.

L'eau de Takitount vaut mieux que la simple utilisation comme eau de table ; c'est une véritable eau médicamenteuse, et elle pourrait être utilisée avec succès dans les congestions hépatiques, pour combattre l'anémie et les désordres gastriques que laissent trop souvent derrière elles les chaleurs de l'été. Je crois donc qu'une station estivale ou automnale, où l'on ferait une cure alcaline, aurait des chances sérieuses de succès. La beauté exceptionnelle du pays, à 11 kilomètres des gorges du Chabet, constituerait un attrait tout particulier.

Dans le même massif montagneux que Takitount, le Dr Arnaud nous a signalé deux autres sources d'eau alcaline dont il nous a fait parvenir quelques bouteilles.

La première, désignée sous le nom d'*Aïn Douar Riff*, est située sur la

---

1. Dr BERTHERAND, « Eau minérale de Takitount » (*Gaz. méd. Alg.*, 1868, p. 212).

commune mixte de l'Oued Marsa, fraction des Beni Ismaël. Sa température est de 16°. Elle a donné à l'analyse :

Résidu sec à 160°..................................... 3,4040
Acide carbonique libre et faiblement combiné........ 1,5744

Ca...................................	0,7839
Mg...................................	0,1238
Na...................................	0,0696
K....................................	0,0286
CO_3 des sels neutres...............	0,903
SiO_3...............................	0,034
SO_4...............................	1,4483
Cl...................................	0,0765

Cette eau est donc plutôt sulfatée, et ne se rapproche de la précédente que par sa forte teneur en gaz carbonique.

La deuxième source est située dans le douar *Dra el Caïd*, commune mixte du Guergour, fraction des Ouled Saada. Sa température est 13°.

Voici son analyse :

Extrait sec à 160°.................... 0,938

Ca...................................	0,3277
Mg...................................	0,0359
Na...................................	0,0336
K....................................	0,0086
CO_3 libre et faiblement combiné...	0,8184
CO_3 des sels neutres...............	0,4092
SiO_3...............................	0,0276
SO_4...............................	0,0254
Cl...................................	0,0123

Ici encore il s'agit d'une eau alcaline faible et calcique, qui ne peut être comparée à l'eau de Takitount.

BEN HAROUN

Les sources de Ben Haroun sont situées à 8^{km},500 de la gare de Dra el Mizan, et environ à 4 kilomètres du village de Ben Haroun. Elles tirent leur nom d'un marabout marocain, Sidi Gacem ben Haroun, qui est enterré à peu de distance, au milieu d'un bois sacré séculaire. Elles ont été signalées pour la première fois en 1850 par le Dr Bertherand. Celui-ci, devenu médecin chef de l'expédition de la Haute Kabylie, se rappela les propriétés des sources alcalines de Ben Haroun, et y fit installer un sanatorium, pour permettre aux soldats de se reposer des fatigues qu'ils avaient endurées pendant l'expédition.

Les sources débouchaient alors au milieu d'un véritable marais; ce n'est qu'en 1896 que M. Lacombe les fit capter à 5 mètres de profondeur.

L'une d'elles, la seule utilisée actuellement, est conduite dans deux réservoirs de 500 litres chacun, munis d'un trop-plein et d'un robinet. Cette disposition permet de ménager l'eau minérale en embouteillant à un réservoir pendant que l'autre se remplit. Du reste l'eau est abondante; son débit est évalué à 80 litres à la minute et pourrait être augmenté, car de nombreuses sources se perdent sans être recueillies. Leur température est de 16°,7.

Une analyse de M. Simon est la seule reproduite par les divers auteurs qui se sont occupés de l'eau de Ben Haroun ; mais l'étiquette des bouteilles lui assigne une autre composition, sans que j'aie pu connaître l'auteur de cette analyse.

	M. SIMON	ÉTIQUETTE
Acide carbonique libre	1,6583	1,728
Bicarbonate de soude	0,5524	1,369
— de magnésie	0.0887	0,418
— de chaux	1,9354	0,768
— de fer	0,0137	
Chlorure de sodium	1,2131	1,238
— de potassium	traces	
— de lithium	traces	traces
— ferreux		0,005
Silice	0,0282	
Sulfate de chaux		1,103
Silicate de soude		0,049
Azotates		traces
Sulfate de magnésie	0,2854	
Soude	0,8231	

En les calculant en ions, on obtient pour les analyses précédentes :

	M. SIMON	ÉTIQUETTE
Ca	0,7742	0,6314
Mg	0,0730	0,0769
Na	0,8554	0,7928
Fe	0,0042	
CO^3 faiblement combiné	0,8272	0,9430
CO^3 des carbonates neutres	0,8272	0,9430
SiO^3	0,0376	0,0350
SO^4	0,7847	0,779
Cl	0,7354	0.7627

De notre côté nous avons fait l'analyse qui nous a donné :

Extrait sec à 160°	4,078
Ca	0,401
Mg	0,1116
Fe	
Li	traces
Na	1,11441
CO^3 des carbonates neutres	0,9892
SiO^3	0,0430
SO^4	0,7587
Cl	0,6972

Alcalinité à la source .... 40^{cc}

CO^2 total.......................... 3^{gr},432

On voit que les proportions de sulfate calcique et de chlorure de sodium, trouvés par les différents auteurs sont sensiblement les mêmes, et que les variations portent surtout sur la proportion de carbonate de sodium.

L'installation est des plus sommaires ; un hangar contient les réservoirs et sert à l'embouteillage ; un deuxième, perpendiculaire au premier, sert de magasin et de remise.

Les bouteilles utilisées ne sont pas neuves ; la plupart de celles que nous avons vues provenaient de Vichy, source Saint-Louis ; leur rinçage est sommaire, bien qu'il y ait à côté de l'établissement une source d'eau ordinaire abondante ; le bouchage se fait à la mécanique. D'après les renseignements qui nous ont été fournis, il serait vendu annuellement plus de 100.000 bouteilles.

A côté de la source précédente, s'en trouve une deuxième, dite purgative, non captée, et s'écoulant librement dans les champs où elle forme un abondant dépôt blanc, en dégageant de nombreuses bulles de gaz.

Sa température est de 16°,8.

Son alcalinité est de 43 centimètres cubes d'acide normal par litre.

Voici sa composition :

Extrait sec	4,1328
Ca	0,5394
Mg	0,0728
Fe	0,0011
K	0,1836
Na	0,7821
CO^3	
SiO^3	0,032
SO^4	0,7677
Cl	0,7029
Azotates	abondants

On voit que la composition de cette source est analogue à celle de la source principale, qui est du reste contiguë.

Les eaux de Ben Haroun peuvent être rangées parmi les alcalines les plus actives de l Algérie ; elles ont sur celles de Takitount l'inconvénient d'être riches en chaux ; en outre le captage est insuffisant, comme le montre la présence des azotates ; mais elles ont cet avantage d'avoir été expérimentées à plusieurs reprises.

Fig. 123. — Ben Haroun.

Le Dr Berthcraud nous dit que « pendant leur séjour au camp de Ben Haroun, les soldats et les officiers purent très rapidement se remettre et se guérir des affections paludiques, dysentériques, dyspeptiques, gastro-hépatiques, qu'ils avaient contractées pendant l'expédition ».

De 1850 à 1870, les eaux minérales de Ben Haroun furent employées dans les hôpitaux militaires de Dra el Mizan et d'Aumale, où elles étaient prescrites pour remplacer les eaux de Vals, Vichy et Orezza, dans le traitement de la cachexie palustre et des affections gastro-hépatiques.

Le Dr Prengrueber, médecin de colonisation de Palestro, dans le périmètre duquel se trouvent les sources de Ben Haroun, a expérimenté pendant plus de vingt ans cette eau dans les affections diverses. Il les préconise dans les diverses dyspepsies, sauf peut-être chez les dilatés stomacaux. C'est surtout dans les dyspepsies atoniques, si fréquentes après les chaleurs de l'été, qu'elles exercent une action stimulante sur l'estomac, vraisemblablement par le gaz carbonique et le chlorure de sodium qu'elles renferment, en même temps que, par la notable quantité de fer qu'elles contiennent, elles constituent un tonique général ; sous l'influence du traitement, le nombre des globules sanguins s'accroît rapidement.

Les eaux de Ben Haroun ont une action des plus marquées sur les fonctions du foie, et activent la sécrétion de la bile. Elles agissent, en effet, énergiquement dans les congestions hépatiques, et, au début au moins, leur emploi doit être surveillé dans ces affections sous peine de provoquer des poussées congestives avec débâcles bilieuses de l'intestin ; plus tard, la tolérance s'établit et l'eau peut sans inconvénient être donnée en grande quantité.

On voit par cette triple action sur l'estomac, sur le foie et sur le globule sanguin, quel précieux concours l'eau de Ben Haroun peut apporter dans le traitement du paludisme.

Elle doit également agir dans la lithiase biliaire, mais là, les observations sont insuffisantes. Elles ont donné de bons résultats dans les dysenterie et diarrhées microbiennes, fréquentes pendant l'été, principalement chez les enfants.

Les résultats ont été obtenus par l'emploi de l'eau en bouteilles, car il ne reste plus rien du sanatorium que le Dr Bertherand avait installé pour nos soldats. Combien serait plus active la cure sur place, avec des malades au repos, au grand air, à une altitude déjà élevée. Ici comme à Takitount, il serait important de construire un établissement pouvant contenir quelques malades faisant rationnellement leur traitement sous la surveillance du médecin. Les résultats ne se feraient pas attendre, surtout si l'on adjoignait à l'usage interne de l'eau l'emploi de la balnéation.

La quantité d'eau minérale qui se perd inutilement serait suffisante pour alimenter un certain nombre de baignoires, après avoir été réchauffée. L'essai serait d'autant plus tentant à la station de Ben Haroun, que plus de 7 hectares de terrain autour de la source appartiennent à l'État, et que les communications sont relativement faciles avec Alger et Constantine.

1. Dᵣ Lasnier, « Ben Haroun » (*Gaz. méd. Alg.*, 1858, p. 271).
Dʳ Prengruber, *Les eaux de Ben Haroun* (manuscrit), 1899.

AÏN SENNOUR

La source Aïn Sennour est située sur la commune mixte de Laverdure, à 11 kilomètres de Souk Ahras, sur le bord de la route qui relie cette ville à Laverdure. La gare d'Aïn Sennour en est distante de 1.800 mètres environ.

C'est une source froide, bicarbonatée mixte. Le service des mines lui assigne une température de 16°, avec un débit de 120 litres par minute. Voici la composition qu'il lui attribue :

Ca....	0,445
Mg	0,0718
Na.	0,4820
K	0,0198
CO_3	2,361
SiO_3	0,011
Cl	0,315
	3,815

D'autres analyses mentionnent une certaine quantité de fer dans cette eau.

En 1907, la commune, voulant affermer cette source, entreprit de nettoyer le captage obstrué par des dépôts calcaires. Cette opération amena des modifications profondes dans la nature, le débit et la température de l'eau. Ainsi, lors de ma visite (avril 1908), le débit n'était plus que de 0ˡ.9 par minute ; la température était 12°,8, et l'eau, d'après les gens de la localité, était beaucoup moins piquante, beaucoup moins riche en gaz qu'elle ne l'était autrefois.

L'alcalinité de l'eau égale 23 centimètres cubes d'acide normal par litre.

Un dosage d'acide carbonique effectué sur place m'a donné pour l'acide libre ou faiblement combiné :

$$CO^2 \dots\dots\dots\dots\dots\dots\dots\dots\dots\dots 2^{gr},22$$

Les bouteilles que nous avons ramenées à Paris présentaient un dépôt de carbonate de chaux en jolis cristaux adhérant à la bouteille ; leur poids était $0^{gr},740$ par litre ; leur composition a été trouvée :

$$
\begin{aligned}
&Ca \dots\dots\dots\dots\dots\dots\dots\dots\dots 0,2904\\
&Mg \dots\dots\dots\dots\dots\dots\dots\dots 0,0028\\
&Fe \dots\dots\dots\dots\dots\dots\dots\dots\dots 0,0023\\
&CO^3 \dots\dots\dots\dots\dots\dots\dots\dots 0,4447
\end{aligned}
$$

L'eau filtrée a été analysée, puis on a ajouté à sa composition le carbonate calcique séparé précédemment, qui a été calculé à l'état de bicarbonate, puisqu'il était en dissolution dans l'eau au moment du puisement. On a ainsi trouvé :

$$
\begin{aligned}
&\text{Résidu sec à } 160^\circ \dots\dots\dots\dots 2,9902\\
&\qquad - \quad \text{au rouge} \dots\dots\dots\dots 2,8052\\[4pt]
&Ca \dots\dots\dots\dots\dots\dots\dots\dots 0,5432\\
&Mg \dots\dots\dots\dots\dots\dots\dots\dots 0,0789\\
&Na \dots\dots\dots\dots\dots\dots\dots\dots 0,5260\\
&K \dots\dots\dots\dots\dots\dots\dots\dots\dots 0,0154\\
&Li \dots\dots\dots\dots\dots\dots\dots\dots\dots 0,0008\\
&Fe \dots\dots\dots\dots\dots\dots\dots\dots\dots 0,0033\\
&Al^2O^3 \dots\dots\dots\dots\dots\dots\dots 0,0020\\
&CO^3 \dots\dots\dots\dots\dots\dots\dots\dots 1,0204\\
&SiO^3 \dots\dots\dots\dots\dots\dots\dots\dots 0,0215\\
&SO^4 \dots\dots\dots\dots\dots\dots\dots\dots 0,0172\\
&Cl \dots\dots\dots\dots\dots\dots\dots\dots\dots 0,3124
\end{aligned}
$$

L'eau d'Aïn Sennour est à la disposition du public, et les gens des environs viennent en chercher comme eau de table. A Souk Ahras, elle est d'un usage courant dans les hôtels ; toutefois, depuis les travaux de 1907, on utilise de préférence une source analogue située un peu plus haut dans la montagne.

La commune avait trouvé un fermier pour l'exploitation de cette eau ; mais, avant toute chose, il faudrait refaire un captage convenable qui ramène le débit et la composition de l'ancienne source. Les eaux alcalines sont assez rares en Algérie pour que l'on ne laisse pas perdre celles que l'on a à sa disposition.

L'altitude élevée d'Aïn Sennour (800 mètres environ) et les forêts qui l'entourent en font une localité très saine et relativement fraîche, qui contraste avec la vallée brûlante de la Seybouse dont tant de points sont en proie au paludisme. Aïn Sennour offre aux habitants de Souk Ahras et même à ceux de Constantine une ressource contre les chaleurs de l'été : il y a été fondé une station estivale connue sous le nom de Roissy-aux-Bois qui paraît prospérer et permet en outre aux habitants de faire une cure alcaline.

1. P. Durand, *Étude sur la station estivale d'Aïn Sennour et sur son eau minérale.*

H. BOUÏRA

Sous le nom de H. Bouïra, le Dr Rotureau a décrit un gisement d'eau minérale situé à 3 kilomètres de Bouïra et à 1.500 mètres de la route d'Aumale, sur le territoire des Ouled Bellid. Il indique en cet endroit la présence de deux sources, très fréquentées par les indigènes, et dont l'une est ferrugineuse.

Fig. 124. — H. Bouïra : Le captage.

Le relevé du service des mines ne les signale pas. En suivant les indications du Dr Rotureau, nous avons pu retrouver l'une des deux sources ; l'autre paraît totalement inconnue dans le pays.

La source est située sur la rive droite d'un ravin, et environ à 10 mètres de celui-ci. Elle est captée et se déverse dans un petit réservoir en maçonnerie, surmonté d'une coupole et fermé par une porte en fer. Le bassin qui reçoit l'eau est carré, a $0^m,55$ de côté et $0^m,70$ de profondeur. De ce réservoir, l'eau s'écoule extérieurement. Son débit est environ de deux litres par minute, et sa température est $15°,5$.

L'eau est nettement alcaline $(28°)$; elle a donné à l'analyse :

Ca·	0,522
Mg	0,178
Na	0,330
K	0,147
Fe	0,004
SiO^3	0,031
CO^3	0,804
SO^4	0,540
Cl	0,288

C'est donc la source alcaline, et non la source ferrugineuse indiquée par le Dr Rotureau, que nous avons retrouvée ; elle n'abandonne, du reste, pas de résidus ocreux à sa sortie.

Le Dr Rotureau indique qu'elle est surtout usitée dans « les dyspepsies et dans tous les accidents du foie et de la rate consécutifs aux fièvres paludéennes, si fréquentes à Bouïra et dans les environs ».

En réalité, elle nous a paru fort délaissée, et, à Bouïra même, peu de personnes en connaissent l'existence. Elle ferait tout au moins une eau de table agréable et de bonne qualité.

EL AFFROUN

Les travaux du comité d'études médicales indiquent l'existence de deux sources minérales sur le territoire de la commune d'El Affroun: *Aïn Okas* et *Aïn el Ançor*. La première de ces deux sources ne put être retrouvée ; en revanche, la source Aïn Ançor el Kérès put être identifiée.

Elle est située à 2^{km},500 environ du village, sur le bord de l'Oued Jer, au milieu des bois.

La source est presque au niveau de la rivière ; celle-ci était grossie par les pluies au moment de notre visite, en sorte que nous avons renoncé à emporter de l'eau, étant certain qu'elle recevait des infiltrations ; nous n'avons jamais reçu, malgré un rappel, les échantillons que le maire devait nous envoyer au printemps. Nous avons toutefois pu faire les observations suivantes : la température de l'eau est de 17°. Elle est fortement alcaline carbonique, et riche en chaux. Un captage pourrait être effectué sans grand frais, et fournirait une eau qui rendrait certainement des services dans la région.

En revanche, on nous a signalé sur le territoire de la commune d'El Affroun une deuxième source, désignée sous le nom d'Aïn Akrib, située à 5 kilomètres plus loin dans la montagne. Elle sort le long d'un petit ruisseau d'eau douce, qu'il serait bien facile de dévier pour protéger la source. Elle est captée dans une petite citerne en maçonnerie où elle s'accumule et où on peut la puiser.

Sa température est de 16°.

A l'analyse, elle a donné les résultats suivants :

Alcalinité par litre.................................... 33[cc]
Acide carbonique des bicarbonates par litre .... 750[cc]

L'analyse de l'eau, faite par M. Malosse, lui a donné les chiffres suivants :

Résidu sec 1,197
Ca 0,313
Mg 0,158
Cl 0,743
SO[1] 0,477
SiO[3] 0,018

L'eau paraît en grande faveur chez les indigènes, et même chez les colons de la région ; il suffirait, pour l'améliorer grandement, de détourner le ruisselet qui la longe et risque de la contaminer.

1. « Eau alcaline gazeuse d'El Affroun » (*Gaz. méd. Alg.*, 1874).

AÏN MESSALA

Cette source est située à Mouzaïaville, à 63 kilomètres d'Alger et à
6 kilomètres de la gare, près de la route nationale n° 1 d'Alger à Oran.
Ce n'est pas, à proprement parler, une source, mais un puits creusé dans
la nappe souterraine, sur la propriété de M. Degrond et à quelques
centaines de mètres de l'habitation.

Fig. 125. — Aïn Messala : Le puits.

Ce puits, peu profond, est creusé en plein terrain de culture ; il est
largement ouvert à l'air, et aucune précaution n'a été prise pour le
préserver des souillures accidentelles.

Lors de ma visite (10 février 1906), après une longue période de pluies, l'eau était complètement trouble, et le niveau du puits était très remonté ; malgré tout, de nombreuses bulles de gaz carbonique se dégageaient, attestant la saturation de l'eau. Bien que les conditions ne fussent guère favorables, j'en ai prélevé pour l'analyse, demandant au propriétaire de m'en adresser dès que le puits serait revenu à son niveau habituel.

Cela n'a malheureusement pas été fait, mais nous pouvons quand même constater les infiltrations que reçoit la nappe souterraine, en comparant l'analyse de cette eau qu'a faite **M. Malosse** avec deux analyses antérieures que je mets en regard :

	M. DUGAST	SERVICE DES MINES
CO_2 libre	1,260	0,0850
CO_2 des carbonates	1,248	0,8558
Ca	0,246	0,357
Mg	0,0822	0,0221
Na	0,044	0,0389
K	0,043	0,187
Fe	»	0,081
Cl	0,065	0,047
SO_4	0,073	0,081
SiO_3	0,024	0,505
Résidu sec	1,655	1,228

L'analyse faite par **M. Malosse** lui a donné :

Ca	0,264
Mg	0,014
$Al_2O_3 + Fe_2O_3$	0,005
K + Na	0,099
Cl	0,496
SO_4	traces
SiO_3	0,099
CO_3	0,28
Résidu sec	0,974

On voit que ces analyses ne sont aucunement concordantes, ce qui se conçoit avec une nappe d'eau minérale aussi superficielle.

Le rapport de la commission d'enquête dit: « C'est une eau artésienne, ainsi que l'a montré un sondage de 78 mètres de profondeur ». S'il en est réellement ainsi, on pourrait par un forage tubé se procurer une eau pure, qui serait vraisemblablement de composition constante. La source en vaut-elle la peine? nous en doutons ; bien qu'elle ait une certaine analogie avec celle de Condillac, elle est pauvre en alcalis; c'est une eau bicarbonatée calcique qui se conservera mal en bouteilles, et fera une eau de table médiocre, et la position de la source, en pleine vallée chaude et fiévreuse, ne permet guère de songer à y construire un établissement, malgré la proximité d'Alger et de Blidah.

AÏN GARÇA

La source Aïn Garça sort du grand massif montagneux du pic de Mouzaïa ; elle est située sur la commune de Lodi, environ à 4 kilomètres de la station de Mouzaïa-les-Mines, sur la rive droite et dans le lit même de l'Oued, qui la recouvre dans ses grandes crues.

Son débit est évalué par le service des mines à $0^l,046$ par minute. Le maire de Lodi l'a estimé à 10 litres.

Bien que le débit soit difficile à apprécier, à cause de nombreux suintements, il nous a paru voisin de 1 litre à la minute. Tout autour de la source, se trouvent des dépôts ocreux qui témoignent de sa nature ferrugineuse.

Le service des mines en a donné l'analyse suivante :

Soude	0,63144
Chaux	0,17476
Magnésie	0,03280
Alumine	0,00600
Peroxyde de fer	0,01000
Acide chlorhydrique	0,03920
— sulfurique	0,44330
— carbonique des sels neutres	0,40776
— silicique	0,02600

Nous avons relevé pour cette eau les constantes suivantes (à notre deuxième voyage) :

Température	16°,9
Alcalinité par litre	22^{cc}

En février 1906, nous avions trouvé les sources d'Aïn Garça envahies par les fontes des neiges, et pour la deuxième source, les résultats avaient été tels que nous y sommes retournés en 1907, et nous avons effectué de nouveaux prélèvements sur les deux sources; nous avions, en effet, des différences considérables avec les chiffres que j'ai rapportés plus haut :

Voici, calculés sous la même forme, les résultats des analyses :

	SERVICE DES MINES	PRÉLÈVEMENT 1906	PRÉLÈVEMENT 1907
Ca	0,125	0,1305	0,1308
Mg	0,0497	0,0297	0,0660
Na	0,465	0,4780	0,8194
K	»	»	0,1090
Al	0,0021	»	0,0216
Fe	0,0052	»	
CO_3	0,556	0,5100	0,6810
SiO_3	0,033	»	0,0775
Cl	0,038	0,072	0,0508
SO_4	0,432	0,5350	0,3627
Résidu sec au rouge	»	1,8728	»

On voit qu'il s'agit là d'une eau bicarbonatée sodique faible, qui pourrait faire une excellente eau de table, et qui avait au fond peu varié dans sa composition, malgré des conditions climatériques défectueuses. Elle est utilisée par les gens de la région, et il y aurait lieu de la capter pour la protéger contre les souillures possibles. Le captage augmenterait certainement son débit, et si celui-ci devenait suffisant, on pourrait songer à l'affermer ; la proximité d'Alger et de la voie ferrée rendrait l'exploitation avantageuse.

En aval de la précédente, environ 500 mètres plus loin et sur la rive gauche de l'Oued, se trouve une deuxième source, située 5 à 6 mètres au-dessus du niveau de l'Oued. La source débouche au fond d'une excavation, par deux orifices distincts.

Le débit en est abondant ; comme la précédente, elle laisse des dépôts ocreux.

Sa température est 19°,5.

Son alcalinité est 15 centimètres cubes d'acide normal.

L'analyse a donné :

Extrait sec à 160°	0,8886
Ca	0,1013
Mg	0,0705
K + Na (à l'état de chlorures)	0,1660
Fe	0,0159
Al................................	0,0091
SiO^3	0,0153
SO^4	0,2290
CO^3 libre et combiné	0,4495
Cl................................	0,0205

Cette source ne semble plus utilisée par les indigènes de la région, à cause de la saveur désagréable que lui communique sa forte teneur en fer. Ils prétendent qu'elle est cuivrée ; l'analyse n'a pu déceler trace de cet élément.

1. E. Christian, *Eau minérale de Mouzaïa*, 1854.
2. Dr Bertherand, « Mouzaïa-les-Mines près Médéah » (*Gaz. méd. Alg.*, 1858, p 138).

Les eaux ferrugineuses

Toutes les eaux que nous avons analysées renfermaient du fer en quantité plus ou moins grande, sans pour cela pouvoir être considérées comme ferrugineuses. Y a-t-il en Algérie des eaux renfermant assez de fer, et sous une forme assez stable, pour pouvoir prendre une place active en thérapeutique ?

Les eaux classées comme ferrugineuses sont, par ordre d'importance :

Les trois sources de Teniet el Had ;
La source de Stora ;
La source Michelet (Souk el Arba) ;
La source Bouïra ;
La source froide de H. R'hira (voir plus haut).

Voici les quantités de fer que nous avons constatées pour chacune d'elles :

```
Teniet el Had : 0,0049 — 0,0063 — 0,0112 ;
Souk el Arba  : 0,0040  ;
Stora         : 0,00175 ;
Bouïra        : 0,001   ;
H. R'hira     : 0,00   .
```

On voit que si les sources de Teniet el Had peuvent passer pour nettement ferrugineuses, il n'en est pas de même des autres. J'ajouterai que pour toutes, le fer est dans un état fort instable, vraisemblablement à l'état de bicarbonate, en sorte que quand l'eau a été exposée quelque temps à l'air, elle laisse déposer tout son fer, comme l'attestent les dépôts ocreux qui entourent la source ; l'eau, débarrassée de fer, devient alors une excellente eau de boisson, comme cela a lieu pour l'eau de Michelet ou pour celle de Stora, qui sert à l'alimentation de Philippe-ville.

Les eaux ferrugineuses auraient une utilité incontestable comme reconstituantes ; elles seraient utiles contre l'anémie qu'occasionnent le paludisme, la chaleur prolongée, la syphilis, si répandus en Algérie. A ce point de vue, Teniet el Had présente un intérêt tout spécial, par la richesse de ses eaux en fer, par son altitude et sa position qui permettraient d'en faire une station estivale de premier ordre.

Ces eaux sont-elles susceptibles d'être transportées en bouteilles? Celles que j'ai analysées avaient laissé déposer au bout de quelques mois la majeure partie du fer dans la bouteille ; mais vraisemblablement, en appliquant les précautions indiquées par M. A. Gautier, de ne se servir que de bouteilles parfaitement propres et aseptiques et de bouchons stérilisés, enfin et surtout, de ne pas laisser trace d'oxygène dans la bouteille qui doit être remplie du gaz de la source ou au moins de gaz carbonique, obtiendrait-on une eau plus stable et susceptible de conservation.

AÏN SOUK EL ARBA

Cette source débouche au kilomètre n° 8 sur la route de Fort-National
à Michelet. Elle est captée. Sa température est 19°. Son débit est
60 litres à la minute.

Une ancienne analyse du service des mines lui attribue :

Acide carbonique libre	0,0148
Ca	0,0148
Mg	0,0072
Na	0,0401
Fe^2O^3	0,0040
CO^2	0,0905
SiO^3	0,0120
SO^4	0,0039
Cl	0,0098
	0,1812

Cette eau, étant indiquée comme ferrugineuse, nous en avons refait
une analyse qui nous a donné :

Résidu sec à 160°	0,120
— au rouge	0,098
SiO^3	0,0252
Ca	0,0189
Mg	0,0048
Na	0,0157
K	0,0020
Al^2O^3	0,0037
Fe^2O^3	0,0003
CO^3	0,0102
SO^4	0,0098
Cl	0,0353

On voit par cette composition que l'eau ne s'est pas montrée plus ferrugineuse que la plupart des eaux potables algériennes.

Nous avons alors recherché si le fer ne se serait pas déposé sur la bouteille, et, en rinçant celle-ci avec de l'acide chlorhydrique, nous avons pu y déceler 0,031 (calculé à l'état de Fe^2O^3).

Ainsi, à la source même, l'eau est notablement ferrugineuse, mais le fer y est instable, se dépose rapidement, et cette eau ne pourrait être recommandée comme eau ferrugineuse destinée à l'embouteillage.

Sa composition, une fois le fer éliminé, mérite de nous arrêter quelques instants. On voit que son résidu sec ne dépasse pas 12 centigrammes ; c'est donc une des eaux les moins minéralisées que l'on connaisse. (Je rappellerai qu'Évian-Cachat laisse un résidu sec de 0,5 environ.)

Cette eau constituerait donc une eau de table parfaite, une fois bien captée et embouteillée avec soin. Elle est légère à l'estomac, et la proximité d'Alger permettrait de l'y amener à bas prix.

Comme l'eau d'Évian, et peut-être mieux qu'elle, elle conviendrait parfaitement aux arthritiques, goutteux, graveleux, etc., et ferait partie de leur traitement.

La forêt de cèdres de Teniet el Had possède de nombreuses sources ferrugineuses qui ne sont actuellement utilisées que comme eaux d'alimentation. Ce sont généralement des eaux très peu chargées en principes minéraux ; leur extrait sec ne dépasse pas $0^{gr},3$ par litre ; elles constituent donc des eaux de boisson et de lavage parfaites. Enfin, l'altitude de la forêt (1.200 m. environ) y fait prévoir l'installation de villas et d'une station estivale. Ce jour-là, les sources ferrugineuses prendront une grande importance. Aussi avons-nous soumis à l'analyse les cinq principales.

La première (source *Jourdan*) est à proximité de la maison forestière ; elle est captée en contre-bas de la route dans une sorte de citerne en maçonnerie.

Elle a donné à l'analyse :

Extrait sec à 160°	0,26
Ca	0,0407
Mg	0,0083
K	0,0099
Na	0,0728
Fe	0,0019
CO_3 { des carbonates neutres	
{ des bicarbonates	
SiO_3	0,0273
SO_4	0,0347
Cl	0,0207

La deuxième ou source du *Rond-Point* est à flanc de coteau ; elle est reçue dans un captage en maçonnerie fermé.

Elle renferme :

Extrait sec à 160°..................	0,226

Ca.....................;	0,0271
Mg................................	0,0061
Na................................	0,0303
K................................	0,0086
Fe	0,0112
CO^3 { des sels neutres..............	0,0392
{ des bicarbonates.............	0,0477
SiO^3	0,0373
SO^4...............................	0,0307
Cl...............................	0,0123

Enfin une troisième source, celle du *Pré-Maigrat*, coule dans le bas de la forêt. Elle n'est pas captée et a un débit important. Elle passe pour renfermer du cuivre dont nous n'avons pu retrouver trace.

Elle a donné à l'analyse :

Extrait sec........................	0gr,302

Ca................................	0,0414
Mg................................	0,0142
Na................................	0,0340
K................................	0,0080
Fe	0,0063
CO^3 { des sels neutres	0,0111
{ des bicarbonates.............	0,1074
SiO^3	0,0250
SO^4	0,0788
Cl................................	0,0192

Nous avons, en outre, analysé deux autres sources qui nous avaient été signalées, la première comme renfermant du cuivre, la deuxième comme ferrugineuse.

Aïn Guegeb

Extrait sec	0,254
Ca	0,0271
Mg	0,0109
K	0,0106
Na	0,0377
Fe	0,0051
CO^3 des bicarbonates	0,1074
CO^3 des carbonates neutres	0,0087
SiO^3	0,034
SO^4	0,0756
Cl	0,0207

Source du village

Extrait sec	2,892
Ca	0,2627
Mg	0,1547
K	0,0566
Na	0,3883
Fe	0,0002
CO^3 des bicarbonates	0,5491
CO^3 des carbonates alcalins	0;0111
SiO^3	0,028
SO^4	0,8402
Cl	0,4336

Traces d'arsenic.

Ces eaux laissent rapidement déposer leur fer ; les abords des sources sont couverts de dépôts ocreux, et au bout de peu de temps, il n'y a plus de fer en dissolution.

Aucune installation n'existe autour des sources, et à ma connaissance l'eau n'en est pas embouteillée pour la vente.

1. D' BERTHERAND, *De l'emploi thérapeutique des eaux ferrugineuses de Teniet el Had*, 1841.
2. D' BERTHERAND, « Teniet el Had » (*Gaz. méd. Alg.*, 1858, p. 171).

Elle a été cependant, en 1848, l'objet d'essais nombreux de la part du Dr Bertherand, médecin de l'hôpital de Teniet el Had.

De ceux-ci, il ressort que l'eau a donné des résultats favorables :

1° Dans les cachexies consécutives aux fièvres intermittentes à des flux intestinaux chroniques ;

2° Dans les diarrhées et dysenteries ;

3° Dans certaines stomatites survenant chez les individus épuisés ;

4° En lotions dans les affections dartreuses ;

5" Dans les plaies et ulcères ;

6°. Dans les conjonctivites et les blépharites.

Elle est, au contraire, contre-indiquée dans les affections compliquées d'embarras des premières voies digestives, d'irritation gastrique, de réaction fébrile, de sécheresse à la peau.

Dès cette époque, le Dr Bertherand préconisait Teniet et Had comme station estivale propre à faciliter l'acclimatement des soldats ou des colons, ou à réparer les désordres occasionnés par les chaleurs de l'été.

OUED CHEDDI

La source de l'Oued Cheddi est située dans la commune de Stora, à 6 kilomètres de Philippeville. Elle prend naissance le long de la route presque au sommet du coteau qui domine la ville du côté ouest.

Cette source a été captée jadis et aménagée par les Romains ; le génie militaire qui l'a restaurée, en 1843, s'est contenté de reprendre ces travaux et de les compléter par une citerne, ainsi qu'en témoigne une inscription placée sur la porte du réservoir.

Cette eau est froide ; son débit varie, paraît-il, beaucoup dans le courant de l'année. Elle est du reste fortement ferrugineuse ainsi que l'indiquent sa saveur et les nombreux dépôts rougeâtres qu'elle laisse tout à l'entour.

Voici l'analyse qu'en a donnée M. Cotton :

Acide carbonique libre	0,0150
Chlorure de calcium	0,0570
— de magnésium	0,1360
— de sodium	0,3570
Carbonate ferreux	0,1500

De notre côté nous avons trouvé :

Résidu sec à 160°	0,862
— au rouge	0,782
Ca	0,0671
Mg	0,0363
Na	0,2044
K	0,0028

$$Fe \dots\dots\dots\dots\dots\dots\dots\ 0,0358$$
$$Al^2O^3 \dots\dots\dots\dots\dots\dots\ 0,0024$$
$$CO^3 \dots\dots\dots\dots\dots\dots\dots\ 0,0237$$
$$SiO^3 \dots\dots\dots\dots\dots\dots\dots\ 0,0607$$
$$SO^4 \dots\dots\dots\dots\dots\dots\dots\ 0,1110$$
$$Cl \dots\dots\dots\dots\dots\dots\dots\dots\ 0,3550$$

Cette eau n'est pas, à proprement parler, une eau minérale, malgré la forte proportion de fer qu'elle renferme ; celui-ci n'y est pas stable et se dépose en majeure partie dans la citerne que l'on est obligé de curer de temps en temps. L'eau ainsi épurée est conduite dans les réservoirs qui alimentent Philippeville, et utilisée, mélangée avec les eaux d'autres sources, comme eau potable.

Eaux indéterminées

Les eaux indéterminées sont celles qui n'offrent dans leur composition aucun principe minéralisateur spécial permettant de les ranger dans les classes précédentes ; ce sont donc des eaux à minéralisation faible ; donc le principal mérite est la thermalité. J'ai exposé précédemment (p. 113) les raisons qui leur attribuaient, spécialement en Algérie, un rôle important.

Voici les plus importantes de ces eaux :

	TEMPÉRATURE	EXTRAIT SEC
Bou Ghrara	45°,4	0,404
Bel Kheir	35°	1,090
Sidi Abdelli	33°,5	0,406
Sebdou	22°,5	0,450
Tahammamit	31°,2	0,381
Tihammamine	21°,8	0.392
H. Grous	33°,4	0,856
Hamma	33°	0,643
Djebel Leckall	31°,7	0,574
Sidi m'Cid	29°,5	0,785
César	30°	0,6195
Cirta	31°	0,5775
Bou Hilip	33°,9	0,500
H. Kinif	45°	
Bradaa	29°,4	0,420
S. Djeballah	37°,1	0,986

On voit que j'ai sorti de cette liste la station de H. Meskoutine, que la plupart des auteurs rangent parmi les eaux indéterminées ; son activité thérapeutique, son analogie de composition et de formation avec Bou Hadjar et Bou Hanifia m'ont conduit à la ranger parmi les eaux carbonatées.

HAMMAM BOU GHRARA

Le Hammam bou Ghrara est une station à minéralisation faible ; toutefois elle est la plus intéressante de la région de Tlemcen. Elle est située sur la rive gauche de la Tafna, à 14 kilomètres de Marnia, et à 5 kilomètres de la smala de spahis de Bled Chaaba.

Fig. 126. — Bou Ghrara : Les sources.

Les sources sont divisées en deux groupes. Le premier est formé par trois émergences principales, qui nous ont donné comme températures : 45°,7 ; 45°,4 ; 43°,4 (le service des mines indique 48°). Les eaux de ces trois sources sont mélangées avant d'être conduites à l'établissement.

A quelques centaines de mètres, se trouve une deuxième source, entourée d'un mur dont la température est 44°,3, et qui arrive à l'établissement par une canalisation spéciale.

Le débit de ces sources est abondant ; toutefois le chiffre de 720 litres à la minute, indiqué dans les relevés officiels, paraît fort exagéré.

Le service des mines en donne la composition suivante :

Résidu sec	0,409
Ca	0,019
Mg	0,008
Na	0,070
CO_3	0,068
SiO_3	0,095
SO_4	0,032
Cl	0,090
Matière organique	0,060

Il s'agit donc d'une eau thermale simple.

Nous avons fait séparément l'analyse des deux sources. Leur alcalinité est identique, et très faible, environ 8^{cm3},5 d'acide oxalique normal par litre d'eau.

	SOURCE DE LA PISCINE	SOURCE EXTÉRIEURE
Résidu sec à 180°	0,404	0,401
Ca	0,0366	0,0349
Mg	0,0392	0,0307
Al	0,001	0,0012
Fe	0,0003	0,0003
K	0,0078	0,0214
Na	0,0514	0,0047
Mn	traces	
CO_3 des bicarbonates	0,2556	0,25548
CO_3 des sels neutres	0,0356	0,0486
SiO_3	0,0120	0,0230
SO_4	0,0301	0,0304
Cl	0,0474	0,0548

Ces deux sources proviennent donc de la même nappe.

Il existe, en outre, à proximité, une source potable froide, qui alimente un fondouk et un café maure important, situés à côté de l'établissement thermal.

Le génie militaire y a construit, en effet, un bâtiment de style mauresque, abritant une double piscine ayant chacune environ 4 mètres de longueur sur 3 mètres de largeur et $0^m,75$ de profondeur moyenne. On y descend par trois marches. Dans ces piscines sont amenées les deux sources que j'ai indiquées plus haut.

Fig. 127. — Bou Ghrara : L'établissement.

De superbes palmiers et de vastes figuiers enserrent tout l'établissement dans un réseau de verdure, et le site serait charmant si de nombreux moustiques ne venaient en rompre le charme, amenant avec eux le paludisme, fréquent dans toute la région. L'opinion des autorités locales est qu'il suffirait de quelques drainages et de quelques plantations pour assainir la contrée.

Les eaux de Bou Ghrara sont très fréquentées par les indigènes ; ce sont cependant des eaux thermales simples, mais à température assez élevée. Comme celles-ci sont rares dans la région, on conçoit leur grande vogue. Les Arabes les emploient contre les névralgies, les rhumatismes, et les considèrent comme souveraines contre la stérilité.

L'installation thermale pour les indigènes est suffisante ; mais, si l'on veut que la population européenne puisse profiter de cette station, qui n'est qu'à quelques kilomètres de l'importante smala de spahis de Bled Chaaba, il faut que l'on lui aménage quelques cabines spéciales, avec baignoires et appareil à douches. Il serait bon d'y adjoindre quelques chambres propres que l'on puisse habiter. Un tel établissement rendrait à la population de Marnia et peut-être même à celle de Tlemcen des services importants, le jour où l'on serait arrivé à supprimer le paludisme qui rend actuellement cette région inhabitable.

BEL KHEIR

A 6 kilomètres de Lalla Marnia, et à 800 mètres environ de la smala de spahis de Bled Chaaba, se trouve la source de Bel Kheir.

Elle sort de la colline à peu de distance de la Tafna. Son captage se

FIG. 128. — Bel Kheir.

trouve dans un petit bâtiment en maçonnerie de style arabe. Le service des mines lui attribue un débit de 420 litres par minute ; il est actuellement fort réduit. Nous avons trouvé à la source une température de 35°. L'eau est divisée en deux parties : l'une alimente une piscine de

$2^m,5 \times 3^m$, l'autre est amenée à la smala par une canalisation en fonte ; elle y est refroidie, puis est utilisée comme eau potable.

L'eau, un peu opalescente, est agréable à boire ; elle est légèrement purgative, un peu alcaline, habituellement non ferrugineuse ; toutefois, à certains jours, elle laisse, paraît-il, un dépôt ocreux dans les carafes. Comme ce dépôt ne se forme jamais dans la piscine, qui est alimentée par une eau identique, il est vraisemblable qu'il provient des longs tuyaux de fonte (800^m) qui conduisent l'eau à la smala.

L'analyse nous a donné les résultats suivants :

Alcalinité par litre...................................... 8^{rc}

Résidu sec à 160° 1,09

Ca	0,0637
Mg	0,0337
Na	0,3699
K	0,0257
SiO^3	0,03
CO^3 libre et des bicarbonates	0,1432
CO^3 neutre	0,0656
SO^4	0,0407
Cl	0,4595
I	traces
Nitrates	traces

La présence des nitrates fait soupçonner la non-étanchéité du captage ; étant donné que cette eau alimente une population assez nombreuse, que les cas de fièvre typhoïde ont été fréquents, il y aurait lieu de le refaire.

Cette eau a été jadis utilisée à cause de sa thermalité, qui est cependant faible. Il existe, comme je l'ai dit, une piscine qui est bien suffisante ; la température de l'eau y est de 33°,5. On lui attribuait autrefois une efficacité dans les rhumatismes, les maladies de la peau ; mais le voisinage de Bou Ghrara, autrement actif, a fait délaisser cette station. La piscine ne sert plus aujourd'hui que pour les bains des officiers.

HAMMAM OULED SIDI ABDELLI

Le Hammam Ouled Sidi Abdelli est situé à 25 kilomètres de Tlemcen et à 10 kilomètres du Pont-de-l'Isser. Elle est sur le territoire du village en formation des Abdellis, à quelques centaines de mètres seulement de la route qui relie ce village à Pont-de-l'Isser.

De nombreuses émergences d'eau chaude, accompagnées d'abondants dégagements gazeux, se produisent dans une mare, abritée par de grands palmiers, et divisée en deux par une petite digue. Deux des côtés de ce bassin sont constitués par des murs de construction romaine. C'est dans cette cuvette, où abondent les tortues d'eau et les couleuvres, que les indigènes viennent prendre leurs bains. Les sources importantes sont dans le fond et ne peuvent être isolées ; un thermomètre enfoncé dans le sable, au niveau des trois plus importantes, a marqué : 33°,5 ; 33°,7 et 33°,3, tandis que l'eau du bassin, près de la digue, n'indiquait que 26°,7. Le débit est abondant, évalué par le service des mines à près de 500 litres par minute.

Elle a été classée comme sulfureuse, carbonatée calcique, bien que l'analyse qui a été publiée ne fasse pas mention de l'hydrogène sulfuré.

Elle a en effet donné :

Ca	0,087
Mg	0,028
Na	0,0336
Fe $+$ Al	0,011
CO_3	0,165
SiO_3	0,003
SO_4	0,064
Cl	0,039
Total	0,466

Il est certain que, près du hammam, il y a une vague odeur sulfureuse qui provient sans doute de la réduction des sulfates par les débris végétaux qui abondent ; mais une recherche de l'hydrogène sulfuré dans l'eau de la source, au moyen de l'iode, nous a donné un résultat négatif.

Nous avons trouvé pour cette eau :

Alcalinité par litre .... 11^{cc}

Acide carbonique libre et faiblement combiné.......... 0,88

Ca	0,0854
Mg	0,0307
Fe	0,0003
Na	0,0179
K	0,0065
CO^3 neutre	0,0332
SiO^3	0,0086
SO^4	0,0242
Cl	0,0321
AzO^3	traces notables

Les indigènes s'abstiennent de boire cette eau et prétendent même qu'elle fait mourir les moutons que l'on y abreuve, mais ils viennent fréquemment y prendre des bains ; il serait utile que l'on y fît quelques travaux d'aménagements, que la municipalité semble du reste désirer. L'endroit étant très fiévreux et malsain, il faudrait capter les sources et utiliser la déclivité du terrain pour construire un peu plus bas une piscine convenable et couverte ; les qualités de l'eau ne semblent pas nécessiter une installation plus complète. Enfin, à quelque distance des sources thermales, se trouve une source froide d'eau potable que l'on pourrait utilement conduire au hammam.

Les travaux du comité d'études mentionnent, comme pouvant être aménagée, une source thermale située à 6 kilomètres nord de Sebdou. A Sebdou même, ce hammam est inconnu ; nous avons toutefois trouvé une

Fig. 129. — Sebdou : La source.

source qui nous paraît être la précédente, à 400 mètres de la route en
cours d'exécution entre Sebdou et el Aricha, de l'autre côté de la Tafna,
et environ à 6 mètres au-dessus du niveau du fleuve.

Il existe à cet endroit plusieurs sources contiguës à fort débit ; nous leur avons trouvé une température uniforme de 22°,5 (on indique 26° ; mais il importe de remarquer que nous nous trouvions à Sebdou peu après la fonte des neiges).

A l'analyse, l'eau nous a donné :

Extrait sec à 180°.	0,450
Ca	0,0956
Mg	0,0327
Fe	0,0002
Na	0,0234
K.	0,0066
SiO_3	0,0106
CO_3 faiblement combiné	0,2835
CO_3 des alcalis	0,0552
SO_4	0,0323
Cl	0,0395

Aucune installation n'est faite en vue de l'utilisation de cette source ; une sorte de cuvette naturelle creusée entre les rochers permet seule aux indigènes de s'y baigner. L'eau paraît du reste d'un intérêt médiocre ; sa composition et sa thermalité sont insuffisantes, et en fait elle est fort délaissée.

On nous a signalé quelques centaines de mètres plus loin, sur le plateau, une deuxième source chaude ; son débit est minime ; sa température est de 21°. Elle ne paraît pas fréquentée.

HAMMAM TAHAMMAMIT

Cette source, désignée également sous le nom de Hammam Ouled Raou, se trouve sur le territoire de M'lila, à 7 kilomètres d'Hennaya.

Elle n'a encore fait l'objet d'aucune étude, et nous a été signalée par le Dʳ Cubry, de Montagnac, comme très fréquentée par les indigènes, qui l'utiliseraient avec succès dans des affections variées.

Elle est desservie par un mauvais chemin, qui se termine par un sentier ; les sources sont à flanc de coteau dans la vallée de l'Oued Messaou qui passe 50 mètres plus bas. Quatre sources principales, ayant une température uniforme de 31°,2, débouchent, deux dans le fond de la piscine, les deux autres un peu plus haut.

A l'analyse, elles ont donné :

Extrait sec à 180°..................	0ᵍʳ,381
Ca.............................	0,1135
Mg.............................	0,0438
Fe.............................	0,0022
Na.............................	0,0259
K.............................	0,0108
CO_3.............................	0,1500
SiO_3.............................	0,0152
SO_4.............................	0,0147
Cl.............................	0,0449
AzO_3.............................	0,0003

Il existe une piscine rudimentaire, faite de blocs de rochers réunis par un peu de mortier ; aux alentours, aucune habitation ; les indigènes qui se rendent aux eaux campent sur le coteau. Du reste, la région est fiévreuse ; il s'agit d'une eau à température peu élevée et sans principe minéralisateur spécial ; aussi l'installation actuelle, bien que fort primitive, paraît-elle suffisante.

HAMMAM TIHAMMAMINE

Dans les travaux du comité d'études, se trouve mentionnée, sous le nom de Hammam el Hout (n° 24), une source ferrugineuse ayant une température de 30°, qui serait située à 5 kilomètres nord de Tlemcen. En suivant ces indications, nous sommes arrivés à une source, connue sous

Fig. 130. — H. Tihammamine.

le nom d'Aïn el Hout, non ferrugineuse, et ayant une température de 15°. C'est une source d'eau potable, très abondante, et qui sert à l'alimentation du village el Hout. La source ferrugineuse y est inconnue, mais on nous a indiqué, à quelques kilomètres de là, un hammam, distant de Tlemcen de 12 kilomètres, et désigné sous le nom de H. Tihammamine.

Cette source, à laquelle on accède par un chemin escarpé et en traversant l'oued, sort du rocher dans une grotte. Un rempart de maçonnerie en fer à cheval la transforme en une véritable piscine de 10 mètres de diamètre, où on règle la hauteur de l'eau par une vanne en pierre ; elle est habituellement de $0^m,60$.

Le débit de la source est abondant ; sa température est peu élevée $(21°,8)$. A l'analyse, elle a donné les résultats suivants :

Extrait sec à 180°............................	0,392
Ca..	0,0713
Mg...	0,0292
Fe...	0,0003
Na...	0,0216
K..	0,001
CO^3 faiblement combiné....................	0,2268
CO^3.......................................	0,0539
SiO^3......................................	0,0110
SO^4.......................................	0,0240
Cl..	0,0116
AzO^3......................................	0,0005

Aucune installation n'existe à proximité du hammam. Cependant les indigènes et surtout les Juifs y viennent nombreux au printemps ; souvent ils sont plus de cent à la fois ; ils campent dans les rochers des alentours, dans des conditions peu hygiéniques.

HAMMAM GROUS

La commune de l'Oued Atménia a récemment fait aménager une source
chaude, située à 500 mètres environ du village, et qui, par cette proximité même, peut lui rendre des services d'autant plus grands que cette
commune possède un hôpital convenablement installé et qui reçoit les
malades européens et indigènes provenant d'une région étendue.

La source vient de loin, paraît-il ; on trouverait dans la montagne, à
une dizaine de kilomètres de là, une source chaude, exploitée jadis par les
Romains, comme en témoignent d'anciennes piscines, et dont la source
actuelle ne serait qu'une dérivation.

La source est abondante ; nous lui avons trouvé comme température 33°,4. Elle est faiblement alcaline. A l'analyse, elle a fourni :

$$
\begin{array}{ll}
\text{Résidu sec à 160°} \dots\dots\dots\dots\dots & 0,856 \\
\\
Ca \dots\dots\dots\dots\dots\dots\dots\dots & 0,155 \\
Mg \dots\dots\dots\dots\dots\dots\dots & 0,032 \\
K + Na \dots\dots\dots\dots\dots & 0,098 \\
SiO_3 \dots\dots\dots\dots\dots\dots & 0,026 \\
CO_3 \dots\dots\dots\dots\dots\dots & 0,168 \\
SO_4 \dots\dots\dots\dots\dots\dots & 0,243 \\
Cl \dots\dots\dots\dots\dots\dots\dots & 0,156 \\
\end{array}
$$

L'établissement, situé sur le bord de l'oued, est très rudimentaire :
il se compose d'une piscine réservée aux Européens, précédée d'une
pièce d'entrée formant vestiaire. Une deuxième piscine, avec entrée
spéciale, est affectée aux indigènes qui y affluent en grand nombre,

tandis que les colons semblent s'en désintéresser. Une légère rétribution sert à couvrir les frais d'entretien de l'établissement.

Malheureusement, l'emplacement choisi est défectueux, dans un endroit que l'on nous dit malsain et envahi par les moustiques, sur le bord même de l'oued qui, peu avant notre arrivée, avait emporté le pont qui le relie au village, et emportera un jour l'établissement lui-même.

Si cet accident se produit, il serait bon de ne pas le réparer sur place, mais de conduire l'eau, par une conduite bien isolée au point de vue thermique, jusqu'à l'hôpital où l'on construirait le hammam. Ce serait une précieuse ressource pour les malades, et vraisemblablement cette fois les gens du village fréquenteraient assidûment le hammam.

SOURCE DU HAMMA

Les « travaux du Comité d'études médicales de l'Algérie » mentionnent une source minérale dans le village du Hamma, à 6 kilomètres nord de Constantine, près de la route nationale.

La température serait de 33°, le débit considérable. Le même recueil indique deux analyses de cette eau, assez discordantes entre elles, dues, l'une à M. Guyon, l'autre au service des mines :

ANALYSE DE M. GUYON

Bicarbonate de soude	0,115
— de chaux	0,436
— de magnésie	0,008
Oxyde de fer	0,143
Manganèse	trace
Chlorure de sodium	0,195
Matières organiques	0,033
	0,932

ANALYSE DU SERVICE DES MINES

Chlorures de sodium et de magnésium	0,202
Nitrate de sodium	0,060
Sulfates de chaux et de magnésie	0,162
Carbonates	0,179
Oxyde de fer	0,020
Silice	0,020
Matières organiques.	
	0,643

Il nous a été impossible, même avec l'aide de l'ingénieur des mines, de retrouver la source à laquelle se rapportent les indications ci-dessus ; du reste, les variations de la composition, la présence des nitrates et des matières organiques, montrent que cette eau était de qualité fort médiocre.

Toutefois nous avons rencontré des émergences d'eau chaude formant une sorte de marais, à 12 kilomètres de Constantine, à peu de distance de la route, après le village du Hamma ; nous doutons cependant que ce soit là la source signalée ; leur température est très variable ; toutefois à divers orifices nous avons noté comme température maxima : 36°,5 ; 33°,5 ; 35°,2.

Il n'existe aucun vestige d'installation, ni aucun indice que les indigènes viennent s'y baigner. Du reste, d'après les indications des habitants du Hamma, cette localité est très fiévreuse et peu propice à un établissement balnéaire.

J. Bertherand, « Salah Bey et le Hamma, près de Constantine » (*Gaz. méd. Alg.*, 1858, p. 109).

AÏN DJEBEL LECKALL

Sur la route de Constantine à Fedj M'Zala, au kilomètre 23 et sur
la commune d'Aïn Tinn, se trouve une source chaude assez abondante
pour faire tourner un moulin dans la vallée.

Fig. 131. — Aïn Djebell Leckall.

Située à mi-côte, la source sort en cascade d'une fente entre les
rochers, et se répand dans deux piscines rudimentaires ayant 4 mètres
de longueur sur 2 mètres de largeur, abritées dans un groupe d'arbres qui
contraste avec l'aspect dénudé des alentours. La température de l'eau
est 31°,7.

L'eau est légèrement alcaline (6^{cm3} d'acide normal par litre) ; elle n'est aucunement sulfureuse. L'analyse a fourni les nombres suivants :

Ca	0,114
Mg	0,026
Na + K	0,028
SiO^3	0,041
CO^3	0,144
SO^4	0,185
Cl	0,036
	0,574

Il s'agit donc là d'une eau thermale simple, à minéralisation très faible. Telle que, elle est très fréquentée par les indigènes, qui viennent y soigner leurs douleurs. Il suffirait pour cet établissement de réparer es piscines.

SOURCES DU RAVIN DU RUMMEL

Le ravin du Rummel, qui délimite la ville de Constantine, est riche en sources thermales qui jaillissent un peu partout le long de cette grande cassure, et qui constituent une ressource thermale importante aux abords d'une grande ville.

Les trois principales, les seules qui soient aménagées, sont : les sources de Sidi M'Cid, et celles du chemin des touristes, les sources César et Cirta.

Sidi M'Cid. — A l'entrée du ravin, dans un site des plus pittoresques, abrité par des figuiers, se trouve la source de Sidi M'Cid.

Elle est extrêmement abondante ; son débit est évalué à 4.000 litres à la minute. Sa température est 29°,5. Elle coule en cascade et alimente plusieurs piscines, qui, ainsi que le rappelle une inscription, ont été construites en 1872 avec le concours du 63ᵉ régiment de ligne.

La première piscine, située un peu au-dessus des deux autres, sert de réservoir. Sa température est sensiblement la même que celle de la source, ce qui s'explique par le grand volume d'eau qui y passe.

A l'analyse, elle a donné :

Résidu sec à 160°....................	0,783
Ca	0,140
Mg	0,037
Na	0,055
K	0,041

$$CO^3 \dots \dots \dots \dots \dots \dots \dots \dots \dots \quad 0,216$$
$$SiO^3 \dots \dots \dots \dots \dots \dots \dots \dots \dots \quad 0,031$$
$$SO^4 \dots \dots \dots \dots \dots \dots \dots \dots \dots \quad 0,115$$
$$Cl \dots \dots \dots \dots \dots \dots \dots \dots \dots \quad 0,150$$

c'est donc une eau thermale simple.

Les deux autres piscines, plus vastes, sont situées un peu plus bas ; l'une est réservée aux hommes et l'autre aux femmes ; nous leur avons trouvé des températures de 29°.

Sources César et Cirta. — Ces deux sources sont situées sur le « chemin des touristes », l'une sur la rive droite, l'autre sur la rive gauche.

Elles se rendent toutes deux dans des piscines bien aménagées. La source César a une température de 30° ; la source Cirta, 31°. Leur analyse, faite par M. Martel, chimiste de l'hôpital de Constantine, a donné les résultats suivants :

	SOURCE CÉSAR	SOURCE CIRTA
Ca	0,1587	0,1336
Mg	0,0492	0,0328
Al	0,0192	0,0372
Na	0,0475	0,0824
SiO^3	0,026	0,0208
SO^4	0,2033	0,1657
Cl	0,115	0,085

On voit l'analogie, on pourrait presque dire l'identité de composition avec celle que nous avons trouvée nous-mêmes pour Sidi M'Cid.

A l'autre extrémité du ravin, se trouvait l'établissement de Sidi Mimoun, qui a eu son heure de prospérité ; il était en ruine complète au moment de notre visite.

En résumé, les eaux chaudes du ravin du Rummel sont des eaux thermales simples, sans grande valeur thérapeutique ; mais, telles que, elles rendent de grands services aux habitants de Constantine en leur offrant avec abondance et à bas prix les ressources de l'hydrothérapie.

HAMMAM BOU HILIP

Sous le nom de « source Kasserou », le rapport de la Commission d'enquête médicale décrit une source qui nous paraît être celle que l'on nous a désignée sous le nom de Bou Hilip ; toutefois des divergences notables existent entre la description qui en a été donnée et ce que nous avons trouvé, notamment pour les constructions romaines dont nous n'avons vu aucun vestige, en sorte que nous ne sommes pas sûrs qu'il s'agisse bien de la même source.

Le Hammam bou Hilip est situé à 7 kilomètres de Batna, dans un ravin très encaissé, et presque sur le bord de l'oued. La majeure partie du chemin emprunte la route nationale n° 3, puis un chemin d'exploitation médiocre ; enfin 300 mètres environ doivent être faits dans la brousse pour arriver à la source.

Celle-ci est abondante, avec une température de 33°,9. Elle est reçue dans une cuvette creusée dans le rocher, ayant environ 1^m,50 de diamètre sur 0^m,40 de profondeur. Son débit est évalué à 300 litres à la minute.

Il existe, quelques mètres plus loin, une deuxième source, moins abondante, ayant exactement la même température de 33°,9 et qui paraît être une simple dérivation de la première.

Elle n'est ni sulfureuse, ni alcaline.

Elle a donné à l'analyse :

Résidu sec à 160°	0,500
— au rouge	0,420
Ca	0,0964
Mg	0,0286

```
Na .................................... 0 ,430
K. ................................... 0 ,0012
Fe²O³ + Al²O³ ....................... 0 ,0080
CO³ ................................. 0 ,0790
SiO³ ................................ 0 ,0290
SO⁴ ................................ 0 ,1234
Cl .................................. 0 ,0426
```

Il s'agit donc d'une eau thermale simple, et cependant de nombreuses amulettes, pendues aux arbres environnants témoignent de la confiance que les indigènes ont dans la vertu de ces eaux.

M. le sous-préfet de Batna voudrait qu'on l'aménageât.

Vu la proximité de cette ville, elle pourrait rendre des services : il serait facile d'agrandir, et surtout de rendre plus profonds les bassins actuels ; l'installation serait complétée par un bâtiment léger recouvrant la piscine, et par un chemin en permettant un accès plus facile.

H. SIDI DJABALLAH

Le Hammam sidi Djaballah est situé sur la commune mixte de Morris, douar des Beni Amara, à 15 kilomètres de Blandan. Cette source est reliée à la route de Bône à la Calle par un chemin d'exploitation de 5 kilomètres.

Fig. 132. — H. Sidi Djaballah : Captages et chambres pour baigneurs.

La source principale marque à son émergence une température de 37°,1, et est reçue dans un petit bassin cimenté ; mais à côté se trouve une deuxième source ayant une température de 31°,6, et en outre on remarque un peu partout des suintements d'eau chaude. Il serait donc facile d'augmenter le débit actuel, qui est assez faible.

L'eau n'est aucunement sulfureuse ; elle a donné à l'analyse la composition suivante :

Extrait sec à 160°	0,986
— au rouge	0,948
Ca.................................	0,0571
Mg.................................	0,0109
Na	0,2969
K...................................	0,0020
Li..................................	0,0015
$Fe^2O^3 + Al^2O^3$	0,0020
CO^3...............................	0,1099
SiO^3..............................	0,0354
SO'...............................	0,1645
Cl..................................	0,2982

L'eau est donc faiblement minéralisée. Elle est conduite par des tuyaux

Fig. 133. — II. Sidi Djaballah : L'établissement.

en poteries à deux piscines mesurant chacune 2 mètres de long sur 3 de large, et situées environ à une centaine de mètres de la source. Aussi se refroidit-elle en chemin, et n'a-t-elle plus que 35°,3 aux piscines. A côté se trouvent un marabout vénéré, dont la source a pris le nom, et une maison que la commune a fait récemment édifier, et qui permettra l'usage des eaux aux Européens.

Les indigènes y viennent nombreux, même sans être malades. Il ne faut pas oublier que l'on se trouve là près des grands lacs, dans une des régions les plus marécageuses et les plus fiévreuses de toute l'Algérie, et que l'usage des bains chauds, faisant fonctionner la peau, rend de grands services à une population anémiée par la chaleur et le paludisme. C'est vraisemblablement là qu'il faut chercher la cause des succès réels constatés à Sidi Djaballah. Ajoutons que cette station, distante de 5 kilomètres des bas-fonds et notablement surélevée, est relativement saine.

HAMMAM KINIF

Les environs de Kenchela possèdent un singulier établissement thermal qui n'a son similaire nulle part en Algérie, c'est le Hammam Kinif.

Il est situé à 18 kilomètres de Kenchela, à mi-côte d'une colline assez élevée ; une route carrossable conduit jusqu'au pied de celle-ci, et un chemin en lacets amène jusqu'au hammam. Celui-ci est un véritable bain de vapeurs, constitué par la vapeur d'eau qui se dégage abondamment d'une fente très profonde, existant entre deux rochers.

Le génie militaire a construit à Hammam Kinif un petit établissement composé d'une cabine centrale et de deux chambres de repos latérales ; à 300 mètres environ, se trouve la maison du gardien de l'établissement, où est également installé un café maure.

La cabine centrale est située juste au-dessus de l'orifice d'arrivée des vapeurs. Sur la fente on a scellé une grille et un trépied de fer où s'assoit le patient.

Nous avons descendu un thermomètre à maxima, aussi loin que nous avons pu, dans la fente par laquelle arrive la vapeur d'eau, soit une douzaine de mètres. Il a marqué une température de 45°, et celle de la chambre, une fois la porte fermée, atteignait 43°. Pendant cette opération, nous avons ressenti un malaise intense que ne suffisait pas à expliquer la température de la pièce, et nous avons pu constater, qu'outre la vapeur d'eau, il se dégage abondamment du gaz carbonique : un verre contenant de l'eau de baryte se recouvre immédiatement d'une couche épaisse de carbonate de baryum. L'absence de tout appareil permettant de doser les gaz nous a empêchés de faire un dosage de gaz carbonique, dont la proportion doit être élevée.

Hammam Kinif est très fréquenté par les indigènes. Les douleurs rhumatismales cèdent à la sudation intense provoquée par ce bain de vapeur naturel ; mais certaines maladies nerveuses, l'épilepsie entre autres, seraient améliorés par le séjour sur le trépied de H. Kinif. On nous a signalé que les épileptiques et autres nerveux qui fréquentent H. Kinif ont souvent des attaques ou des crises pendant leur séjour dans la cabine, et qu'ils les considèrent comme ayant un effet salutaire.

Il y a un rapprochement curieux à faire entre H. Kinif et les descriptions que les anciens nous ont laissées des antres des sybilles :

« L'endroit où se donnent les réponses de la Pythie, dit Strabon, est un antre profond, peu large à son ouverture, et d'où s'exhale une vapeur qui produit l'enthousiasme. Sur l'ouverture de l'antre est un trépied fort élevé : la prophétesse s'y assied, et bientôt, pénétrée par la vapeur, elle prononce des prédictions[1]. » L'historien Justin nous dit encore qu'il existait à Delphes « un trou profond dans la terre, d'où s'échappait avec une certaine violence, un air froid qui agissait sur l'esprit de la sybille et lui communiquait le don de prophétie[2] ». Plus tard, on supposa que ces vapeurs étaient le souffle même du dieu.

L'emplacement de l'antre de la prêtresse de Delphes est inconnu, et celui de la sybille de Cumes est certainement apocryphe. Il n'est donc pas possible d'être édifié sur la nature des exhalaisons qui s'y produisaient ; mais on ne peut ne pas être frappé de la similitude de la mise en scène, et des effets produits sur les prêtresses d'Apollon ou sur les humbles malades de H. Kinif.

---

1. Strabon, p. 419. Cf. Diod., XVI, 26 ; Ciceron, *De divinat.*, 1, 36, 79.
2. *Hist.*

HAMMAM BRADAA

Le Hammam Bradaa, ou H. Berda, est situé dans la commune d'Héliopolis, sur la route de Bône à Constantine, à 1.800 mètres du centre de a commune et à 7 kilomètres de Guelma. C'est, du reste, uniquement la proximité de cette ville qui le rend intéressant, car il est constitué par une eau faiblement thermale, sans valeur thérapeutique.

Le hammam lui-même est formé par une ancienne piscine romaine circulaire, assez bien conservée et récemment réparée, ayant environ 38 mètres de diamètre sur 1 mètre de profondeur.

L'eau y débouche au fond par de nombreux orifices, qui laissent aussi dégager des bulles de gaz. Au niveau de la source la plus abondante, nous avons trouvé comme température 29°,4. Nous n'avons pu mesurer le débit, mais il est assez abondant pour qu'une partie de l'eau qui s'échappe de la piscine soit employée à faire tourner des moulins, et l'autre à l'irrigation des prés.

L'eau n'est aucunement sulfureuse. Une analyse déjà ancienne du service des mines a donné :

Ca	0,139
Mg	0,0103
Na	0,0251
Sr	traces
CO_3	0,145
SiO_3	0,013
SO_4	0,0167
Cl	0,167

Celle que nous avons effectuée nous a fourni :

Résidu sec à 160°..................	0,420
Ca...............................	0,0978
Mg..............................	0,0254
Na..............................	0,0233
K...............................	0,0002
Li..............................	0,001
$Al^2O^3 + Fe^2O^3$..................	0,0030
SiO^3............................	0,0177
CO^3.............................	0,0680
SO^4.............................	0,0284
Cl..............................	0,0616

La piscine Bradaa est un lieu de promenade et de balnéation pour les habitants de Guelma. Il serait à désirer que la commune y édifiât quelque construction au bord même de la piscine, pour mettre les baigneurs à l'abri, et leur servir de vestiaire. L'usage des bains, même simples en pleine eau est assez important au point de vue de l'hygiène, pour mériter ce léger sacrifice de la part de la commune.

TABLE DES MATIÈRES

Eaux chlorurées sodiques

Les eaux sulfatées

Eaux bicarbonatées

Eaux ferrugineuses

Eaux indéterminées